普通高等教育机械类专业“十四五”系列教材

机械工程现代控制理论

王朝晖 刘金鑫 编著

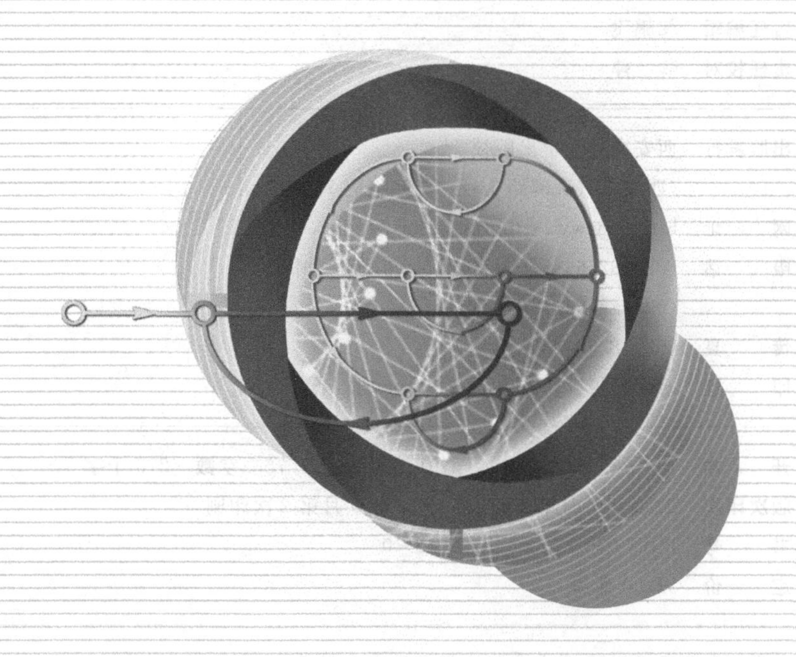

图书在版编目(CIP)数据

机械工程现代控制理论 / 王朝晖,刘金鑫编著.— 西安 :西安交通大学出版社,2022.7(2023.9 重印)

ISBN 978-7-5693-2642-0

Ⅰ.①机… Ⅱ.①王… ②刘… Ⅲ.①机械工程—控制系统 Ⅳ.①TP273

中国版本图书馆 CIP 数据核字(2022)第 102831 号

书　　名 机械工程现代控制理论
JIXIE GONGCHENG XIANDAI KONGZHI LILUN
编　　著 王朝晖　刘金鑫
责任编辑 郭鹏飞
责任校对 魏　萍

出版发行 西安交通大学出版社
(西安市兴庆南路 1 号　邮政编码 710048)
网　　址 http://www.xjtupress.com
电　　话 (029)82668357　82667874(市场营销中心)
(029)82668315(总编办)
传　　真 (029)82668280
印　　刷 西安日报社印务中心

开　　本 787 mm×1092 mm　1/16　**印张** 11.75　**字数** 273 千字
版次印次 2022 年 7 月第 1 版　2023 年 9 月第 2 次印刷
书　　号 ISBN 978-7-5693-2642-0
定　　价 32.00 元

如发现印装质量问题,请与本社市场营销中心联系。
订购热线:(029)82665248　(029)82667874
投稿热线:(029)82669097　QQ:21645470
读者信箱:21645470@qq.com

前　言

在自动控制理论的发展长河中，通常将控制理论分为经典控制理论、现代控制理论和智能控制理论，它们是现代工业中不可或缺的基本理论。应用于机械工程的自动控制理论，其相关的概念和技术方法，一般统称为“机械控制工程”或“机械工程控制理论”。西安交通大学是最早在国内开设“机械控制工程”课程的高校。西安交大的阳含和教授(1920—1988)在学习了钱学森先生的《工程控制论》后，认为工程控制论的知识对机械类学生非常重要，高校应该开设这门课。1978年起，他在西安、武汉和北京为国内部分高校的研究生和青年教师开设“机械控制工程”讲座，后来几位青年教师将听课笔记整理成讲义，进而修订编写成教材并出版。在机械工程控制理论的教学实践中，针对本科生教学主要讲授的是经典控制理论部分，因此在课程名称中加入“基础”二字，形成面向本科生的“机械控制工程基础”课程。为促进教学和科研的融合，培养适应新时代不同层次的人才，西安交通大学面向机械工程智能制造和智能运维的发展需求，在“机械控制工程基础”课程之上发展出了面向硕士生和博士生的“机械工程现代控制理论”和“机械工程智能控制理论”课程，构成了较为系统的机械工程自动控制理论体系。

从自动控制理论所涵盖的技术内涵来看，现代控制理论并非是经典控制理论的替代，而是针对不同的应用需求给出的不同解决方案。经典控制理论建立在频率响应法和根轨迹法基础上，研究对象主要是单输入单输出的线性定常系统，系统数学模型多采用常微分方程和传递函数，仅描述了系统的输入和输出之间的外部关系。现代控制理论是建立在状态空间描述基础上的，它能够充分揭示系统内部的运动状态，比经典控制理论所能处理的控制问题要广泛得多。学生通过学习本书可以初步学会应用现代控制理论来分析机械系统的基本方法和基本概念，能基本看懂文献资料和他人研究成果中的有关内容，从而有利于促进自己的科研活动。学习本课程可以在线性代数、数理统计等先修课程和机械工程实际问题之间架起桥梁，学到一种分析和解决问题的先进工具，从而锻炼学生的思维能力，并为以后进一步深入学习和应用这方面的内容打下基础。

作为机械类专业研究生的教学参考书，本书以“线性时不变系统”为主要研究对象，间或涉及非线性和时变现象。前半部分内容主要包括：系统的状态空间表达与信号流图、李雅普诺夫稳定性分析、可控性和可观测性分析、控制系统的状态反馈设计等;后半部分主要介绍了经典变分法、极小值原理、动态规划等最优控制理论,介绍了模型参考自适应控制、随机系统的参数估计、随机系统的自校正控制等基本概念。本书内容安排上注重学以致用,培养学生解决实际问题的能力。

在本书编写过程中,得到了课程组董霞、徐俊等老师的指点。研究生张诚培、严亦哲、杨亮东、张骞、秦刘通等参与完成了本书部分章节算例和课后习题的收集整理工作,在此一并表示感谢。个人能力所限,书中难免有错讹疏漏,欢迎批评指正。

编者

2022.04

目　　录

绪 论

第1章

1.1 自动控制理论的发展历程

自动控制(也称为自动调节)是自然界中普遍存在的一种现象。个体对自身以外的某种刺激的反应与调节就是自动控制。光合作用是植物对太阳光照的一种自动控制。人体内的各种细胞和组织也时刻处于自动控制之中,以维系人体正常的呼吸、消化等基础代谢。将自然界的这种功能应用到工业生产过程,就是我们常说的工业自动控制,或工业自动化。简言之,工业自动控制是指在人类不直接介入的情况下,利用某些装置和方法,使机器、设备或生产过程的某个状态或参数自动地按照预定的规律运行;系统的感知、推理、计算和决策执行都能自动进行。研究自动控制的理论和应用是"控制科学与工程"这门学科的主要任务。将这些控制理论用于解决机械工程领域的问题,就是机械控制工程的主要研究任务。

从人类开始利用工具改造自然,就出现了自动控制的各种应用。古罗马人将可调节的阀门引入农田灌溉系统里,用以保持水位恒定。古代中国出现过很多自动控制的应用实例。例如文献记载的指南车,利用差动齿轮传动原理来保持方位,可以视为一种开环自动调节系统,英国著名科学史专家李约瑟曾指出,中国古代的指南车"可以说是人类历史上迈向控制论机器的第一步",是人类"第一架体内稳定机器(homoeostatic machine)"。北宋苏颂主持研制成的水运仪象台通过漏刻水力驱动,是集天文观测、天文演示和报时系统为一体的大型自动化天文仪器,已经是闭环控制系统了。可以说在人类文明的各个发展阶段都可以看到自动控制的应用实例,这些都可以称为自动控制理论的"萌芽阶段",真正学术意义上自动控制理论的提出是第一次工业革命前后的产物。

17世纪随着大航海时代的来临,人们对精密计时技术有了更高的需求。惠更斯(Christiaan Huyghens)和胡克(Robert Hooke)在研究钟摆振荡的原理时,涉及动力学方程、控制系统的数学模型、线性化处理、系统过渡状态、稳定性等控制理论的基本概念。这些研究成果随后被用于风车速度的调节上。其主要机构是基于一个绕风车轴旋转的小球系统。在离心力作用下,小球远离轴的位移正比于风车的旋转速度。当旋转速度加快时,球会远离轴,通过比例机构作用于风车上使其速度慢下来。18世纪,英国人瓦特(James Watt)据此原理发明了蒸汽机,成为工业革命中的标志性事件。在瓦特的机械装置中,当小球旋转速度增加,一个或几个阀门就会张开令蒸汽逸出,锅炉里的压力降低,速度下降。这样就能尽可能地保持速度恒定。瓦特发明的蒸汽机调速器为自动控制理论的"起步阶段"的标志。英国天文学家艾里(George Biddell Airy)在数学上分析了瓦特发明的调节系统原理。1868年麦克斯韦尔(James Clerk Maxwell)第一次在其著作中给出明确的数学描述。他分析了蒸汽机运行中的一些不稳定的行为,提到了一些控制原理。从此,自动控制理论进入蓬勃的"发展阶段",控制理论的内涵被不断丰富和充实。1877年,英国数学家劳斯(Edward John Routh)提出劳斯稳定性判据。1895年,德国数学家赫尔维茨(Adolf Hurwitz)独立提出了赫尔维茨稳定性判据。1932年,美国贝尔实验室的瑞典裔电气工程师奈奎斯特(Harry Nyquist)发明了一种用于确定动态系统稳定性的图形方法,后称为奈奎斯特图。1940年,美国贝尔实验室的荷兰裔科学家H. W. 伯德(H. W. Bode)发明了一种简单但准确的方法绘制增益及相位的图,后称伯德图。奈奎斯特图和伯德图属于系统的频率响应分析法,是经典控制理论中用来分析与设计控制系统的另外一种备选方法。1948年,W. R. 伊文斯(W. R. Ewans)根据反馈控制系统的开环传递函数与其闭环特征方程间的内在联系,提出了一种简单实用的求取闭环特征根的图解方法,称为根轨迹法。

进入20世纪后,自动控制和设计分析技术取得了重要进步,应用领域不断扩展。如电话系统中的扩音器、电厂中的分布式系统、航空器的稳定化、造纸业中的电子机械及化学、石油和钢铁工业等。国际上的学术机构如美国机械工程师协会(ASME)和英国的电气工程师协会也开始关注自动控制理论的研究。1948年,维纳(Norbert Wiener)出版了自动控制学科史上的标志性专著《控制论,或动物和机器的控制和通信》(*Cybernetics, or Control and Communication in the Animal and Machine*)。为了区别于既往的各学科知识体系,维纳引入了"控制论"(Cybernetics)一词来表明这一理论跨学科的特点。1954年,中国学者钱学森将控制论的思想和概念引入工程自动控制领域,出版了《工程控制论》,第一次用Cybernetics这一名词称呼在工程设计和实验中能够直接应用的关于受控工程系统的理论。当时有两种控制理论思想或方法:第一种是基于时间域微分方程的分析方法;第二种是基于系统的频率特性,即"输入"与"输出"的幅值和相位分析等概念与方法。在第二次世界大战以及战后很长一段时间,飞机跟踪和弹道式导弹控制及其他防空装备的控制机理得到了充分的研究,极大地促进了频域设计方法的发展。1960年,被称为控制理论发展的"标志阶段",这些控制理论和方法被定义为"经典控制理论"。

第二次世界大战催发了人类历史上的第三次工业革命,以空天技术和原子能技术为代表的现代科技得到了空前发展。随之出现了很多亟须解决的控制系统问题,如多输入多输出系统、非线性系统和时变系统等。而控制理论进一步发展的两个重要条件也基本具备:现代数学和数字计算机。前者为现代控制理论提供了多种多样的分析工具(例如泛函分析),后者为现代控制理论发展提供了计算平台。20世纪50年代,贝尔曼(Richard Bellman)等人提出了状态分析法和动态规划方法,庞特里亚金(Pontryagin)提出了极小(大)值原理。1960年,R. E. 卡尔曼(R. E. Kalman)和R. S. 布什(R. S. Bucy)发表论文《线性滤波和预测理论的新进展》,创建了卡尔曼滤波理论;并在控制系统的研究中成功地应用了状态空间法,提出了系统可控性和可观测性的概念。至此这套以状态空间法、极小(大)值原理、动态规划、卡尔曼-布什滤波为基础的分析和设计控制系统的新的原理和方法得以确立,标志着"现代控制理论"基本形成。此后,现代控制理论的内涵不断丰富,H. H. 罗森布洛克(H. H.

Rosenbrock)、D. H. 欧文斯(D. H. Owens)和 G. J. 麦克法伦(G. J. MacFarlane)提出了基于计算机辅助控制系统设计的现代频域法理论，将经典控制理论中传递函数的概念推广到多变量系统，探讨了传递函数矩阵与状态方程之间的等价转换关系。1970 年，K. J. 奥斯特隆姆(K. J. Astrom)和 C. D. 朗道(L. D. Landau)研究了自适应控制理论和应用。此外，系统辨识、状态估计、最优控制、鲁棒控制、滑模控制、离散时间系统等理论的发展也大大丰富了现代控制理论的内容。

随着自适应控制等现代控制理论的发展，人们意识到具有“自学习”和“自决策”能力的控制方法在解决复杂系统控制问题方面具有巨大的优势。1956 年，“人工智能”(artificial intelligence)概念被正式提出后，“智能控制”的思想就开始蓬勃发展。1965 年，著名的美籍华裔科学家傅京孙(K. S. Fu)教授首先把人工智能的启发式推理规则用于学习控制系统。同年，加利福尼亚大学的扎德(Zadeh)教授发表了他的著名论文“模糊集合”(fuzzy sets)，开辟了模糊控制的新领域。1966 年，美国科学家 J. M. 门德尔(J. M. Mendel)首先主张将人工智能用于空间飞行器的控制系统设计，并提出“人工智能控制”的概念。1967 年，美国科学家 C. T. 莱昂德斯(C. T. Leondes)等人首次正式使用“智能控制”(intelligent control)一词，这一术语的出现仅比“人工智能”晚 11 年。1971 年，傅京孙教授论述了人工智能与自动控制的交叉关系，被认为是国际公认的智能控制的先行者和奠基人。1977 年，美国机器人控制专家 G. M. 萨里迪斯(G. M. Saridis)提出分级递阶智能控制系统，由组织级、协调级和执行级组成，遵循“精度递增伴随智能递减”的原则。随着 20 世纪 80 年代中期人工神经网络研究的再度兴起，控制领域研究者们提出并迅速发展了神经网络控制方法。1985 年，由于形成智能控制新学科的条件逐渐成熟，IEEE 在美国纽约召开了第一届智能控制学术讨论会，成立 IEEE 智能控制专业委员会。1987 年，在美国费城召开了第一次智能控制国际会议。提出智能控制是自动控制、人工智能、运筹学、信息论相结合的理论，智能控制作为一门新兴学科得到广泛认同，形成智能控制研究的热潮。近些年来，随着各个工程技术领域的飞速发展和相互之间的交叉融合，现代控制理论向智能控制方向深入发展，诞生了学习控制、模糊控制、专家系统、仿生算法、强化学习等新的控制理论和技术。因此，有人将“智能控制理论”称为继经典控制理论和现代控制理论之后的“第三代控制理论”。

时至今日，自动控制系统在现代社会中已经无处不在。如空天技术中的火箭发射，卫星姿态调整、飞行器自动导航，制造业中的无人车间、自动化生产线、工业机器人、数控加工系统，现代物流业的智能仓储、无人驾驶等。随着计算机、互联网、大数据这些信息技术飞跃式的发展，网络化控制系统(networked control system, NCS)成为目前控制系统发展的新趋势，它一方面与信息物理系统(cyber-physical systems, CPS)相融合，是构成智慧工厂、智能交通、远程医疗、智能家居等应用领域的核心技术之一；另一方面朝着人机共融、多智能体协同、集群智能的应用方向发展，使得原本只是对机器自动化进行的控制理论研究，进入了一个全新的控制理论时代。

1.2 自动控制理论体系

自动控制理论的发展过程是同数学、计算机科学、工程学的发展相互交叉融合、共同发展的过程。时至今日,自动控制理论发展出了非常繁复的理论分支和应用分支。中科院的自动化专家郭雷院士曾感叹:“控制理论发展到今天,恐怕没有一位控制专家能够同时掌握所有前沿分支,正如当今一个数学家很难同时是拓扑学、几何学、代数学、微分方程、泛函分析、概率统计、数论等各方面的专家。但与纯数学不同,一个优秀的控制科学家,应该对不同控制理论和方法有一个比较全面的了解。”

对于被控对象来讲,控制通常是人为“加给”它们的,目的大致有两类:其一是镇定(stabilization),即通过控制使得不稳定的系统变得稳定;其二是跟踪(tracking),即通过控制使得系统按要求输出响应。要实现控制,第一步需要描述被控对象,称为系统建模。建模的方式大致可分为两类:其一,利用物理机理建立数学模型(例如一个机械臂可以利用拉格朗日方程来建模);其二,利用系统辨识建立数学模型(例如可以通过一个神经网络描述系统,并通过输入输出数据来学习网络的参数)。完成系统建模后,需要对被控对象进行系统分析,从而进一步确定它实现“镇定”或“跟踪”的参数指标。系统分析首先需要确定系统的稳定性(通过稳定性判据),对于不稳定的系统需要首先进行“镇定”,例如调整控制器的增益、进行极点配置等。当系统稳定后,再看系统的输出是否如我们所愿,这里就涉及所谓的跟踪问题。它需要解决跟踪的速度有多快和跟踪的精度有多高两方面的问题。于是又涉及调整时间、超调量等瞬态性能和稳态精度等稳态性能的分析。如果需要利用系统状态设计控制器,还需建立在系统状态可控和可观测的基础上,因此能控性和能观性分析也是系统分析的重要内容。完成系统分析以后,我们就可以依据所建立的模型进行控制器设计,然后再对闭环控制系统进行系统分析,从而获得满意的镇定或跟踪效果。可见“系统建模—系统分析—控制设计”是自动控制系统设计的基本流程。

然而在实际应用过程中,这个流程通常很难行得通,这是由于真实的对象往往是非线性的,我们利用第一性原理建模后发现,一个非线性模型既不利于分析,也不利于控制器设计,因此“线性化”是建模后的一个重要步骤。完成线性化后可能模型的状态太多(阶次太高),于是需要进行模型简化(降阶)。实际上,经典控制理论和大部分现代控制理论都是针对线性化模型进行系统分析和控制器设计的。在实际应用中,当一个控制器设计好后,通常需要利用被控对象的输出或状态作为反馈输入,而在实际应用中很多系统的状态是无法直接测量的,或者即便是能测量也受到了噪声污染。此时在设计控制器前,我们还需要进行状态观测器或状态估计器的设计。因此“系统建模(含简化)—系统分析—状态估计—控制设计”是我们面对一个真实系统进行控制系统设计的一般流程。

由于数学模型和实际系统之间依然存在差距,基于模型设计好的控制器在实际应用中的效果会受到影响,如果这种影响导致的后果我们无法接受,则需要从控制器设计方法入手。这就涉及一个新的领域——鲁棒控制(robust control),即系统参数在一定范围变化时,所设计的控制器可以容忍这些变化。需要注意的是,鲁棒控制容忍的参数变化范围通常是有限的,且当参数发生变化后,控制器通常运行在非最佳状态。

当控制系统运行一段时间后,系统本身的某些参数会随着时间的变化而发生较大范围的变化(例如部件衰退、泄露导致性能漂移等),当系统参数偏离过大,鲁棒控制器也不再适用的时候,就需要根据当前的系统参数重新设计控制器,于是自适应控制(adaptive control)

就派上了用场。自适应控制是一种通过在线测量、分析被控系统的参数变化情况，从而在控制过程中不断调整和更新控制器参数的一种控制方法。

综上所述，自动控制理论涉及的领域大致可以包括以下几个方面。

(1)系统建模：包含了系统的描述方法，如微分方程、传递函数、状态空间、方框图、信号流图、差分方程、脉冲响应函数等；系统建模包含了机理建模和系统辨识建模两类，机理建模方法是通过运动学和动力学等物理关系建立代数/微分方程(组)，并根据需求进行一定的模型简化；系统辨识建模首先假设模型的结构形式，并通过输入输出数据学习模型参数，最经典的方法是最小二乘法、极大似然法等，解决复杂系统的建模难题，还催生了深度神经网络等非线性建模方法，并与时下流行的数字孪生、深度学习等新理论联系在一起向前发展。

(2)系统分析：包含了系统稳定性、瞬态性能、稳态性能、能控能观性等分析；系统分析的工具包括伯德图、根轨迹图、奈奎斯特图等；稳定性分析理论包括经典控制理论稳定性、李亚普洛夫稳定性等。系统分析包含开环控制系统分析和闭环控制系统分析，其中开环控制系统分析就是对被控对象的分析，旨在理解被控对象的特性，闭环控制系统分析就是对含有控制器的被控对象整体的分析，旨在理解控制器设计是否满足要求。

(3)状态估计：对于确定性系统，如果系统的状态不可观测，则可以利用状态观测器对不可观测系统进行估计，从而进行状态反馈设计；对于非确定性的随机系统，状态估计就是从具有随机干扰的测量数据中，尽可能准确地估计出系统内部状态信号或输出信号(可以认为是一种特殊的状态信号)，由于估计过程是为了滤除随机干扰的影响，因此状态估计也称为滤波。最优状态估计是指在某种准则下(例如均方差最小)进行的信号和状态估计，经典的方法包括维纳(Wiener)滤波估计和卡尔曼(Kalman)滤波估计。其中维纳滤波可以处理单变量平稳随机信号的滤波问题，卡尔曼滤波可以处理多变量非平稳随机信号的滤波问题。

(4)控制设计：控制器算法设计。最典型的控制器设计为输出/状态反馈增益设计，可以利用根轨迹图解、极点配置等方法设计满足要求的控制器，也可以基于最优控制理论设计最优的状态反馈增益；当增益设计无法满足要求时，还可以通过在闭环回路里面串/并入动态系统来进行闭环特性校正(反馈增益设计可以认为是串/并入了特殊的比例系统)，PID控制器就是典型的通过串/并入比例、积分和微分系统进行校正的方法，此外还有很多串/并入高阶系统进行校正的思路，如自适应逆控制。控制算法设计包含的范围非常广，很多设计方法自成体系，成为重要的理论分支，例如最优控制、鲁棒控制、自适应控制、模型预测控制、多智能体控制、强化学习等。

(5)目标规划：当控制上升到人机/多机协同、复杂环境交互等情形，就涉及目标规划的范畴了，它是控制系统目标的顶层设计。例如在移动机器人领域，首先需要感知环境的信息，并进行定位与建图(或者同时定位与建图，SLAM)。当收集到足够的位置信息和地图信息后，就会进入运动规划(motion planning)阶段，用来解决怎么走的问题，它包括路径规划(path planning)和轨迹规划(trajectory planning)。运动规划完成后，移动机器人的控制器将按照规划的各个参数目标运行，保证移动到目标位置。在航空发动机控制领域有一个非常重要的方向称为控制计划(control schedule)，它的目的是确定发动机控制系统的目标和限制，控制计划制定所依据的信息包括发动机的温度、压力、转速等状态信息和高度、马赫数等环境信息。

经典控制和现代控制的理论体系如图1.2.1所示。

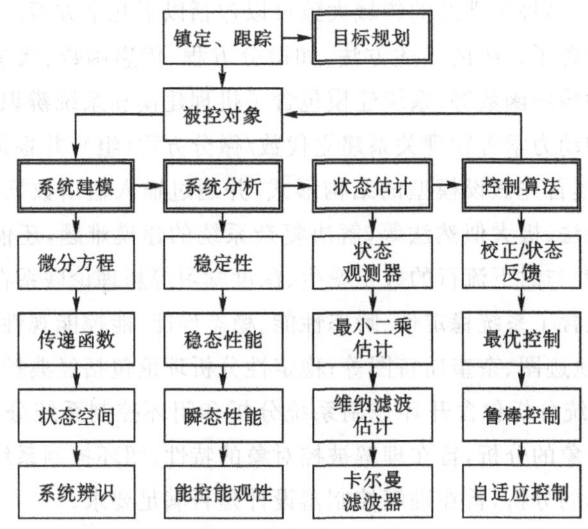

图1.2.1 经典控制和现代控制的理论体系

1.3 控制工程的基本概念和术语定义

随着现代科技的不断发展,各行业的分工愈来愈细,工业领域的自动控制系统也有很多不同的应用需求和种类。在控制理论和实践的发展过程中,逐渐形成了一套大家共同认可的研究范式和术语。遵守这些范式和术语,不仅有利于不同行业之间进行沟通和交流,也有利于控制理论的深入探讨。

一般的工业控制系统按照向系统输入的指令类型不同可分为三大类。

(1)自动调节系统:向系统输入的指令为一恒值,通常为希望从系统输出中获得的理想值,这种输入指令称为参考输入。控制系统的任务就是尽量克服各种内外干扰因素的影响,使系统的实际输出值与参考输入值尽量保持一致。注意这里所说的"值"并非物理量值,是数学意义上的量值。

(2)随动控制系统(跟踪系统):系统的控制输入指令是一个事先无法确定的任意变化的量,要求系统的输出量能迅速平稳地复现或跟踪输入指令的变化。

(3)程序控制系统:系统的输入指令不是常值,而是事先确定的变化曲线,将其编成程序固化在输入装置中。即输入指令是事先确定的程序信号,控制的目的是使系统按照要求完成程序作业。

实际上,后两类系统都可以转化为第(1)类系统来描述,所以业界都以第(1)类系统为对象,并对相关的术语做了统一的约定和定义,以方便不同领域的工程师在同一语境概念下讨论和研究控制工程问题。

由相互关联的元件构成的能够实现某个预期功能的装置或过程称为系统。系统可以是一个物理实体机器，或者一个仪器设备，也可以是一个加工生产过程。传统的自动控制理论是基于因果律的理论，认为系统各部分之间存在因果关系。

控制系统常用信息流框图来表示，如图 1.3.1 所示。图中的每个方框(模块)表示被控对象或者子系统。指向方框的箭头线表示模块接收的信息流，称为输入信号；离开方框的箭头线表示从模块流出的信息流，称为输出信号。输入整个系统中的信号也称为系统激励信号；从整个系统最终得到的输出信号也称为系统响应信号。

系统中一个模块的输出信号可以作为另一个模块的输入信号。如图 1.3.1(a)中所示，图中各模块依次相接，称为串联模式。从某个模块引出的信号也可以输入几个模块中，几个模块的输出信号也可以汇总合成后输入一个模块中。如图 1.3.1(b)所示的子系统 2 和子系统 3，这样的模块联结就是并联模式。注意图 1.3.1(b)中信号合成处的“+”符号，表示各子系统的信号在此处是相加运算。

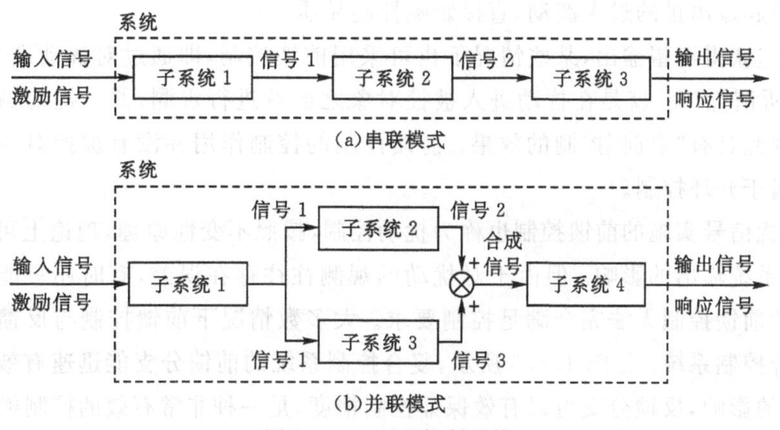

图 1.3.1 开环控制系统

图 1.3.1 所示是开环控制系统，输入信号在系统中单向流动。子系统一般由开环控制器、信号放大器、控制器、执行机构等构成，通过这些子系统的运行以期获得理想的响应信号。其中开环控制器通常是通过被控对象的特性离线设计的理想控制器，用于提前校正被控对象输入信号，使得其输出信号满足期望。开环控制不具备任何应对系统扰动的能力。如果我们将系统输出端的信号引出，经过适当的处理变换，再引回系统的输入端，与原始输入信号比较后再输入系统中去，这种系统就构成了闭环系统，也称为“反馈控制系统”，如图 1.3.2 所示。

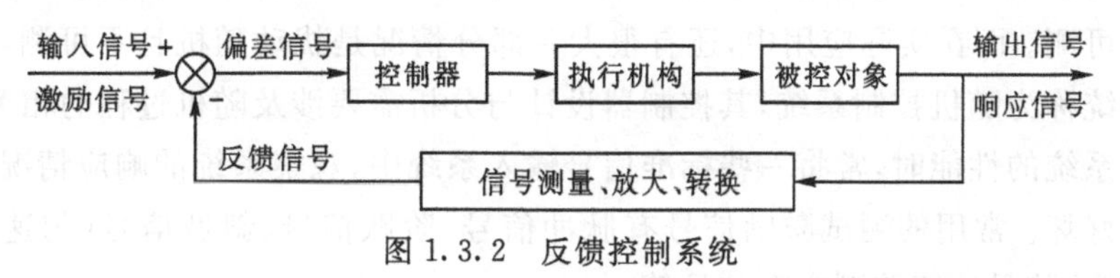

图 1.3.2 反馈控制系统

注意图 1.3.2 中返回输入端的反馈信号旁边标注为“−”符号，表示输入信号减去反馈信号后再输入系统中，这种系统称为负反馈系统。如果反馈信号线旁边是“+”符号，则表示系统为正反馈控制系统。通常负反馈有助于系统的稳定平衡，正反馈导致系统失稳。一般不加说明的情况下，反馈指的都是负反馈。我们把系统的激励信号设定为系统的预期响应信号(工程中也称为参考信号、指令信号、设定值、给定量)。引入负反馈后，系统接收的激励信号实际上是参考信号和反馈信号的偏差信号。如果我们把整个闭环控制系统当作一个整体看待，参考信号就是闭环控制系统的输入信号/激励信号。

图 1.3.2 中输入信号/激励信号(参考信号)是闭环控制系统的已知输入信号，由于未知环境的干扰，被控对象通常还有一些未知的输入信号，我们统称为扰动。扰动对于控制目标实现是不利的，因此控制器设计需要考虑闭环系统在扰动的前提下的稳定性和性能。系统引入反馈的优势之一就是其具有抗扰动的能力。

“反馈”是控制理论中最为重要的概念，在很多场景中，“反馈控制系统”甚至成为控制系统和理论的代名词。在实际控制系统中，大量都是采用“反馈”控制。由于反馈控制是基于系统输出偏差的“事后”控制，对于滞后较大的被控对象，其反馈控制作用不能及时影响系统的输出，以致引起输出量的过大波动，直接影响控制品质。

为了快速获得期望输出，某些情况下也可采用前馈控制，即通过对扰动进行测量，进而施加控制。所谓“前馈”就是在扰动进入被控对象之前就进行观测，并且提前做出了相应的控制措施，因此具有“事前”控制的效果。前馈控制的控制作用并没有被控对象的输出信号参与，因此属于开环控制。

针对干扰信号实施的前馈控制也称为扰动控制，按照不变性原理，理论上可做到完全消除主扰动对系统输出的影响。但由于对扰动的观测往往存在误差，有时还只能得到扰动的估计值，因此前馈控制无法完全满足控制要求。大多数情况下前馈控制与反馈控制共同使用，称为复合控制系统。如图 1.3.3 所示，复合控制系统的前馈分支能迅速有效地补偿外扰对整个系统的影响，反馈分支可以有效保证控制精度，是一种非常有效的控制模式。

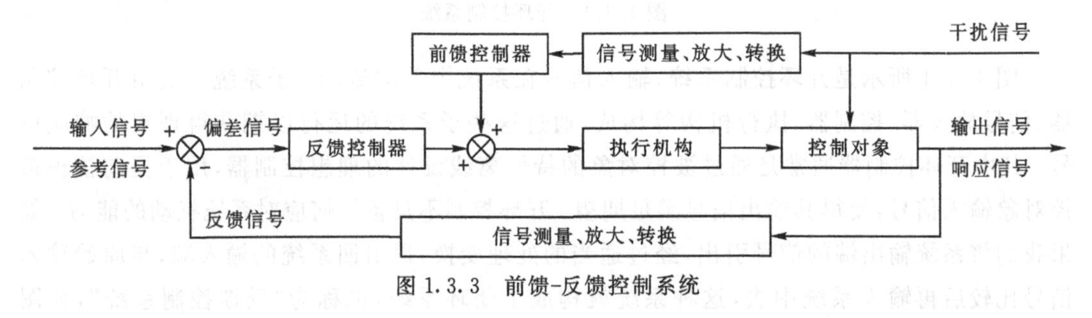

图 1.3.3 前馈-反馈控制系统

值得说明的是，本课程讨论的控制系统分析与设计问题，大多数情况将不考虑扰动或者扰动确定且可测。而在实际应用中，还有很大一部分情况是扰动随机且不可测，考虑随机扰动的控制系统称为随机控制系统，其控制器设计与分析需要涉及随机过程的相关知识。

在研究系统的性能时，常将一些标准信号输入系统中，观察系统的响应情况来比较分析系统性能的好坏。常用的测试激励信号有脉冲信号、阶跃信号、斜坡信号(匀速信号)、抛物线信号(匀加速信号)、正弦型交变信号等。

控制系统在接收激励信号后的响应是一个动态过程：先历经一个瞬态响应过程，而后进入稳态响应状态。通常考察系统的三个性能指标来判定一个控制品质的优劣：系统的稳定性、系统的瞬态响应品质、系统的稳态响应误差。

系统首先必须是一个稳定系统，在此前提下才可以对系统设计实施各种控制策略。控制系统稳定是指在使它偏离平衡状态的扰动作用消失后，返回原来平衡状态的能力。对于图 1.3.1 所示的开环控制系统，如果每个子系统都是稳定的，则总系统将不存在稳定性问题，只要输入有界，输出就是有界的。而对于图 1.3.2 和图 1.3.3 所示具有反馈的闭环系统，即使每个子系统都稳定，总系统也可能存在稳定性问题。当系统不稳定的时候，即便是一个有界的输入，也会产生一个无界的输出，因此稳定性是控制系统设计的前提。

研究系统的瞬态响应时，常常是向系统输入一个单位阶跃信号激励，将系统的输出信号绘制成时间函数曲线，从系统响应曲线中可以清楚地看出系统的性能指标。如图 1.3.4 所示为单输入、单输出系统对单位阶跃输入信号的响应曲线，从曲线中可以看出，系统的响应分为瞬态和稳态两个时间段。设计控制系统就是使系统的稳定性达到要求，瞬态响应品质要高，尽量降低系统的稳态误差。

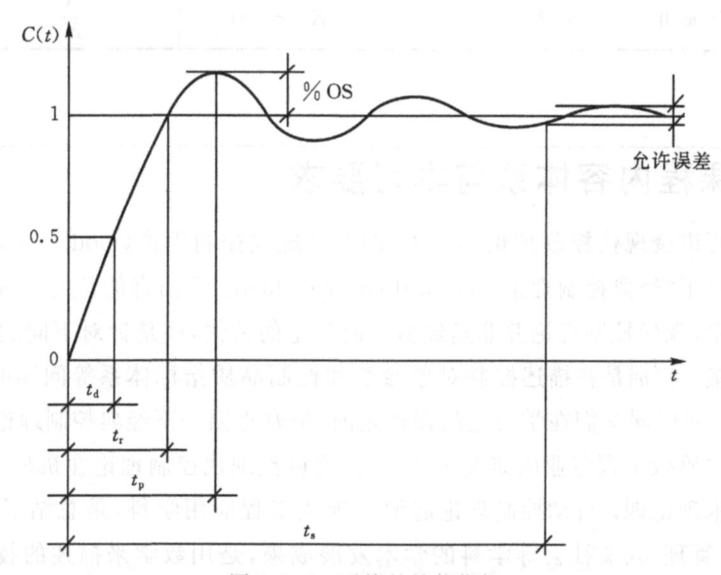

图 1.3.4 系统的性能指标

如图 1.3.4 所示，表征系统瞬态响应品质的性能指标有上升时间 T_r、峰值时间 T_p、过渡时间 T_s 和相对超调量 %OS 等。在分析设计系统时，一般先把系统当作二阶系统来处理，然后再根据实际系统与二阶系统的相似程度来修正设计。

二阶系统有两个重要的参数，阻尼比 ζ 和无阻尼自然频率 ω_n。系统的瞬态响应性能指标由这两个参数决定。例如系统相对超调量 %OS 表达为

$$\%OS = \exp\left(\frac{-\zeta\pi}{\sqrt{1-\zeta^2}}\right) \times 100\% \tag{1.3.1}$$

过渡时间（调整时间）T_s（取稳态偏差为 3% 或 2%）：

$$T_s \approx \frac{4}{\zeta\omega_n} \tag{1.3.2}$$

典型二阶系统特征方程的根（系统极点）$s_{1,2}$ 与系统参数 ζ 和 ω_n 的关系为

$$s_{1,2} = -\zeta\omega_n \pm j\omega_n\sqrt{1-\zeta^2} = -\zeta\omega_n \pm j\omega_d \tag{1.3.3}$$

系统的稳态性能用稳态误差来表征。在经典控制理论中，按照系统传递函数中含有积分环节的个数分为“0”型、“Ⅰ”型和“Ⅱ”型系统；系统对单位阶跃信号 $u(t)$、单位斜坡信号 $tu(t)$、单位抛物线信号 $(1/2)t^2u(t)$ 的响应，定义有静态误差常数 K_p、K_v 和 K_a。系统的稳态误差情况如表 1.3.1 所示。

表 1.3.1 输入信号、系统类型与稳态误差的关系

Type	Input		
	$R(t)=u(t)$	$R(t)=tu(t)$	$R(t)=\frac{1}{2}t^2u(t)$
Type 0	$\frac{1}{1+K_p}$	$\infty(K_v=0)$	$\infty(K_a=0)$
Type Ⅰ	$0(K_p=\infty)$	$\frac{1}{K_v}$	$\infty(K_a=0)$
Type Ⅱ	$0(K_p=\infty)$	$0(K_v=\infty)$	$\frac{1}{K_a}$

1.4 本课程内容体系与学习要求

本课程主要讲授现代控制理论的基本知识。“现代控制理论(modern control theory)”这一名称是相对于“经典控制理论(classical control theory)”而言的。从控制学科理论的发展历史可以看出，现代控制理论并非是经典控制理论的替代，而是针对不同的应用需求给出的不同解决方案。特别是在描述控制对象参数和控制品质指标体系等问题时，二者共享很多概念和术语。所以同学们在学习这门课程之前，最好重温一下经典控制理论的基本内容。

本课程面向机械工程专业的研究生开设，主要讲授现代控制理论在机械工程中的应用，是一门应用技术理论课。自动控制理论起源于现代工程应用学科，是总结了机械、电子、化学、生物、经济、管理、人文社会等学科的学术发展成果，是用数学来描述的技术理论。简言之，自动控制理论是对多个学科实践知识的抽象总结，描述其共性的规律；是将实际问题引入数学领域进行分析推导，然后再将结果应用于指导解决具体的学科实际问题。因此，工程数学知识在现当代自动控制理论中扮演着重要的角色。

机械控制系统是将自动控制理论运用于机械系统中以实现高品质的机械传动性能。电传感与驱动长期以来一直是机械控制中不可或缺的组成部分，历史上还形成了“机械电子学”这一重要研究方向。当代机械控制系统早已突破了“机电控制”的范畴。随着现代科技的发展，控制和驱动元器件可以是机、电、液、气、声、光、磁、热等多种物理效应的体现。因此，不论是控制理论的来源还是控制系统的实现，都带有多个学科交叉综合的特点。

现代控制理论包含的内容很多，而且随着技术的进步，控制理论也在不断推陈出新之中。本教材是面向机械类研究生开设现代控制工程课程所用，因此主要讲授现代控制理论中最基本的概念，辅以与机械工程相关的实例。全书还是以“线性时不变系统”为主要研究对象，间或涉及非线性和时变现象。

在研究生阶段学习本门课程，要注意以下几点学习方法。第一，课内学习和课外自学并重。作为一门技术理论课,涉及很多工程数学知识,例如微分方程、积分变换、矩阵变换等。同学们的本科专业背景各异,如果自己以前没学过这些知识,一定要在课外时间补上。这些数学知识并不是很难,只要勤学多问,都能理解。第二,理论学习与实践学习密切结合。在学习过程中,同学们除了完成必要的课程实验以外,要结合自己课题组的科研项目,来理解领会现代控制理论的基本思想,再将这些思想应用于自己的科学研究中。换言之,善于"抽象"和"具化"是学好这门课的关键。第三,在控制工程实践中,注意数学公式与实际工程问题的差异。数学具有严密性和抽象性,但也具有理想化的特点。在数学领域研究控制算法时,往往忽略了工程问题的实际应用场景。因此从数学推理得到的很完美的方案,在实际中并不一定行得通。实际的控制系统是一个典型的机电一体化系统,对于传感器、计算机系统、伺服执行器(电磁、电液、新原理)的原理及其数学抽象也需要有所了解。第四,关注学科最新的研究进展。自动控制理论是一个不断发展、与时俱进的,且非常活跃的研究领域。以信息技术跨越式发展为代表的第四次工业革命,已经深刻地影响了人类生活的方方面面。作为理工科的研究生,必须了解和掌握这种技术的未来发展趋势。

本书的章节安排:第 2 章介绍系统的描述方法,现代控制理论以状态空间描述为基础,它与微分方程、传递函数、方块图、信号流图等描述是可以相互转换的;第 3 章介绍的是系统分析方法,基于状态空间描述分析了解系统的稳定性、能控性、能观性、稳态性能等;第 4 章到第 7 章介绍的都是控制器设计方法,其中第 4 章是状态反馈设计方法,通过极点配置设计一组满足要求的状态反馈增益;第 5 章介绍的是最优控制设计方法,是一种在某种准则下最优的控制器设计方法;第 6 章介绍了模型参考自适应控制方法,是在系统参数缓慢变化、初值未知的情况下的控制器设计方法;第 7 章介绍随机系统状态估计与控制方法,是观测信号具有随机干扰的系统状态估计和控制器设计方法。

为了便于理解,本书对符号做如下约定:一般用斜体的字符表示变量,例如,$y(t)$,i;当一维向量为变量,用小写、加粗、斜体字符,例如,$\boldsymbol{x}(t)$;当矩阵为变量时,用大写、加粗、斜体字符,例如 $\boldsymbol{A}(t)$;一般用正体表示常量,例如 π;当一维向量为常量时,用小写、加粗、正体字符,例如 $\mathbf{c}$;当矩阵为常量时,用大写、加粗、正体的字符,例如 $\mathbf{A}$。此外,正体的英文字母还可以表示缩写和单位,例如,$\sin(\cdot)$,$\lg(\cdot)$,mm。上述规则在上下标中也适用,例如 $\boldsymbol{A}_i$,t_{p}。

课后思考题

1. 控制理论的发展包含哪几个阶段,现代控制理论相较于经典控制理论有什么特点?
2. 说明开环控制和闭环控制系统的区别是什么。
3. 试举例论述前馈控制和反馈控制的区别。
4. 控制系统的性能指标都有哪些?

系统的状态空间表达

第2章

2.1 状态空间模型

分析和设计机电控制系统的第一步，是将机电传动(过程)用数学语言描述出来。所谓“数学模型”就是用字母、数字及其他数学符号建立起的等式或不等式，以及图表、图像、框图等描述客观事物的特征及其内在逻辑联系的数学结构表达式。数学建模实质上是用数学的抽象理论来描述现实问题，从而可以运用数学的概念、方法和逻辑进行分析和推导。用数学来定性或定量地表达实际问题，可以为解决实际问题提供精确的数据或可靠的指导。传统机械系统的数学建模主要是应用各种力学、材料学和电机学的相关理论，通过牛顿力学等原理建立系统动力学的微分方程。现代机械工程涉及电磁学、热力学、光学等理论，早已覆盖了整个应用物理学范畴。

经典控制理论是采用频域中的传递函数法来分析和设计控制系统的。这种方法是将描述系统的数学微分方程经拉普拉斯变换后转换为频率域的传递函数，这样系统的输入信号与输出信号之间构成了代数运算关系。用代数方程取代微分方程，不仅简化了各子系统的描述，也简化了将子系统集成建立整个系统的数学模型的过程。频域法的优点是能快速得到系统的稳定性和瞬态响应等性能指标信息，及时调节系统参数以满足设计要求。频域法多用于单输入单输出系统，其局限性是只能用于线性时不变系统，或是近似为线性时不变的系统。

状态空间法(state-space approach)也称为时域法，可用于非线性、时变、多输入多输出系统的描述。它是一种整合了系统建模、分析和设计的方法，可广泛应用于诸多场合。在机械传动系统中可以用其来描述反向间隙、饱和、死区等非线性现象，也可以很方便地处理非零初始状态的系统。一些时变系统，例如导弹在飞行过程中的燃料变化，飞行器处于不同高度的状态变化等，都可以在状态空间中分析。某些多输入多输出系统也可以在状态空间中建立模型来分析研究。例如汽车驾驶中，输入信号为方向和速度两个参数，输出信号也是方向和速度两个参数。在状态空间中对驾驶系统建立数学模型，其形式和简洁程度都类似于单输入单输出系统，可以方便地调整各结构参数以优化系统。如果在实际控制系统回路中引入电子计算机控制模块，或者对整个系统进行计算机数值仿真，那么状态空间法就显示出了较大的优势。

如果从系统反馈的特性来看，经典控制理论是将输出信号反馈到控制系统中以调节系统行为，现代控制理论除了反馈输出信号，还将各种系统“状态”反馈到系统中。这些“状态”可以是真实测量的信号值，也可以是数学计算值；可以对应真实世界的物理参数，也可能仅具有纯数学意义。

控制系统在频率域的数学模型，通过数学变换，也可以转换到状态空间模型。相比于频率域的模型，状态空间模型中的参数多在数学域讨论分析，各参数对应的物理意义需要经过一些必要的分析变换才能显示出来。相比而言，频域法只需作图或经少量计算就可以快速地导出模型参数对应的物理量。

对于机电系统来说，不管是频域建模还是状态空间建模，都是根据机电系统的动力学平衡方程得来的，这些方程一般都呈现为微分方程的形式。微分方程的形式和系数，就描述了系统内部之间的关系或形态。式(2.1.1) 为 n 阶线性时不变微分方程的通用表达式，式中 $f(t)$ 表示系统的输入，$y(t)$ 为输出，二者都是时间变量的函数。

$$a_n \frac{\mathrm{d}^n y(t)}{\mathrm{d}t^n} + a_{n-1} \frac{\mathrm{d}^{n-1} y(t)}{\mathrm{d}t^{n-1}} + \cdots + a_0 y(t) = b_m \frac{\mathrm{d}^m f(t)}{\mathrm{d}t^m} + b_{m-1} \frac{\mathrm{d}^{m-1} f(t)}{\mathrm{d}t^{m-1}} + \cdots + b_0 f(t) \tag{2.1.1}$$

针对含有多个变量的控制系统，可以根据系统微分方程(组) 建立状态空间模型。基本步骤如下：

(1) 在系统所有的变量中，选定 n 个参变量作为系统的“状态变量”。一般 n 等于系统微分方程的阶数。

(2) 根据状态变量之间的关系，写出 n 个联立的一阶微分方程，构成系统“状态方程(组)”。

(3) 若已知所有的状态变量在 $t = t_0$ 时的初始值，以及在 $t \geqslant t_0$ 时的系统输入信息，经过代数合成运算，就可以解出系统的所有变量在 $t \geqslant t_0$ 的任意时刻的值。此代数合成运算方程称为系统“输出方程(组)”。

用系统的“状态方程(组)”与“输出方程(组)”来描述系统的动态行为，此即状态空间法。我们用一个实例来介绍状态方程的建立过程。

【例题 2.1.1】 如图 2.1.1 所示为一个简单的 RL 电网络回路。系统输入为 $v(t)$，流经回路的电流为 $i(t)$，回路初始电流为 $i(0)$，回路电阻为 R，回路电感为 L。已知系统输入电压信号为单位阶跃信号，试建立此系统的状态方程描述，并求解系统的电流、电阻和电感两端的电压。

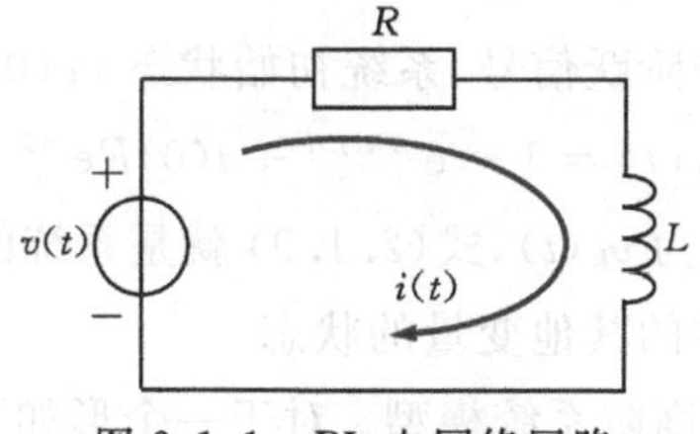

图 2.1.1　RL 电网络回路

【解答】 首先根据基尔霍夫电压定理写出此网络回路中针对电流的微分方程为

$$L\frac{\mathrm{d}i(t)}{\mathrm{d}t}+Ri(t)=v(t) \tag{2.1.2}$$

我们利用拉普拉斯变换，可以求得这个微分方程的解。对等式两边分别做拉普拉斯变换，可得

$$L[sI(s)-i(0)]+RI(s)=V(s) \tag{2.1.3}$$

系统输入信号 $v(t)$ 为单位阶跃信号 $u(t)$，其拉普拉斯变换为

$$V(s)=L[v(t)]=L[u(t)]=1/s \tag{2.1.4}$$

代入可得

$$I(s)=\frac{1}{R}\left[\frac{1}{s}-\frac{1}{s+\frac{R}{L}}\right]+\frac{i(0)}{s+\frac{R}{L}} \tag{2.1.5}$$

对上式再做逆拉普拉斯变换，即可得到原微分方程的解为

$$i(t)=\frac{1}{R}(1-\mathrm{e}^{-(R/L)t})+i(0)\mathrm{e}^{-(R/L)t} \tag{2.1.6}$$

$i(t)$就是此RL系统中的一个状态变量，式(2.1.6)就是用以描述系统性能的一个状态方程。据此我们可以继续写出此电网络系统中的其他变量的值。如电阻 R 两端的电压为

$$v_R(t)=Ri(t) \tag{2.1.7}$$

电感 L 两端的电压为

$$v_L(t)=v(t)-Ri(t) \tag{2.1.8}$$

回路电流的变化率为

$$\frac{\mathrm{d}i(t)}{\mathrm{d}t}=\frac{1}{L}v_L(t)=\frac{1}{L}[v(t)-Ri(t)] \tag{2.1.9}$$

可以看出，只要我们已知输入电压 $v(t)$的值，解出电流 $i(t)$，那么此电网络回路中 $v_R(t)$、$v_L(t)$ 等任意一个变量的值(也就是“状态”)都可以求得。这些变量在 $t\geqslant t_0$ 任意时刻的值，就构成了系统的“状态”。我们可以根据需要提取这些变量中的一个或几个构成系统的输出信号，这样方程(2.1.7) 至方程(2.1.9) 就是系统的输出变量方程(组)。用状态方程(2.1.6) 和输出方程(组) 来表征此电网络系统，此即系统的状态空间表达法。

此例中的系统状态方程(2.1.6) 是依据系统变量 $i(t)$而写出的，实际上我们可以选用系统中的任何一个变量构建系统状态方程。如果将 $i(t)=v_R(t)/R$ 代入式(2.1.6)，可得

$$\frac{L}{R}\frac{\mathrm{d}v_R(t)}{\mathrm{d}t}+v_R(t)=v(t) \tag{2.1.10}$$

若系统输入信号 $v(t)$仍为单位阶跃信号，系统初始状态 $v_R(0)=Ri(0)$，就可以写出

$$v_R(t)=1-\mathrm{e}^{-(R/L)t}+i(0)R\mathrm{e}^{-(R/L)t} \tag{2.1.11}$$

此时系统的状态变量就可以定为 $v_R(t)$，式(2.1.9) 就是系统的状态方程。根据 $v_R(t)$ 和输入信号 $v(t)$可以求出此电网络中的其他变量的状态。

我们可以将此方法扩展至高阶系统模型。对于一个形如下式的 n 阶系统：

$$a_n\frac{\mathrm{d}^{(n)}x(t)}{\mathrm{d}t^n}+a_{n-1}\frac{\mathrm{d}^{(n-1)}x(t)}{\mathrm{d}t^{n-1}}+\cdots+a_0x(t)=f(t) \tag{2.1.12}$$

引入与 $x(t)$相关的 n 个变量 $x_1,x_2,\cdots,x_n$；可以将上式转换为 n 个相关的一阶微分方程，每

个方程的形式为

$$\frac{\mathrm{d}x_i(t)}{\mathrm{d}t} = a_{i1}x_1 + a_{i2}x_2 + \cdots + a_{in}x_n + b_i f_i(t) \tag{2.1.13}$$

上式中的 $x_i(t)$ 就代表各状态变量，a_{in} 和 b_i 是线性时不变系统的常系数，等式右边是状态变量和输入信号 $f(t)$的线性组合。

【例题 2.1.2】 如图 2.1.2 所示的 RLC 电网络，系统输入信号为 $v(t)$，流经回路的电流为 $i(t)$，回路初始电流为 $i(0)$。已知系统输入信号为单位阶跃信号，试写出此系统的状态方程描述。

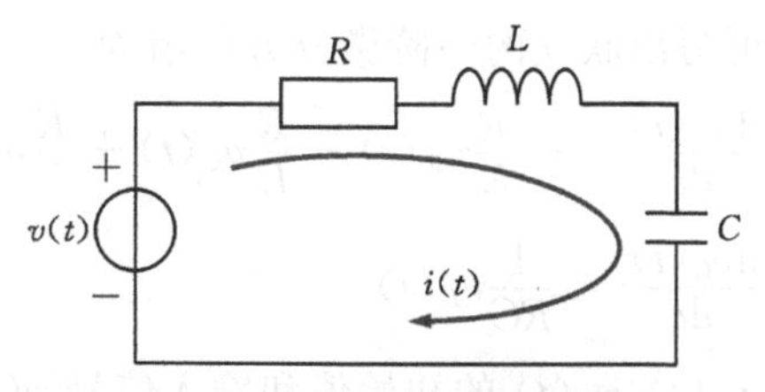

图 2.1.2　RLC 电网络回路

【解答】 因为是二阶系统，需要建立两个联立的一阶微分方程表征两个系统变量的状态。先根据基尔霍夫定理写出回路中的微分方程：

$$L\frac{\mathrm{d}i(t)}{\mathrm{d}t} + R\cdot i(t) + \frac{1}{C}\int i(t)\mathrm{d}t = v(t) \tag{2.1.14}$$

引入回路中电荷量 $q(t) = \int i(t)\mathrm{d}t$，亦即 $i(t) = \mathrm{d}q(t)/\mathrm{d}t$，则上式变为

$$L\frac{\mathrm{d}^2q(t)}{\mathrm{d}t^2} + R\cdot\frac{\mathrm{d}q(t)}{\mathrm{d}t} + \frac{1}{C}q(t) = v(t) \tag{2.1.15}$$

整理变形：

$$\frac{\mathrm{d}^2q(t)}{\mathrm{d}t^2} = -\frac{R}{L}\cdot\frac{\mathrm{d}q(t)}{\mathrm{d}t} - \frac{1}{LC}q(t) + \frac{1}{L}v(t) \tag{2.1.16}$$

我们选定 $q(t)$ 和 $i(t)$ 作为系统状态变量。利用 $\mathrm{d}^2q(t)/\mathrm{d}t^2 = \mathrm{d}i(t)/\mathrm{d}t$，将此二阶微分方程转换为两个分别关于 $q(t)$ 和 $i(t)$ 的一阶微分方程：

$$\begin{cases} \dfrac{\mathrm{d}q(t)}{\mathrm{d}t} = i(t) & (2.1.17) \\ \dfrac{\mathrm{d}i(t)}{\mathrm{d}t} = -\dfrac{R}{L}i(t) - \dfrac{1}{LC}q(t) + \dfrac{1}{L}v(t) & (2.1.18) \end{cases}$$

这两个方程就构成了系统状态方程组。若变量 $q(t)$ 和 $i(t)$ 的初始状态 $q(0)$ 和 $i(0)$，以及系统输入信号 $v(t)$ 已知，就可以联立求解出状态变量 $q(t)$ 和 $i(t)$ 在任何时刻的值。

从这两个状态变量出发，可以求解出系统其他变量的值。例如回路中电感两边的压降为

$$v_L(t) = L\frac{\mathrm{d}i(t)}{\mathrm{d}t} = -Ri(t) - \frac{1}{C}q(t) + v(t) \tag{2.1.19}$$

上式就是一个输出方程。我们可以说 $v_L(t)$ 是状态变量 $q(t)$、$i(t)$ 和输入信号 $v(t)$的线性组合。

状态方程组(2.1.17)、(2.1.18)和输出方程(2.1.19)就构成了此电网络系统的一个可行的描述,我们称其为状态空间表达。

系统状态变量的选择方案并非唯一。如我们可以选择电阻压降 $v_R(t)$ 和电容压降 $v_C(t)$ 作为状态变量。根据关系式 $v_R(t)=i(t)R, v_C(t)=(1/C)\int i(t)\mathrm{d}t$,有

$$\frac{\mathrm{d}v_R(t)}{\mathrm{d}t}=R\frac{\mathrm{d}i(t)}{\mathrm{d}t}=\frac{R}{L}v_L(t)=\frac{R}{L}[v(t)-v_R(t)-v_C(t)] \tag{2.1.20}$$

$$\frac{\mathrm{d}v_C(t)}{\mathrm{d}t}=\frac{1}{C}\frac{i(t)}{\mathrm{d}t}=\frac{1}{RC}v_R(t) \tag{2.1.21}$$

将上面两式变形整理,可写出联立的一阶微分方程组为

$$\begin{cases}\dfrac{\mathrm{d}v_R(t)}{\mathrm{d}t}=-\dfrac{R}{L}v_R(t)-\dfrac{R}{L}v_C(t)+\dfrac{R}{L}v(t) & (2.1.22\mathrm{a})\\[2ex] \dfrac{\mathrm{d}v_C(t)}{\mathrm{d}t}=\dfrac{1}{RC}v_R(t) & (2.1.22\mathrm{b})\end{cases}$$

同样,若已知状态变量 $v_R(t)$、$v_C(t)$ 的初始值和输入信号 $v(t)$ 值,就可以从微分方程中解出状态变量的值。电网络中其他变量的值都可以通过这两个状态变量和输入信号的线性组合求得。

一般用来描述系统所需的最少的状态变量个数,应该等于系统微分方程的阶次。二阶系统至少需要两个状态变量。可以定义多个系统变量作为状态变量,但构成线性空间的基本状态变量必须是线性独立的。也就是说,这些变量中的任何一个都不能是其他变量的线性组合;否则我们就无法完整表达系统的信息。如此例中我们要选定两个变量作为状态变量。若先选定了 $i(t)$ 作为系统的状态变量,那么就不能选 $v_R(t)$ 作为第二个状态变量,因为 $v_R(t)$ 可以被写为 $i(t)$ 的线性组合 $v_R(t)=R\cdot i(t)$。

对于线性系统,系统状态空间的表达还可以写成向量-矩阵形式。状态方程组可以写为

$$\dot{\boldsymbol{x}}=\boldsymbol{A}\boldsymbol{x}+\boldsymbol{B}\boldsymbol{u} \tag{2.1.23}$$

此处

$$\boldsymbol{x}=\begin{bmatrix}q(t)\\ i(t)\end{bmatrix}\quad \dot{\boldsymbol{x}}=\begin{bmatrix}\mathrm{d}q(t)/\mathrm{d}t\\ \mathrm{d}i(t)/\mathrm{d}t\end{bmatrix}\quad \boldsymbol{u}=v(t)$$

$$\boldsymbol{A}=\begin{bmatrix}0 & 1\\ -1/LC & -R/L\end{bmatrix}\quad \boldsymbol{B}=\begin{bmatrix}0\\ 1/L\end{bmatrix}$$

系统输出方程(2.1.19)写为

$$\boldsymbol{y}=\boldsymbol{C}\boldsymbol{x}+\boldsymbol{D}\boldsymbol{u} \tag{2.1.24}$$

此处

$$\boldsymbol{C}=[-1/C\quad -R]\qquad D=1\qquad y=v_L(t)$$

此例是单输入单输出系统,所以方程中的 y、D、u 都是标量。如果对于多输入多输出系统,那么 $\boldsymbol{y}$ 和 $\boldsymbol{u}$ 就会变成向量,$\boldsymbol{D}$ 就会成为矩阵。

从以上两个例子我们可以看出,系统的状态空间表达由两部分组成:

(1) 联立的一阶微分方程组,从中可以解出系统状态变量的值;

(2) 系统输出信号的代数方程,从中可以解出系统所有的其他变量。

注意系统的状态空间表达并非唯一，同一系统选择不同的状态变量就构成了不同形式的状态空间表达。

关于状态空间表达我们有以下术语。

线性组合：设有 n 个变量 $x_i(i=1,2,\cdots,n)$，n 个常数 $K_i(i=1,2,\cdots,n)$，这些变量的线性组合 S 定义为

$$S = K_1x_1 + K_2x_2 + \cdots + K_nx_n = \sum_{i=1}^{n} K_ix_i \tag{2.1.25}$$

线性独立：一个变量集中的每个变量，都不能写成其他变量的线性组合，则此集合中的变量称为线性独立。

例如对于变量 x_1、x_2 和 x_3，如果 $x_3 = 3x_1 + 4x_2$，那么这三个变量相互之间就不是线性独立的，因为其中的一个变量可以写成其他两个变量的线性组合。参看式(2.1.26)关于变量线性组合的定义式，对于变量 $x_i(i=1,2,\cdots,n)$，只有“当所有的 $K_i=0$ 且 $x_i \neq 0$ 时，其线性组合 $S=0$”这种情况下，我们才能说各 $x_i(i=1,2,\cdots,n)$ 变量是线性独立的。

系统变量：系统中任何一个对输入信号或系统初始状态做出响应的变量。

状态变量组：线性独立的系统变量的最小集合。集合中各元素在 $t=t_0$ 时的取值，与已知的外加输入信号一起，就完全确定了所有系统变量在 $t>t_0$ 时的取值。

状态向量：由状态变量组构成的向量。

状态空间：由所有状态变量构成的空间。每个状态变量视为一个坐标轴，n 个坐标轴构成了 n 维状态空间。

状态方程组：含有 n 个状态变量，由 n 个一阶微分方程联立组成的方程组。

输出方程：表达系统输出变量的代数方程，是系统状态变量和输入信号的线性组合。

对于 $t \geqslant t_0$，且状态向量具有初始值 $x(t_0)$ 时，一个系统的状态空间表达可写成如下方程：

$$\dot{\boldsymbol{x}} = \boldsymbol{Ax} + \boldsymbol{Bu} \tag{2.1.26}$$

$$\boldsymbol{y} = \boldsymbol{Cx} + \boldsymbol{Du} \tag{2.1.27}$$

此处定义：$\boldsymbol{x}$ 为状态向量；$\dot{\boldsymbol{x}}$ 为状态向量对于时间 t 的导数；$\boldsymbol{y}$ 为输出向量；$\boldsymbol{u}$ 为输入向量或控制向量；$\boldsymbol{A}$ 为系统矩阵；$\boldsymbol{B}$ 为输入矩阵；$\boldsymbol{C}$ 为输出矩阵；$\boldsymbol{D}$ 为前馈矩阵。

用矩阵(向量)$\boldsymbol{A}$、$\boldsymbol{B}$、$\boldsymbol{C}$、$\boldsymbol{D}$ 表述的控制系统，也记作 $\sum(\boldsymbol{A},\boldsymbol{B},\boldsymbol{C},\boldsymbol{D})$ 或 $\sum(\boldsymbol{A},\boldsymbol{C})$。

方程(2.1.26)称为状态方程，方程(2.1.27)称为输出方程。已知这种状态空间表达，以及各变量的初始状态值，理论上就可以解出各系统变量在 $t \geqslant t_0$ 时段的所有信息。

例如，对于一个线性时不变的二阶系统，若输入为单一信号 $\boldsymbol{v}(t)$，状态方程可以写为如下的形式：

$$\dot{\boldsymbol{x}}_1 = a_{11}\boldsymbol{x}_1 + a_{12}\boldsymbol{x}_2 + b_1\boldsymbol{v}(t) \tag{2.1.28}$$

$$\dot{\boldsymbol{x}}_2 = a_{21}\boldsymbol{x}_1 + a_{22}\boldsymbol{x}_2 + b_2\boldsymbol{v}(t) \tag{2.1.29}$$

此处 $\boldsymbol{x}_1$ 和 $\boldsymbol{x}_2$ 为状态变量。若系统为单输出系统，则输出方程的形式为

$$\boldsymbol{y} = c_1\boldsymbol{x}_1 + c_2\boldsymbol{x}_2 + d_1\boldsymbol{v}(t) \tag{2.1.30}$$

系统状态变量的选择并非唯一，但必须满足“基本状态变量之间要线性独立”和“状态变

量的个数要大于最少个数”这两个条件。

注意变量与其自身的导数之间是线性独立的关系。例如【例题 2.1.2】中的电感电压 v_L，就线性独立于电感电流 i_L，因为 $v_L = L \cdot \mathrm{d}i_L/\mathrm{d}t$，$v_L$ 不能从电流 i_L 的线性组合中求出。

一般情况下，构成系统状态空间所需的状态变量最少个数，等于描述系统的微分方程的阶次。若一个系统是用 n 阶微分方程描述的，那么就需要 n 个状态变量，建立 n 个独立的一阶微分方程。若是用传递函数来描述系统，那么微分方程的阶次也就是传递函数分母多项式函数的阶次。

通常我们根据系统里面独立的储能元件个数，就能确定系统状态变量的最少个数，也就是微分方程的数目。【例题 2.1.2】RLC 电路中有两个储能元件 —— 电容和电感，所以系统需要两个状态变量，建立两个状态方程。

如果选定的状态变量个数少于系统所需的最少个数，就无法写出系统完备的输出方程，因为某些系统变量仅用这些变量进行线性组合无法得到。有时甚至无法完全写出系统状态方程，因为状态变量的导数也无法用这些不完整的状态变量进行线性组合。如果选择的状态变量个数虽然满足最少个数要求，但相互之间并非线性独立，那么用这些变量就无法求解出系统中的其他变量，也无法列出系统状态方程。

实际上，在建模过程中经常出现的情况是，列写出的状态变量个数超出了系统所需的状态变量最少个数，而且这些多出来的状态变量在数学意义上也是线性独立的。但实际上这些变量所代表的物理量之间存在耦合效应，物理意义上并非严格独立。例如机械系统的动力学模型中，位移变量和速度变量在数学上尽管相互独立，但二者在物理上其实存在耦合关系。

如图 2.1.3(a) 所示的“质量-阻尼”机械系统，质量块 M 在系统激励 $f(t)$ 的作用下运动速度为 $v(t)$，阻尼为 D。

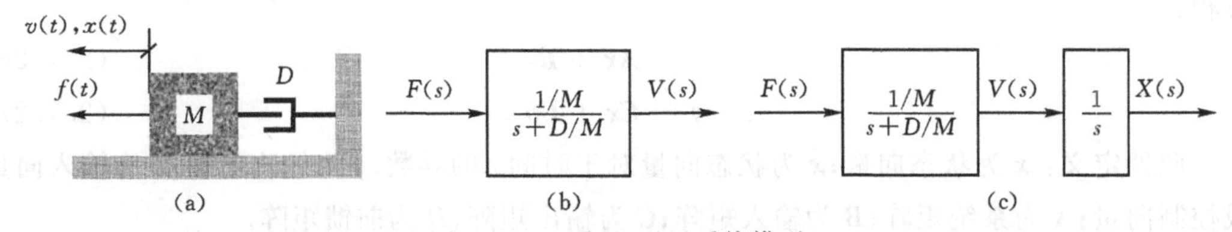

图 2.1.3　质量-阻尼系统模型

表达系统的微分方程为

$$M\mathrm{d}v(t)/\mathrm{d}t + D \cdot v(t) = f(t) \tag{2.1.31}$$

这是一个一阶微分方程，在状态空间中描述此系统时，选用速度 $v(t)$ 作为状态变量，建立一个状态方程就足矣。而且系统中只有一个储能元件质量块 M，所以在状态空间中表达系统也只需要一个状态变量，如图 2.1.3(b) 所示的系统传递函数。

如果我们把质量块 M 的位移变量也纳入系统状态向量中，则系统增加一个状态变量。注意虽然位移变量线性独立于速度变量，但这个位移量是通过速度量求得的。如图 2.1.3(c) 所示，第一个方框是等效于 $M\mathrm{d}v(t)/\mathrm{d}t + Dv(t) = f(t)$ 的传递函数，第二个方框是对速度信号进行积分运算导出位移信号的。所以，若我们想要将位移量作为系统输出量，那么系统总的传递函数就是两个传递函数的乘积，总传递函数的分母多项式（系统的特征方程）的阶次就升为二阶。

很多时候，通过增加一个系统状态变量可以更好地理解系统行为，便于建立状态方程。

2.2 状态空间建模实例

这一节我们通过几个实例来看如何构建机电系统的状态空间描述。

【例题 2.2.1】 如图 2.2.1 所示的电网络回路，电阻、电容、电感各器件的参数，以及各支路电流等变量的符号如图中标注。系统输入为电压源 $v(t)$，输出为流经电阻的电流 $i_R(t)$，写出系统的状态空间表达。

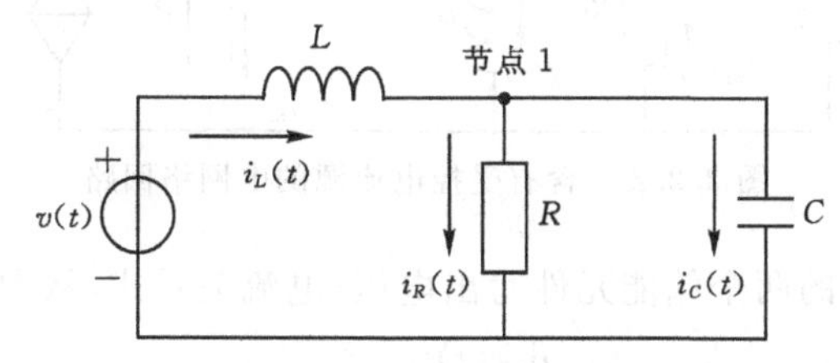

图 2.2.1 *RLC* 电网络

【解答】 写出电网络中储能元件的电流电压微分方程：

$$C\frac{\mathrm{d}v_C(t)}{\mathrm{d}t}=i_C(t) \tag{2.2.1}$$

$$L\frac{\mathrm{d}i_L(t)}{\mathrm{d}t}=v_L(t) \tag{2.2.2}$$

选择 $v_C(t)$ 和 $i_L(t)$ 这两个被微分的量作为系统状态变量，将其他变量写为系统状态变量和输入信号的线性组合，构建状态方程。

根据基尔霍夫电压电流定理，在节点 1 处有

$$i_C(t)=-i_R(t)+i_L(t)=-\frac{1}{R}v_C(t)+i_L(t)=-\frac{1}{R}v_C(t)+i_L(t) \tag{2.2.3}$$

外回路中有关系式：

$$v_L(t)=-v_C(t)+v(t) \tag{2.2.4}$$

将式(2.2.3) 和式(2.2.4) 代入方程(2.2.1) 和方程(2.2.2)，变形整理，写出状态方程为

$$\begin{cases}\dfrac{\mathrm{d}v_C(t)}{\mathrm{d}t}=-\dfrac{1}{RC}v_C(t)+\dfrac{1}{C}i_L(t) & (2.2.5\text{a})\\[2ex] \dfrac{\mathrm{d}i_L(t)}{\mathrm{d}t}=-\dfrac{1}{L}v_C(t)+\dfrac{1}{L}v(t) & (2.2.5\text{b})\end{cases}$$

写出输出变量 $i_R(t)$ 的输出方程：

$$i_R(t)=\frac{1}{R}v_C(t) \tag{2.2.6}$$

状态方程组(2.2.5) 和输出方程(2.2.6) 就构成了系统的状态空间表达。写成矩阵形式为

$$\begin{bmatrix} \mathrm{d}v_C(t)/\mathrm{d}t \\ \mathrm{d}i_L(t)/\mathrm{d}t \end{bmatrix} = \begin{bmatrix} -1/RC & 1/C \\ -1/L & 0 \end{bmatrix} \begin{bmatrix} v_C(t) \\ i_L(t) \end{bmatrix} + \begin{bmatrix} 0 \\ 1/L \end{bmatrix} v(t)$$

$$i_R(t) = [1/R \quad 0] \begin{bmatrix} v_C(t) \\ i_L(t) \end{bmatrix} \tag{2.2.7}$$

【例题 2.2.2】 如图 2.2.2 所示的电网络回路，电流源作为系统的输入，各元件参数以及各支路电流变量标注如图所示，回路中含有受控电流源。设系统输出向量是 $\boldsymbol{y} = [v_{R2}(t), i_{R2}(t)]^{\mathrm{T}}$，构建系统状态方程和输出方程。

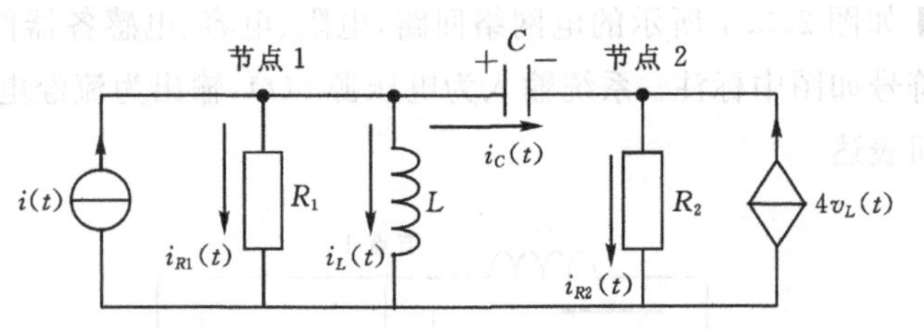

图 2.2.2　含有受控电流源的电网络回路

【解答】 先对系统中的两个储能元件写出电压-电流关系式，从中选择状态变量。

$$L\frac{\mathrm{d}i_L(t)}{\mathrm{d}t} = v_L(t) \tag{2.2.8}$$

$$C\frac{\mathrm{d}v_C(t)}{\mathrm{d}t} = i_C(t) \tag{2.2.9}$$

定义状态变量为

$$\boldsymbol{x}_1 = i_L(t); \quad \boldsymbol{x}_2 = v_C(t) \tag{2.2.10}$$

下一步将式(2.2.8)、式(2.2.9)右边的 $v_L(t)$、$i_C(t)$ 写成状态变量 $i_L(t)$ 和 $v_C(t)$ 的线性组合。根据基尔霍夫电压电流定理，在包含有电感 L 和电容 C 的回路中，有

$$v_L(t) = v_C(t) + i_{R2}(t)R_2 \tag{2.2.11}$$

在节点 2 处有 $i_{R2}(t) = i_C(t) + 4v_L(t)$，代入上式，可得

$$v_L(t) = v_C(t) + [i_C(t) + 4v_L(t)]R_2 \tag{2.2.12}$$

$$v_L(t) = \frac{1}{1-4R_2}[v_C(t) + i_C(t)R_2] \tag{2.2.13}$$

因为 $i_{R1}(t) = v_{R1}(t)/R_1 = v_L(t)/R_1$，在节点 1 处的电流和为

$$i_C(t) = i(t) - i_{R1}(t) - i_L(t) = i(t) - \frac{v_L(t)}{R_1} - i_L(t) \tag{2.2.14}$$

整理式(2.2.13) 和式(2.2.14) 可得到两个关于变量 $i_L(t)$、$v_C(t)$ 的联立方程：

$$\begin{cases} (1-4R_2)v_L(t) - R_2 i_C(t) = v_C(t) & (2.2.15\text{a}) \\ -\dfrac{1}{R_1}v_L(t) - i_C(t) = i_L(t) - i(t) & (2.2.15\text{b}) \end{cases}$$

解此方程组可得

$$v_L(t) = \frac{1}{\Delta}[R_2 i_L(t) - v_C(t) - R_2 i(t)] \tag{2.2.16}$$

$$i_C(t) = \frac{1}{\Delta}[(1-4R_2)i_L(t) + \frac{1}{R_1}v_C(t) - (1-4R_2)i(t)] \tag{2.2.17}$$

此处 $\Delta = -[(1-4R_2)+R_2/R_1]$。将此 $v_L(t)$ 和 $i_C(t)$ 的表达式代入式(2.2.8)和(2.2.9)，就写出了系统的状态方程。写成矩阵-向量的形式为

$$\begin{bmatrix} \mathrm{d}i_L(t)/\mathrm{d}t \\ \mathrm{d}v_C(t)/\mathrm{d}t \end{bmatrix} = \begin{bmatrix} R_2/(L\Delta) & -1/(L\Delta) \\ (1-4R_2)/(C\Delta) & 1/(R_1C\Delta) \end{bmatrix} \begin{bmatrix} i_L(t) \\ v_C(t) \end{bmatrix} + \begin{bmatrix} -R_2/(L\Delta) \\ -(1-4R_2)/(C\Delta) \end{bmatrix} i(t) \tag{2.2.18}$$

再来写出系统的输出方程。题设系统的输出为 v_{R_2} 和 i_{R_2}，位于 C、L 和 R_2 的回路中，有

$$\begin{cases} v_{R2}(t) = -v_C(t) + v_L(t) & (2.2.19\text{a}) \\ i_{R2}(t) = i_C(t) + 4v_L(t) & (2.2.19\text{b}) \end{cases}$$

同样，将 $v_L(t)$ 和 $i_C(t)$ 的表达式代入，并将输出方程组写成矩阵-向量的形式：

$$\begin{bmatrix} v_{R2}(t) \\ i_{R2}(t) \end{bmatrix} = \begin{bmatrix} R_2/\Delta & -(1+1/\Delta) \\ 1/\Delta & (1-4R_1)/\Delta R_1 \end{bmatrix} \begin{bmatrix} i_L(t) \\ v_C(t) \end{bmatrix} + \begin{bmatrix} -R_2/\Delta \\ -1/\Delta \end{bmatrix} i(t) \tag{2.2.20}$$

【例题2.2.3】如图2.2.3所示的机械平动系统，质量块 M_1 和 M_2 通过弹簧 K 联结，阻尼器为 D，输入力为 $f(t)$，质量块位移分别是 $x_1(t)$ 和 $x_2(t)$。运动过程中忽略质量块与底面的摩擦，建立此系统的状态空间表达。

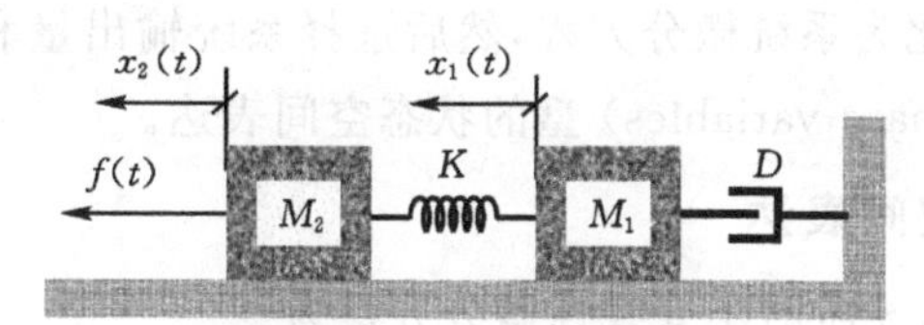

图2.2.3 机械平动系统

【解答】分别取 M_1 和 M_2 为隔离体，写出机械运动系统的微分方程。

$$M_1\frac{\mathrm{d}^2x_1(t)}{\mathrm{d}t^2} + D\frac{\mathrm{d}x_1(t)}{\mathrm{d}t} + Kx_1(t) - Kx_2(t) = 0 \tag{2.2.21}$$

$$-Kx_1(t) + M_2\frac{\mathrm{d}^2x_2(t)}{\mathrm{d}t^2} + Kx_2(t) = f(t) \tag{2.2.22}$$

令 $\mathrm{d}x_1(t)/\mathrm{d}t = v_1(t)$，$\mathrm{d}x_2(t)/\mathrm{d}t = v_2(t)$，则有 $\mathrm{d}^2x_1(t)/\mathrm{d}^2t = \mathrm{d}v_1(t)/\mathrm{d}t$，$\mathrm{d}^2x_2(t)/\mathrm{d}^2t = \mathrm{d}v_2(t)/\mathrm{d}t$。我们选择 $x_1(t)$、$v_1(t)$、$x_2(t)$、$v_2(t)$ 为系统状态变量，可得

$$\frac{\mathrm{d}x_1(t)}{\mathrm{d}t} = +v_1(t) \tag{2.2.23a}$$

$$\frac{\mathrm{d}v_1(t)}{\mathrm{d}t} = -\frac{K}{M_1}x_1(t) - \frac{D}{M_1}v_1(t) + \frac{K}{M_1}x_2(t) \tag{2.2.23b}$$

$$\frac{\mathrm{d}x_2(t)}{\mathrm{d}t} = +v_2(t) \tag{2.2.23c}$$

$$\frac{\mathrm{d}v_2(t)}{\mathrm{d}t} = \frac{K}{M_2}x_1(t) - \frac{K}{M_2}x_2(t) + \frac{1}{M_2}f(t) \tag{2.2.23d}$$

此即系统的状态方程组。写成矩阵的形式为

$$\begin{bmatrix}\dot{x}_1(t)\\ \dot{v}_1(t)\\ \dot{x}_2(t)\\ \dot{v}_2(t)\end{bmatrix}=\begin{bmatrix}0 & 1 & 0 & 0\\ -K/M_1 & -D/M_1 & K/M_1 & 0\\ 0 & 0 & 0 & 1\\ K/M_2 & 0 & -K/M_2 & 0\end{bmatrix}\begin{bmatrix}x_1(t)\\ v_1(t)\\ x_2(t)\\ v_2(t)\end{bmatrix}+\begin{bmatrix}0\\ 0\\ 0\\ 1/M_2\end{bmatrix}f(t) \quad (2.2.24)$$

从此例可以看出，在机械系统中选择状态变量，就是确定线性独立运动的点的位置和速度。此系统中有三个储能元件，但选择了四个状态变量；增添一个线性独立的状态变量的目的是为了更方便地写出状态方程。针对此系统建模，如果我们把外加力与每个质量块的位移联系起来，将会是一个四阶传递函数；如果外加力与质量块的速度联系起来，将会是一个三阶传递函数。

2.3 系统状态空间表达

单输入单输出的线性时不变系统常用传递函数描述，可将其转换为状态空间表达，以便于进行计算机数字仿真分析。如果已知系统的传递函数，可采用逆拉普拉斯变换（零初始条件下）等方法，先将其转化为系统微分方程，然后选择系统输出量和它的各阶导数作为系统状态变量，此即相变量（phase variables）型的状态空间表达。

1. 相变量型状态空间表达

如果系统动态性能的 n 阶时不变线性微分方程为

$$\frac{\mathrm{d}^n y(t)}{\mathrm{d}t^n}+a_{n-1}\frac{\mathrm{d}^{n-1}y(t)}{\mathrm{d}t^{n-1}}+\cdots+a_0 y(t)=b_0 f(t) \quad (2.3.1)$$

注意此式是(2.1.1)数学式的一部分，是输入信号较为简单的系统。将此微分方程转化为状态空间表达时，选择状态变量为

$$x_1(t)=y(t) \quad (2.3.2a)$$

$$x_2(t)=\mathrm{d}y(t)/\mathrm{d}t \quad (2.3.2b)$$

$$x_3(t)=\mathrm{d}^2 y(t)/\mathrm{d}t^2 \quad (2.3.2c)$$

$$\vdots$$

$$x_n(t)=\mathrm{d}^{n-1}y(t)/\mathrm{d}t^{n-1} \quad (2.3.2d)$$

对以上各式的两边再分别对时间求导，得到

$$\dot{x}_1(t)=x_2(t)=\mathrm{d}y(t)/\mathrm{d}t \quad (2.3.3a)$$

$$\dot{x}_2(t)=x_3(t)=\mathrm{d}^2 y(t)/\mathrm{d}t^2 \quad (2.3.3b)$$

$$\vdots$$

$$\dot{x}_{n-1}(t)=x_n(t)=\mathrm{d}^{n-1}y(t)/\mathrm{d}t^{n-1} \quad (2.3.3c)$$

$$\dot{x}_n(t)=-a_0 x_1(t)-a_1 x_2(t)\cdots-a_{n-1}x_n(t)+b_0 f(t) \quad (2.3.3d)$$

写成矩阵形式为

$$\begin{bmatrix} \dot{x}_1(t) \\ \dot{x}_2(t) \\ \dot{x}_3(t) \\ \vdots \\ \dot{x}_{n-1}(t) \\ \dot{x}_n \end{bmatrix} = \begin{bmatrix} 0 & 1 & 0 & 0 & 0 & 0 & \cdots & 0 \\ 0 & 0 & 1 & 0 & 0 & 0 & \cdots & 0 \\ 0 & 0 & 0 & 1 & 0 & 0 & \cdots & 0 \\ \vdots & \vdots & \vdots & \vdots & \vdots & \vdots & & \vdots \\ 0 & 0 & 0 & 0 & 0 & 0 & \cdots & 1 \\ -a_0 & -a_1 & -a_2 & -a_3 & -a_4 & -a_5 & \cdots & -a_{n-1} \end{bmatrix} \begin{bmatrix} x_1(t) \\ x_2(t) \\ x_3(t) \\ \vdots \\ x_{n-1}(t) \\ x_n \end{bmatrix} + \begin{bmatrix} 0 \\ 0 \\ 0 \\ \vdots \\ 0 \\ b_0 \end{bmatrix} f(t)$$

(2.3.4)

此即相变量型的状态方程，注意状态方程矩阵的最后一行是系统微分方程各系数负值的逆序排列。系统的输出方程，也就是 $y(t)$ 的表达式为

$$y(t) = [1 \quad 0 \quad 0 \quad \cdots \quad 0] \begin{bmatrix} x_1(t) \\ x_2(t) \\ x_3(t) \\ \vdots \\ x_{n-1}(t) \\ x_n \end{bmatrix} \tag{2.3.5}$$

【例题 2.3.1】将图 2.3.1 所示的系统传递函数写成状态空间表达的形式。

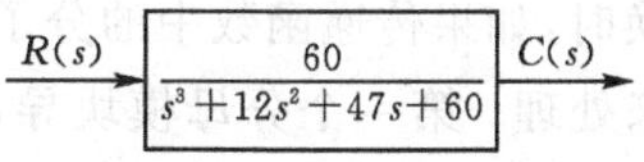

$$R(s) \rightarrow \boxed{\frac{60}{s^3+12s^2+47s+60}} \rightarrow C(s)$$

图 2.3.1 三阶系统传递函数

【解答】根据系统传递函数

$$\frac{C(s)}{R(s)} = \frac{60}{s^3+12s^2+47s+60} \tag{2.3.6}$$

可得

$$(s^3+12s^2+47s+60)C(s) = 60R(s) \tag{2.3.7}$$

零初始状态条件下对上式做逆拉普拉斯变换，得到系统的微分方程表达：

$$\dddot{c}(t) + 12\ddot{c}(t) + 47\dot{c}(t) + 60c(t) = 60r(t) \tag{2.3.8}$$

我们选择输出信号的各阶导数作为系统变量：

$$x_1(t) = c(t) \quad x_2(t) = \dot{c}(t) \quad x_3(t) = \ddot{c}(t)$$

对以上各方程两边求导，写出系统状态方程和输出方程为

$$\dot{x}_1(t) = x_2(t) \tag{2.3.9a}$$

$$\dot{x}_2(t) = x_3(t) \tag{2.3.9b}$$

$$\dot{x}_3(t) = -60x_1(t) - 47x_2(t) - 12x_3(t) + 60r(t) \tag{2.3.9c}$$

$$y(t) = c(t) = x_1(t) \tag{2.3.10}$$

写成向量-矩阵形式为

$$\begin{bmatrix}\dot{x}_1(t)\\ \dot{x}_2(t)\\ \dot{x}_3(t)\end{bmatrix}=\begin{bmatrix}0 & 1 & 0\\ 0 & 0 & 1\\ -60 & -47 & -12\end{bmatrix}\begin{bmatrix}x_1(t)\\ x_2(t)\\ x_3(t)\end{bmatrix}+\begin{bmatrix}0\\ 0\\ 60\end{bmatrix}r(t) \tag{2.3.11}$$

$$y(t)=\begin{bmatrix}1 & 0 & 0\end{bmatrix}\begin{bmatrix}x_1(t)\\ x_2(t)\\ x_3(t)\end{bmatrix} \tag{2.3.12}$$

我们可以画出传递函数的等效方框图，如图 2.3.2 所示，可以直观地展示各状态变量之间的关系。图中有三个积分模块，每个积分模块的输出量是一个状态变量 $x_i(t)$，每个积分模块的输入是状态变量 $x_i(t)$ 的组合。注意此图表达的并非 s 域传递函数的代数运算关系，而是时间域的信号关系。

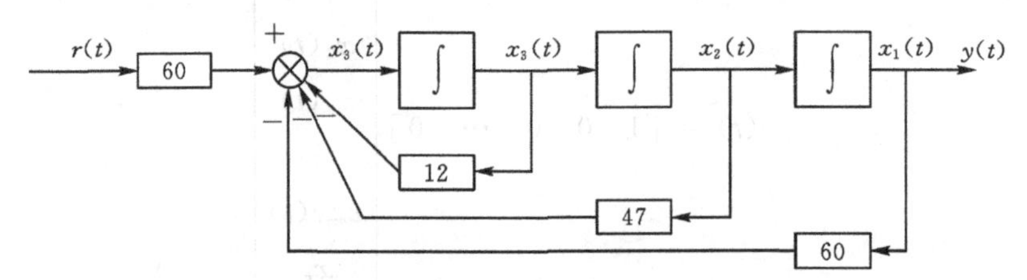

图 2.3.2　三阶系统传递函数等效方框图

系统相变量型状态空间转换时，如果传递函数中的分子也是关于 s 的一个多项式，可将分子分母分成两个串联的模块来处理。第一个分母模块导出系统的状态方程，第二个分子模块导出系统的输出方程。例如三阶系统传递函数如图 2.3.3 所示。

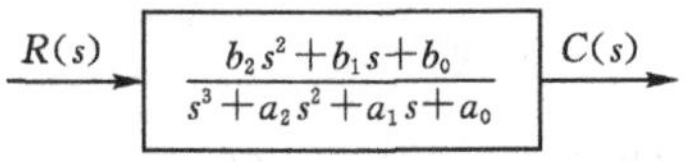

$R(s)$ → $\dfrac{b_2s^2+b_1s+b_0}{s^3+a_2s^2+a_1s+a_0}$ → $C(s)$

图 2.3.3　三阶系统传递函数

将系统分解为两个串联模块，如图 2.3.4 所示，第一个模块只有分母多项式，第二个只有分子多项式。

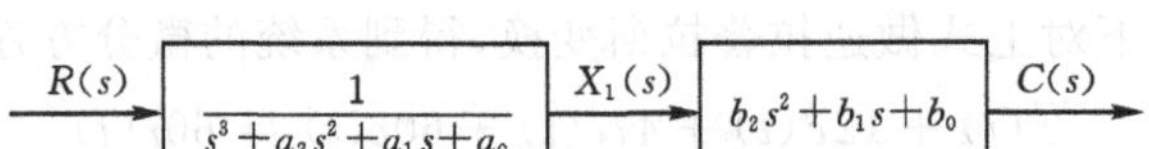

$R(s)$ → $\dfrac{1}{s^3+a_2s^2+a_1s+a_0}$ → $X_1(s)$ → $b_2s^2+b_1s+b_0$ → $C(s)$

图 2.3.4　三阶系统传递函数

引入中间信号 $X_1(s)$，第一个模块中的传递函数为

$$G_1(s)=\frac{X_1(s)}{R(s)}=\frac{1}{s^3+a_2s^2+a_1s+a_0} \tag{2.3.13}$$

对信号 $X_1(s)$ 作逆拉普拉斯变换后的时域信号为 $x_1(t)$，选择系统状态变量为

$$x_1(t),x_2(t)=\mathrm{d}x_1(t)/\mathrm{d}t,x_3(t)=\mathrm{d}^2x_1(t)/\mathrm{d}t^2 \tag{2.3.14}$$

可直接比照公式(2.3.4)写出系统的状态方程，状态矩阵的最后一行是分母多项式系数的逆序排列：

$$\begin{bmatrix}\dot{x}_1(t)\\ \dot{x}_2(t)\\ \dot{x}_3(t)\end{bmatrix}=\begin{bmatrix}0 & 1 & 0\\ 0 & 0 & 1\\ -a_0 & -a_1 & -a_2\end{bmatrix}\begin{bmatrix}x_1(t)\\ x_2(t)\\ x_3(t)\end{bmatrix}+\begin{bmatrix}0\\ 0\\ 1\end{bmatrix}r(t) \tag{2.3.15}$$

再根据第二个模块写出系统在 s 域的输出为

$$Y(s)=C(s)=(b_2s^2+b_1s+b_0)X_1(s) \tag{2.3.16}$$

对上式进行逆拉普拉斯变换(零初始状态条件下),得到输出信号在时域的微分方程表达:

$$y(t)=b_2\frac{\mathrm{d}^2x_1(t)}{\mathrm{d}t^2}+b_1\frac{\mathrm{d}x_1(t)}{\mathrm{d}t}+b_0x_1(t) \tag{2.3.17}$$

上式右边其实就是系统状态变量的线性组合:

$$y(t)=b_0x_1(t)+b_1x_2(t)+b_2x_3(t) \tag{2.3.18}$$

将输出方程写成向量-矩阵形式:

$$y(t)=\begin{bmatrix}b_0 & b_1 & b_2\end{bmatrix}\begin{bmatrix}x_1(t)\\ x_2(t)\\ x_3(t)\end{bmatrix} \tag{2.3.19}$$

系统状态方程和输出方程的等效方框图如图 2.3.5 所示。

r(t)
1
+
−
ẋ₃(t)
∫
x₃(t)
∫
x₂(t)
∫
x₁(t)
a₂
a₁
a₀
b₂
b₁
b₀
+
+
+
y(t)

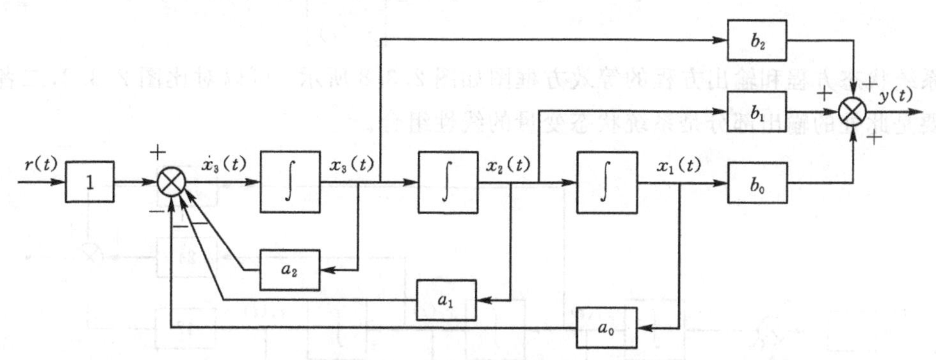

图 2.3.5　三阶系统状态空间表达

【例题 2.3.2】 如图 2.3.6 所示系统的传递函数,将其转换为状态空间表达。

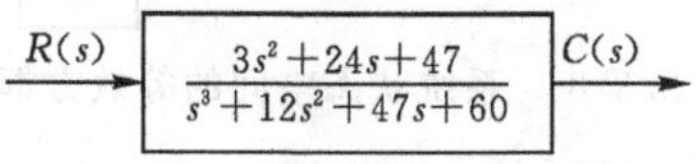

R(s)
3s²+24s+47
s³+12s²+47s+60
C(s)

图 2.3.6　三阶系统传递函数

【解答】 此系统传递函数的分子上是一个关于 s 的多项式。将系统分解为两个串联模块,如图 2.3.7 所示,第一个模块只有分母多项式,第二个只有分子多项式。

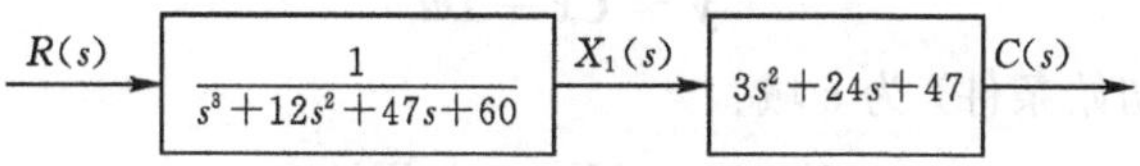

R(s)
1
s³+12s²+47s+60
X₁(s)
3s²+24s+47
C(s)

图 2.3.7　传递函数分解

第一个模块中的传递函数与【例题 2.3.1】相比，只差一个比例系数 1/60，也就是系统的输入向量差 1/60，故可写出系统状态方程：

$$\begin{bmatrix}\dot{x}_1(t)\\ \dot{x}_2(t)\\ \dot{x}_3(t)\end{bmatrix}=\begin{bmatrix}0 & 1 & 0\\ 0 & 0 & 1\\ -60 & -47 & -12\end{bmatrix}\begin{bmatrix}x_1(t)\\ x_2(t)\\ x_3(t)\end{bmatrix}+\begin{bmatrix}0\\ 0\\ 1\end{bmatrix}r(t) \tag{2.3.20}$$

第二个模块与输出直接相关，参照式(2.3.16)，有：

$$Y(s)=C(s)=(b_2s^2+b_1s+b_0)X_1(s)=(3s^2+24s+47)X_1(s) \tag{2.3.21}$$

逆拉普拉斯变换(零初始条件下)可得

$$c(t)=3\ddot{x}_1(t)+24\dot{x}_1(t)+47x_1(t) \tag{2.3.22}$$

因为 $x_1(t)=x_1(t)$　　$x_2(t)=\dot{x}_1(t)$　　$x_3(t)=\ddot{x}_1(t)$

故可得系统输出方程为

$$y(t)=3x_3(t)+24x_2(t)+47x_1(t) \tag{2.3.23}$$

也就是说，第二个模块集合了所有的“系统状态”，线性组合后成为输出。写成向量-矩阵式为

$$y(t)=\begin{bmatrix}47 & 24 & 3\end{bmatrix}\begin{bmatrix}x_1(t)\\ x_2(t)\\ x_3(t)\end{bmatrix} \tag{2.3.24}$$

系统状态方程和输出方程的等效方框图如图 2.3.8 所示。可以对比图 2.3.2，二者的差别主要是此处的输出部分是系统状态变量的线性组合。

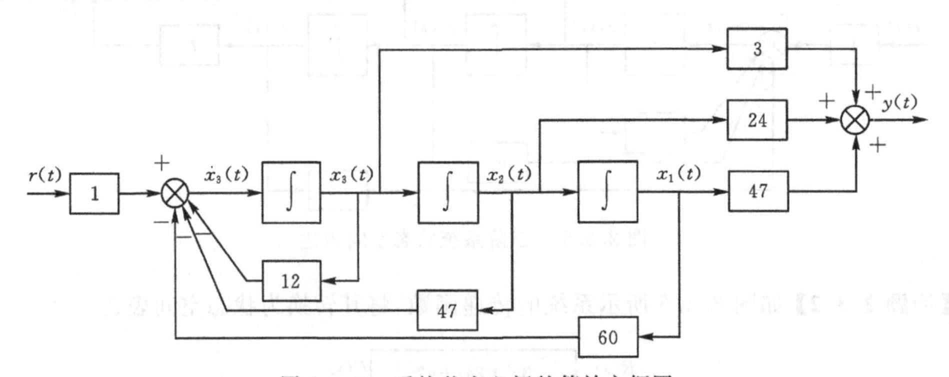

图 2.3.8　系统状态空间的等效方框图

2. 传递函数矩阵

系统的状态空间表达也可以转化为 s 域的传递函数。系统状态空间表达的标准式为

$$\dot{\boldsymbol{x}}=\boldsymbol{A}\boldsymbol{x}+\boldsymbol{B}\boldsymbol{u} \tag{2.3.25a}$$

$$\boldsymbol{y}=\boldsymbol{C}\boldsymbol{x}+\boldsymbol{D}\boldsymbol{u} \tag{2.3.25b}$$

经拉普拉斯变换(零初始条件)为 s 域：

$$s\boldsymbol{X}(s)=\boldsymbol{A}\boldsymbol{X}(s)+\boldsymbol{B}\boldsymbol{U}(s) \tag{2.3.26a}$$

$$\boldsymbol{Y}(s)=\boldsymbol{C}\boldsymbol{X}(s)+\boldsymbol{D}\boldsymbol{U}(s) \tag{2.3.26b}$$

从(2.3.26a)中可解出 $\boldsymbol{X}(s)$：

$$(s\boldsymbol{I}-\boldsymbol{A})\boldsymbol{X}(s)=\boldsymbol{B}\boldsymbol{U}(s)$$

$$\boldsymbol{X}(s)=(s\boldsymbol{I}-\boldsymbol{A})^{-1}\boldsymbol{B}\boldsymbol{U}(s) \tag{2.3.27}$$

此处 $\boldsymbol{I}$ 为单位矩阵。将 $\boldsymbol{X}(s)$ 代入式(2.3.26b)的输出方程：

$$\boldsymbol{Y}(s)=\boldsymbol{C}(s\boldsymbol{I}-\boldsymbol{A})^{-1}\boldsymbol{B}\boldsymbol{U}(s)+\boldsymbol{D}\boldsymbol{U}(s)=[\boldsymbol{C}(s\boldsymbol{I}-\boldsymbol{A})^{-1}\boldsymbol{B}+\boldsymbol{D}]\boldsymbol{U}(s) \tag{2.3.28}$$

我们称$[\boldsymbol{C}(s\boldsymbol{I}-\boldsymbol{A})^{-1}\boldsymbol{B}+\boldsymbol{D}]$为传递函数矩阵，此矩阵连接了输入向量 $\boldsymbol{U}(s)$ 和输出向量 $\boldsymbol{Y}(s)$。

如果 $\boldsymbol{U}(s)$ 和 $\boldsymbol{Y}(s)$ 都是标量(单输入单输出系统)，那么系统传递函数 $\boldsymbol{T}(s)$ 为

$$\boldsymbol{T}(s)=\boldsymbol{Y}(s)/\boldsymbol{U}(s)=\boldsymbol{C}(s\boldsymbol{I}-\boldsymbol{A})^{-1}\boldsymbol{B}+\boldsymbol{D} \tag{2.3.29}$$

【例题 2.3.3】系统的状态空间表达如下式所示，将其转换为传递函数表达的形式。

$$\dot{\boldsymbol{x}}=\begin{bmatrix}0&1&0\\0&0&1\\-1&-3&-4\end{bmatrix}\boldsymbol{x}+\begin{bmatrix}8\\0\\0\end{bmatrix}\boldsymbol{u}\qquad \boldsymbol{y}=[1\quad 0\quad 0]\boldsymbol{x} \tag{2.3.30}$$

【解答】根据题设条件，写出$(s\boldsymbol{I}-\boldsymbol{A})^{-1}$、$\boldsymbol{C}$、$\boldsymbol{B}$、$\boldsymbol{D}$各项：

$$s\boldsymbol{I}-\boldsymbol{A}=\begin{bmatrix}s&0&0\\0&s&0\\0&0&s\end{bmatrix}-\begin{bmatrix}0&1&0\\0&0&1\\-1&-3&-4\end{bmatrix}=\begin{bmatrix}s&-1&0\\0&s&-1\\1&3&s+4\end{bmatrix}\Rightarrow$$

$$(s\boldsymbol{I}-\boldsymbol{A})^{-1}=\frac{\mathrm{adj}(s\boldsymbol{I}-\boldsymbol{A})}{\det(s\boldsymbol{I}-\boldsymbol{A})}=\frac{1}{s^3+4s^2+3s+1}\begin{bmatrix}s^2+4s+3&s+4&1\\-1&s^2+4s&s\\-s&-3s-1&s^2\end{bmatrix}$$

$$\boldsymbol{B}=\begin{bmatrix}8\\0\\0\end{bmatrix}\qquad \boldsymbol{C}=[1\quad 0\quad 0]\qquad \boldsymbol{D}=0 \tag{2.3.31}$$

代入式(2.3.29)，可得

$$\boldsymbol{T}(s)=\boldsymbol{Y}(s)/\boldsymbol{U}(s)=\boldsymbol{C}(s\boldsymbol{I}-\boldsymbol{A})^{-1}\boldsymbol{B}+\boldsymbol{D}=\frac{8(s^2+4s+3)}{s^3+4s^2+3s+1} \tag{2.3.32}$$

【例题 2.3.4】系统的状态空间表达如下式所示，将其转换为传递函数矩阵表达的形式。

$$\dot{\boldsymbol{x}}=\begin{bmatrix}0&1&0\\0&0&1\\-6&-11&-4\end{bmatrix}\boldsymbol{x}+\begin{bmatrix}1&0\\2&-1\\0&2\end{bmatrix}\boldsymbol{u}\qquad \boldsymbol{y}=\begin{bmatrix}1&-1&0\\2&1&-1\end{bmatrix}\boldsymbol{x} \tag{2.3.33}$$

【解答】根据题设条件，写出$(s\boldsymbol{I}-\boldsymbol{A})^{-1}$、$\boldsymbol{C}$、$\boldsymbol{B}$、$\boldsymbol{D}$各项：

$$(s\boldsymbol{I}-\boldsymbol{A})^{-1}=\begin{bmatrix}s&-1&0\\0&s&-1\\6&11&s+6\end{bmatrix}^{-1}=\frac{1}{s^3+6s^2+11s+6}\begin{bmatrix}s^2+6s+11&s+6&1\\-6&6(s+6)&s\\-6s&-11s-6&s^2\end{bmatrix}$$

$$\boldsymbol{B}=\begin{bmatrix}1&0\\2&-1\\0&2\end{bmatrix}\qquad \boldsymbol{C}=\begin{bmatrix}1&-1&0\\2&1&-1\end{bmatrix}\qquad \boldsymbol{D}=0 \tag{2.3.34}$$

代入式(2.3.29),可得

$$T(s) = C(sI - A)^{-1}B + D = \frac{1}{s^3 + 6s^2 + 11s + 6}\begin{bmatrix} -s^2 - 4s + 29 & s^2 + 3s - 4 \\ 4s^2 + 56s + 52 & -3s^2 - 17s - 14 \end{bmatrix} \tag{2.3.35}$$

2.4 信号流图

1. 信号流图基本概念

在经典控制理论中常用方框图表示一个系统各模块之间的关系和信号流向与合成关系。信号流图是与方框图等效的另外一种系统图示方法,常见于状态空间表达中。如图2.4.1所示为信号流图的两种基本构成元素:圆圈表示信息节点,代表系统信号;连接各个节点的分支线代表系统(模块),线上的箭头表示信号的流向。分支线旁标注的是系统(模块)的传递函数,在信号流图中也被称为分支线的增益(gain)。节点旁边写的是信号名称。注意信号流图各信号是s域中的信号。

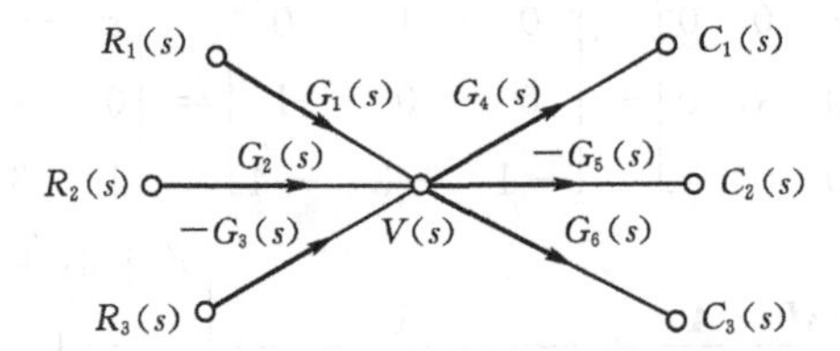

图 2.4.1 构成信号流图的基本元素示意图

从信号流图中能够清楚地看出信号与系统的连接情况。每个节点处的信号都是流入信号的代数和。如图2.4.1中信号$V(s)$为

$$V(s) = R_1(s)G_1(s) + R_2(s)G_2(s) - R_3(s)G_3(s) \tag{2.4.1}$$

信号$C_2(s)$为

$$C_2(s) = -V(s)G_5(s) = -R_1(s)G_1(s)G_5(s) - R_2(s)G_2(s)G_5(s) + R_3(s)G_3(s)G_5(s) \tag{2.4.2}$$

信号$C_3(s)$为

$$C_3(s) = V(s)G_6(s) = R_1(s)G_1(s)G_6(s) + R_2(s)G_2(s)G_6(s) - R_3(s)G_3(s)G_6(s) \tag{2.4.3}$$

注意在信号节点处求和时的正负号是系统(模块)体现的,与信号节点无关。

控制系统各子系统(模块)的连接方式有三种,即串联连接、并联连接和反馈连接,可以将这三种连接的方框图表达转换为信号流图的形式。做转换时,先根据方框图中的信号线画出系统的信号节点,然后再用系统分支线连接这些信号节点。三种连接的方框图转换为信号流图表达,如图2.4.2至图2.4.4所示。

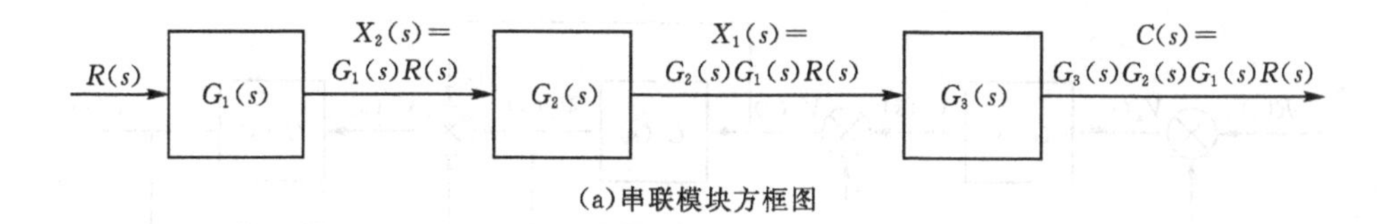

(a)串联模块方框图

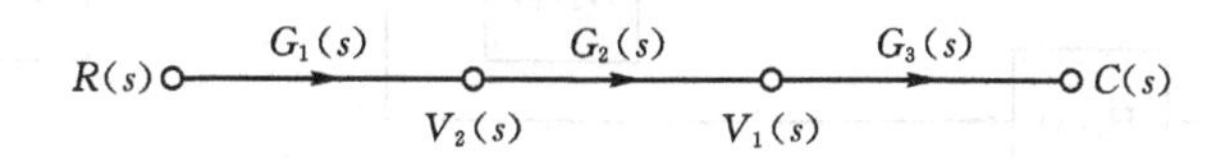

(b)串联模块信号流图

图 2.4.2　串联模块信号流图转换

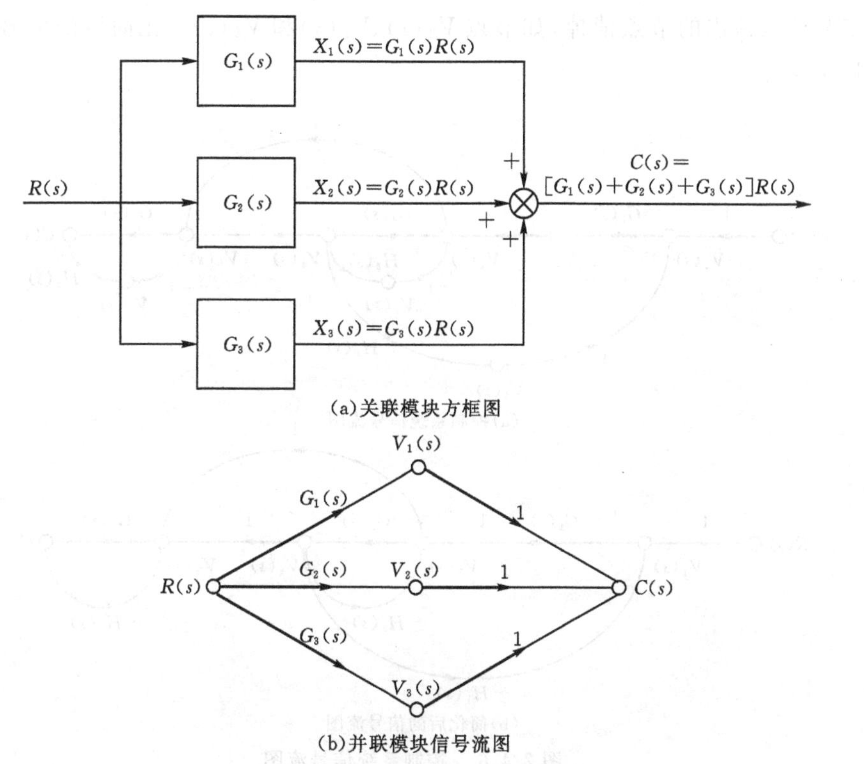

(a)关联模块方框图

(b)并联模块信号流图

图 2.4.3　并联模块信号流图转换

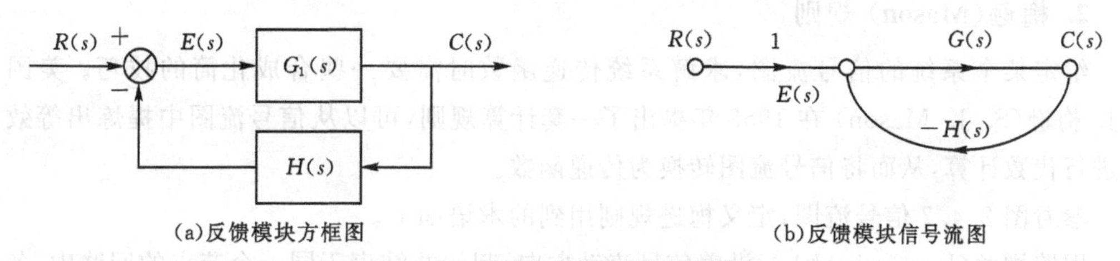

(a)反馈模块方框图　　(b)反馈模块信号流图

图 2.4.4　反馈模块信号流图转换

【例题 2.4.1】将图 2.4.5 所示的系统方框图转换为信号流图。

【解答】先画出信号节点，然后按照信号的流向将这些节点互联，连线旁标出传递函数，

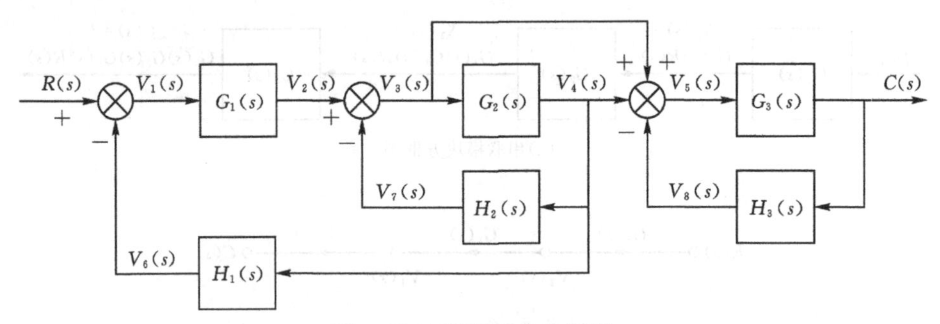

图 2.4.5　控制系统方框图

如图 2.4.6(a) 所示。注意在方框图中求和点处的负号，在信号流图中表示为负传递函数。将仅有信号流入流出的节点消掉，如节点 $V_2(s)$、$V_7(s)$和 $V_8(s)$。化简后的信号流图如图 2.4.6(b) 所示。

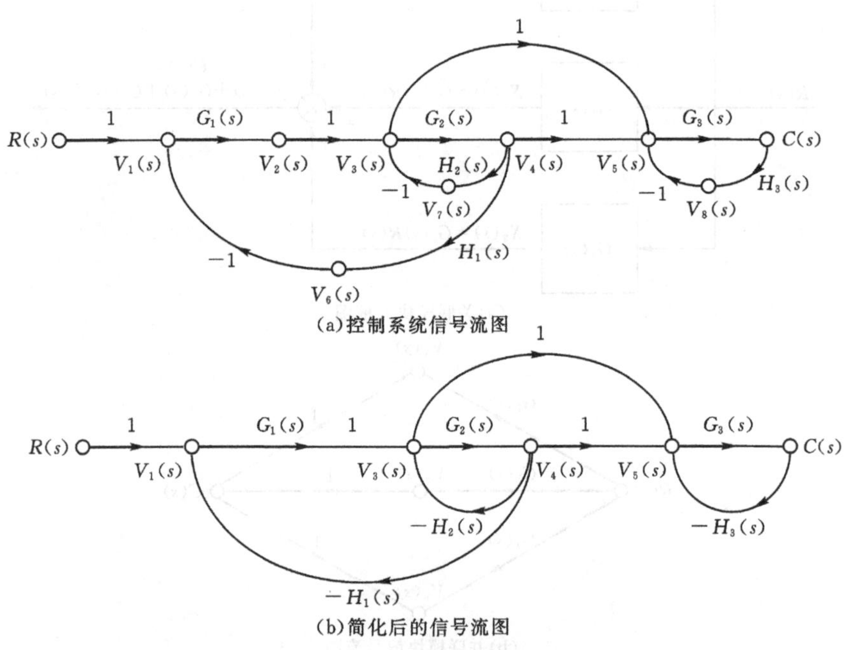

图 2.4.6　控制系统信号流图

2. 梅逊(Mason) 规则

给定某个系统的信号流图，求解系统传递函数时需要一些合成化简的技巧。美国人 S. J. 梅逊(S. J. Mason) 在 1953 年提出了一套计算规则，可以从信号流图中提炼出等效方程进行代数计算，从而将信号流图转换为传递函数。

参看图 2.4.7 信号流图，定义梅逊规则用到的术语如下。

回路增益(loop gain)$L1_i$：沿着信号流动方向，起始并结束于同一个节点的回路中，各分支线上的增益乘积。回路中各节点只能出现一次。图 2.4.7 中有四个回路，其增益分别为

(1)$L1_1 = G_2(s)H_1(s)$　　(2)$L1_2 = G_4(s)H_2(s)$　　(3)$L1_3 = G_7(s)H_3(s)$

(4)$L1_4 = G_2(s)G_3(s)G_4(s)G_5(s)G_6(s)G_7(s)G_8(s)$　　(2.4.4)

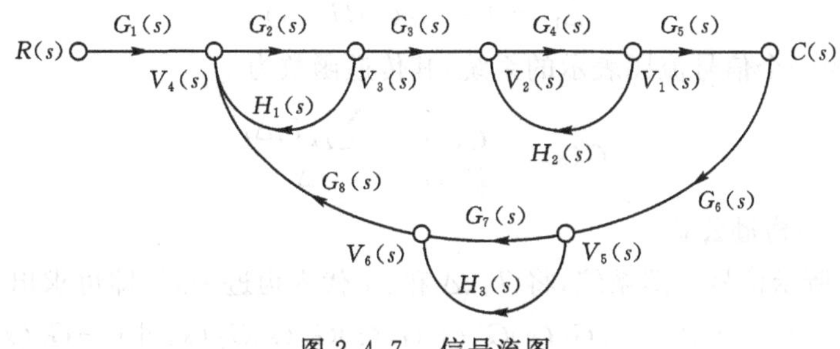

图 2.4.7 信号流图

前向通路增益(forward-path gain)T_k：沿着信号流动方向，从输入节点到输出节点路径上的增益乘积。图 2.4.7 只有一条前向通路，其增益为

$$T_1 = G_1(s)G_2(s)G_3(s)G_4(s)G_5(s) \tag{2.4.5}$$

互不接触回路增益(nontouching loops gain)：各回路之间没有任何公共节点，这些回路就称为互不接触回路。图 2.4.7 中的 $L1_1 = G_2(s)H_1(s)$ 回路，与 $L1_2 = G_4(s)H_2(s)$ 回路之间就构成了互不接触回路。信号流图中，每两个互不接触回路的乘积、每三个互不接触回路的乘积等就构成了互不接触回路增益。图 2.4.7 中，回路 $L1_1$ 增益与回路 $L1_2$ 增益的乘积，就是两互不接触回路增益。此图中所有两互不接触回路增益有：

$$\begin{aligned} L2_1 &= L1_1 \cdot L1_2 = G_2(s)H_1(s)G_4(s)H_2(s) \\ L2_2 &= L1_1 \cdot L1_3 = G_2(s)H_1(s)G_7(s)H_3(s) \\ L2_3 &= L1_2 \cdot L1_3 = G_4(s)H_2(s)G_7(s)H_3(s) \end{aligned} \tag{2.4.6}$$

此图中三互不接触回路只有一组，为($L1_1$，$L1_2$，$L1_3$)，其增益乘积为

$$L3_1 = L1_1 \cdot L1_2 \cdot L1_3 = G_2(s)H_1(s)G_4(s)H_2(s)G_7(s)H_3(s) \tag{2.4.7}$$

信号流图的特征式 Δ：

$$\Delta = 1 - \sum_i L1_i + \sum_i L2_i - \sum_i L3_i + \cdots \tag{2.4.8}$$

其中，$L1_i$ 是系统中的第 i 个回路增益；$\sum_i L1_i$ 是系统中所有回路增益之和；$L2_i$ 是第 i 个两互不接触回路增益乘积；$\sum_i L2_i$ 是系统中所有两互不接触系统增益乘积之和；$L3_i$ 是第 i 个三互不接触回路增益乘积；$\sum_i L3_i$ 是系统中所有三互不接触系统增益乘积之和；……，诸项依次类推。

$$\begin{aligned} \Delta = 1 - [&G_2(s)H_1(s) + G_4(s)H_2(s) + G_7(s)H_3(s) + \\ &G_2(s)G_3(s)G_4(s)G_5(s)G_6(s)G_7(s)G_8(s)] + \\ [&G_2(s)H_1(s)G_4(s)H_2(s) + G_2(s)H_1(s)G_7(s)H_3(s) + \\ &G_4(s)H_2(s)G_7(s)H_3(s)] - [G_2(s)H_1(s)G_4(s)H_2(s)G_7(s)H_3(s)] \end{aligned} \tag{2.4.9}$$

余子式 Δ_k：系统第 k 条前向通路特征式的余因子，是从 Δ 中去除与第 k 条前向通路有接触的回路增益所得。

图 2.4.7 中只有一条前向通路，所有 $L1_i$ 回路中，只有 $L1_3 = G_7(s)H_3(s)$ 回路与这条前向通路无接触，故有：

$$\Delta_1 = 1 - G_7(s)H_3(s) \tag{2.4.10}$$

梅逊规则：由一个信号流图表示的系统，其传递函数为

$$G(s) = \frac{C(s)}{R(s)} = \frac{\sum_k T_k \Delta_k}{\Delta} \tag{2.4.11}$$

式(2.4.11)也称为梅逊公式。

对图 2.4.7 所示信号流图系统，将 T_1、Δ 和 Δ_1 代入梅逊公式，即可求出系统传递函数为

$$G(s) = \frac{C(s)}{R(s)} = \frac{T_1\Delta_1}{\Delta} = \frac{[G_1(s)G_2(s)G_3(s)G_4(s)G_5(s)][1-G_7(s)H_3(s)]}{\Delta} \tag{2.4.12}$$

【例题 2.4.2】如图 2.4.8 所示系统信号流图，应用梅逊规则求系统的传递函数。

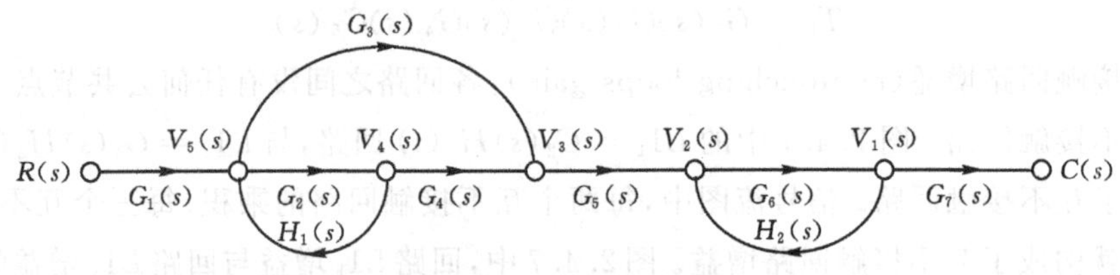

图 2.4.8 系统信号流图

【解答】此图中从输入 $R(s)$ 到输出 $C(s)$ 之间有两条前向通路，增益分别为

$$T_1 = G_1(s)G_2(s)G_4(s)G_5(s)G_6(s)G_7(s) \tag{2.4.13}$$

$$T_2 = G_1(s)G_3(s)G_5(s)G_6(s)G_7(s) \tag{2.4.14}$$

系统有两个回路：

$$L1_1 = G_2(s)H_1(s) \tag{2.4.15}$$

$$L1_2 = G_6(s)H_2(s) \tag{2.4.16}$$

这两个回路互不接触，故有：

$$L2_1 = L1_1 \cdot L1_2 = G_2(s)H_1(s)G_6(s)H_2(s) \tag{2.4.17}$$

可得信号流图的特征式为

$$\Delta = 1 - [G_2(s)H_1(s) + G_6(s)H_2(s)] + G_2(s)H_1(s)G_6(s)H_2(s) \tag{2.4.18}$$

系统中的两个回路 $L1_1$ 和 $L1_2$，与两条前向通路都有接触，所以两个余因子为

$$\Delta_1 = 1 \qquad \Delta_2 = 1 \tag{2.4.19}$$

代入梅逊计算式(2.4.11)，可得

$$\begin{aligned} G(s) &= \frac{C(s)}{R(s)} = \frac{T_1\Delta_1 + T_2\Delta_2}{\Delta} \\ &= \frac{G_1(s)G_2(s)G_4(s)G_5(s)G_6(s)G_7(s) + G_1(s)G_3(s)G_5(s)G_6(s)G_7(s)}{1 - G_2(s)H_1(s) - G_6(s)H_2(s) + G_2(s)H_1(s)G_6(s)H_2(s)} \end{aligned} \tag{2.4.20}$$

3. 系统状态方程转换为信号流图

根据系统的状态方程可以画出系统信号流图，画图过程也是状态变量的可视化过程。参看如下系统的状态方程和输出方程：

$$\begin{bmatrix}\dot{x}_1(t)\\ \dot{x}_2(t)\\ \dot{x}_3(t)\end{bmatrix}=\begin{bmatrix}2 & -4 & 3\\ -7 & -2 & 1\\ 1 & -4 & -3\end{bmatrix}\begin{bmatrix}x_1(t)\\ x_2(t)\\ x_3(t)\end{bmatrix}+\begin{bmatrix}1\\ 4\\ 7\end{bmatrix}r(t) \tag{2.4.21a}$$

$$y(t)=[-3\quad 6\quad 9]\begin{bmatrix}x_1(t)\\ x_2(t)\\ x_3(t)\end{bmatrix} \tag{2.4.21b}$$

第一步，先将三个状态变量 x_1、x_2 和 x_3 设置为三个节点；再将这三个变量的导数也设置为节点，置于各对应变量的左边；再给输入信号 $R(s)$ 和输出信号 $Y(s)$ 各分配一个节点分置两端。

第二步，用积分算式 $1/s$ 连接状态变量与其导数项，如图 2.4.9(a) 所示。

第三步，根据式(2.4.21a) 的第一个关系式 $\dot{x}_1(t)=2x_1(t)-4x_2(t)+3x_3(t)+r(t)$，连接各信号到节点 $\dot{x}_1$ 处，如图 2.4.9(b) 所示。依次类推，完成各信号到节点 $\dot{x}_2$ 处、节点 $\dot{x}_3$ 处的连接，如图 2.4.9(c)、图 2.4.9(d) 所示。

第四步，根据式(2.4.21b) 的 $y(t)=-4x_1(t)+6x_2(t)+9x_3(t)$，将各信号连接到输出量 $Y(s)$ 节点处，如图 2.4.9(e) 所示。

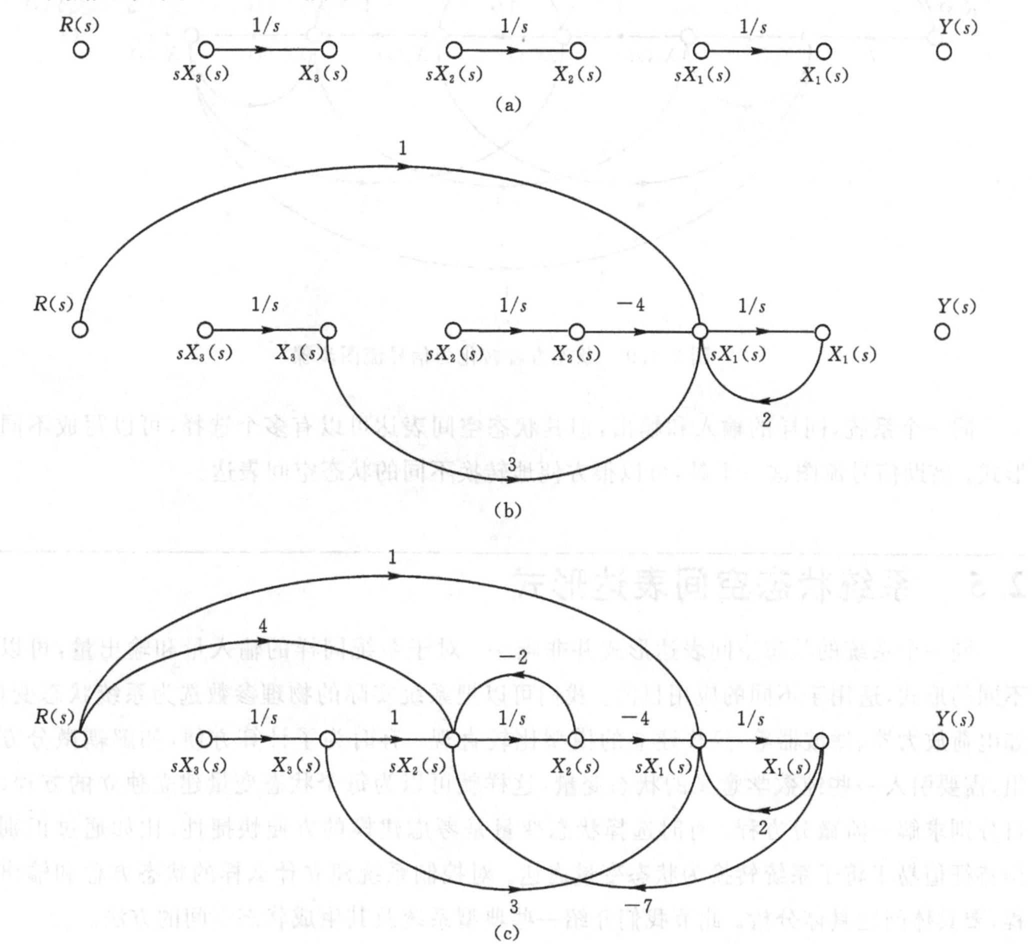

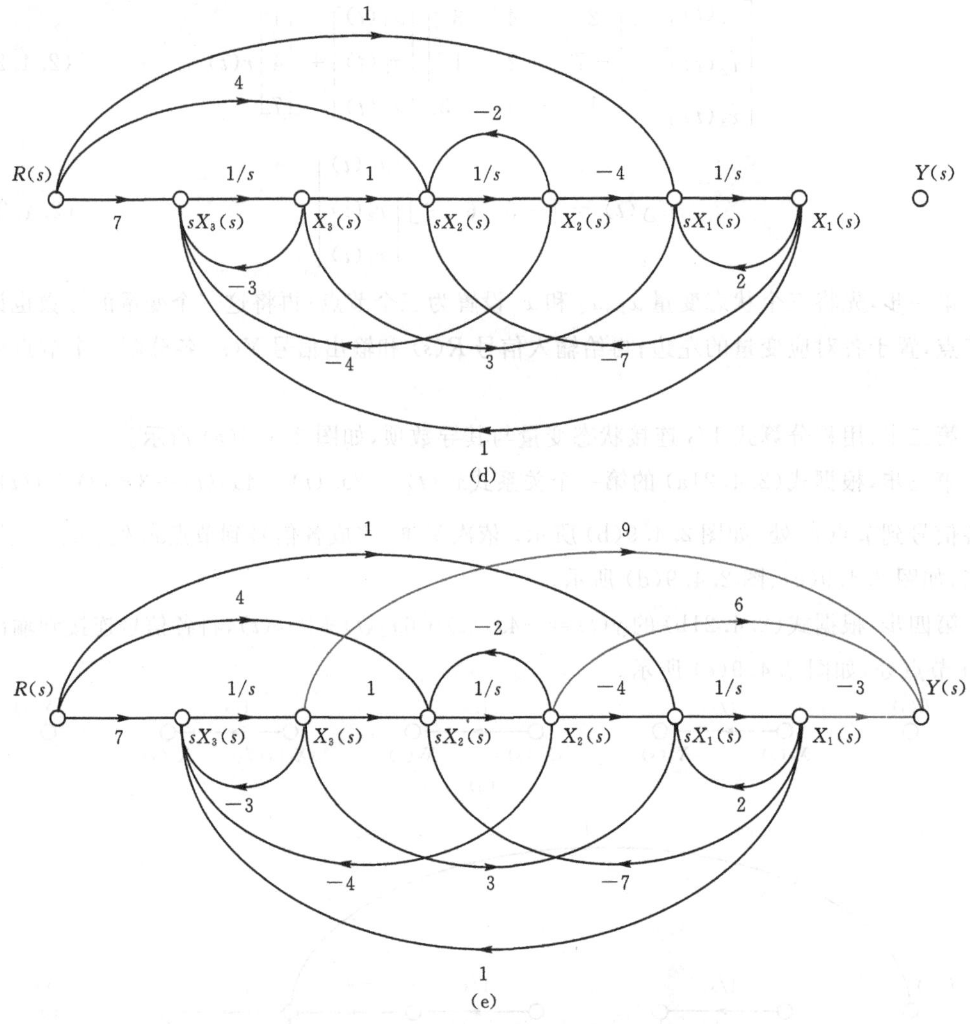

图 2.4.9　状态方程转化为信号流图步骤

同一个系统,同样的输入和输出,但其状态空间表达可以有多个选择,可以写成不同的形式。借助信号流图这一工具,可以很方便地转换不同的状态空间表达。

2.5　系统状态空间表达形式

同一个系统的状态空间表达形式并非唯一。对于系统同样的输入量和输出量,可以有不同的形式,适用于不同的应用目的。我们可以把系统实际的物理参数选为系统状态变量,如电荷放大器、滤波器等,这样建立的模型比较直观。有时为了计算方便,如解耦微分方程组,需要引入一些纯数学意义的状态变量,这样就可以为每个状态变量建立独立的方程,各自分别求解一阶微分方程。有时选择状态变量是考虑建模的方便快捷性,比如通过识别模型特征值易于将子系统转换为状态变量表达。对控制系统建立什么样的状态方程和输出方程,要具体问题具体分析。此节我们介绍一些典型系统及其生成状态空间的方法。

1. 串联型

相变量法作为系统状态变量的建模方法就是将各变量逐次求导构成状态变量集。这种方法简单明了，但并非唯一的状态空间生成方法。同样的系统，还可以改为串联模式来生成状态空间。

参看【例题 2.3.1】所示的系统，传递函数可以改写为因式相乘的串联形式：

$$\frac{C(s)}{R(s)}=\frac{60}{s^3+12s^2+47s+60}=\frac{60}{(s+3)(s+4)(s+5)} \tag{2.5.1}$$

画出各模块串联的传递函数的方框图，如图 2.5.1 所示。

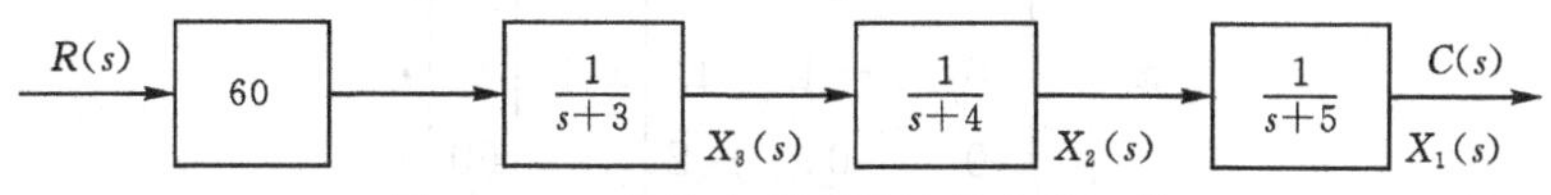

图 2.5.1 模块串联型系统的传递函数

将图中每个方框中的一阶系统转换为等效的微分方程。对于每个方框的函数，有关系式：

$$\frac{C_i(s)}{R_i(s)}=\frac{1}{s+a_i} \tag{2.5.2}$$

交叉相乘可得

$$(s+a_i)C_i(s)=R_i(s) \tag{2.5.3}$$

作逆拉普拉斯变换得到

$$\frac{\mathrm{d}c_i(t)}{\mathrm{d}t}+a_ic_i(t)=r_i(t) \tag{2.5.4}$$

即

$$\frac{\mathrm{d}c_i(t)}{\mathrm{d}t}=-a_ic_i(t)+r_i(t) \tag{2.5.5}$$

这一关系式用信号流图表达如图 2.5.2(a) 所示，信号 c_i 的节点在积分器输出位置上，其导数在输入信号处。据此原理将各模块串接起来就画出了整个系统的信号流图，如图 2.5.2(b) 所示。注意图中节点 $X_3(s)$ 以及随后的节点并没有合并在一起，否则输入到第一个积分器的信号，会由于来自 $X_2(s)$ 的反馈信号发生改变，而且 $X_3(s)$ 信号也会丢失。同样的节点 $X_2(s)$ 也没有与后面的节点合并。

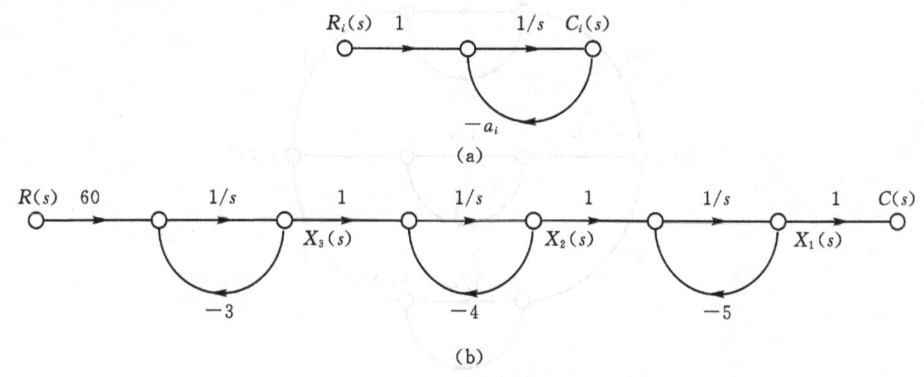

图 2.5.2 模块串联型系统的信号流图

写出系统新的状态方程组如下，这里每个积分器的输入信号是状态变量的导数。

$$\begin{aligned}\dot{x}_1(t) &= -5x_1(t) + x_2(t) \\ \dot{x}_2(t) &= -4x_2(t) + x_3(t) \\ \dot{x}_3(t) &= -3x_3(t) + 60r(t)\end{aligned} \tag{2.5.6}$$

输出方程为

$$y(t) = c(t) = x_1(t) \tag{2.5.7}$$

由此可写出系统的状态空间表达为

$$\dot{\boldsymbol{x}} = \begin{bmatrix} -5 & 1 & 0 \\ 0 & -4 & 1 \\ 0 & 0 & -2 \end{bmatrix}\boldsymbol{x} + \begin{bmatrix} 0 \\ 0 \\ 60 \end{bmatrix}\boldsymbol{r} \tag{2.5.8}$$

$$\boldsymbol{y} = [1 \quad 0 \quad 0]\boldsymbol{x} \tag{2.5.9}$$

从状态方程(2.5.8)和信号流图2.5.2中可以直观地看出构成状态方程的某些元素的意义。例如系统矩阵$\boldsymbol{A}$的对角线元素就是系统极点，表征了系统自身特征。可参看相变量型的状态空间系统矩阵$\boldsymbol{A}$(见式2.3.4)，此处矩阵$\boldsymbol{A}$的最末一行呈现的是系统特征多项式的系数。

2. 并联型

控制系统也可以先写成模块并联的形式，而后导出状态方程表达。这种形式的系统矩阵是一个纯对角线矩阵，作变换的前提条件是系统的特征根没有重根。

对于【例题2.3.1】所示的系统，传递函数还可以改写为因式相加的并联形式：

$$\frac{C(s)}{R(s)} = \frac{60}{s^3 + 12s^2 + 47s + 60} = \frac{30}{s+3} - \frac{60}{s+4} + \frac{30}{s+5} \tag{2.5.10}$$

这是各一阶子系统求和的形式，解出$C(s)$为

$$C(s) = R(s)\frac{30}{s+3} - R(s)\frac{60}{s+4} + R(s)\frac{30}{s+5} \tag{2.5.11}$$

也就是说，输出项$C(s)$由三个子项的代数和组成。每一项都是由一阶子系统与输入项$R(s)$构成的，表达为信号流图如图2.5.3所示。

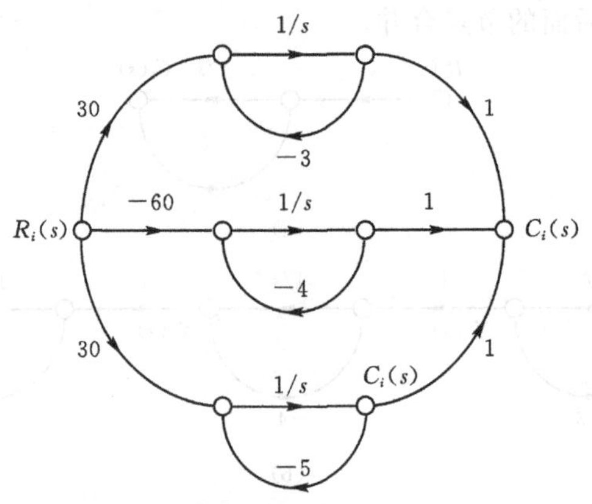

图2.5.3　模块并联型系统的信号流图

根据信号流图我们可以写出系统的状态方程。状态变量设置为每个积分器后端的输出信号，各状态变量的导数设置为积分器的输入。在积分器输入端对信号求和，写出系统状态方程为

$$\begin{aligned}\dot{x}_1(t) &= -3x_1(t) \qquad\qquad\qquad\qquad 30r(t)\\ \dot{x}_2(t) &= \qquad\qquad -4x_2(t) \qquad\qquad -60r(t)\\ \dot{x}_3(t) &= \qquad\qquad\qquad\qquad -5x_3(t) \quad 30r(t)\end{aligned} \tag{2.5.12}$$

将各模块信号求和得到输出方程为

$$y(t) = x_1(t) + x_2(t) + x_3(t) \tag{2.5.13}$$

由此可写出系统的状态空间表达为

$$\dot{\boldsymbol{x}} = \begin{bmatrix} -3 & 0 & 0 \\ 0 & -4 & 0 \\ 0 & 0 & -5 \end{bmatrix}\boldsymbol{x} + \begin{bmatrix} 30 \\ -60 \\ 30 \end{bmatrix}\boldsymbol{r} \tag{2.5.14}$$

$$\boldsymbol{y} = \begin{bmatrix} 1 & 1 & 1 \end{bmatrix}\boldsymbol{x} \tag{2.5.15}$$

至此，我们针对【例题 2.3.1】所示的系统，已经推导出了第三种状态空间表达式，系统矩阵为对角线矩阵的形式。这种形式的优点是：每个方程都是一阶微分方程，每个方程只针对一个状态变量。方程组各变量之间没有耦合，每个方程都可以独立求解。

若系统传递函数的分母有重根存在，也可以通过部分分式展开推导出并联型的状态空间表达，但系统矩阵就不是对角线矩阵了。例如对系统：

$$\frac{C(s)}{R(s)} = \frac{2s+7}{(s+2)^2(s+3)} \tag{2.5.16}$$

经部分分式展开为

$$\frac{C(s)}{R(s)} = \frac{3}{(s+2)^2} - \frac{1}{s+2} + \frac{1}{s+3} \tag{2.5.17}$$

据此画出信号流图如图 2.5.4 所示。注意其中的 $-1/(s+2)$ 这一项是从 $X_2(s)$ 引到 $C(s)$ 的信号流中生成的。

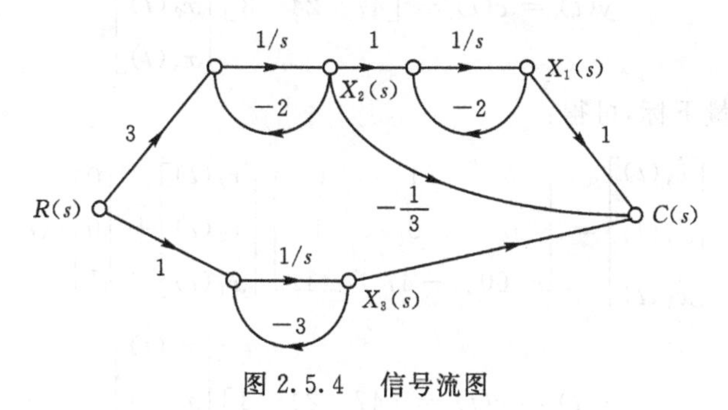

图 2.5.4 信号流图

从图中观察写出系统的状态方程和输出方程为

$$\begin{aligned}\dot{x}_1(t) &= -2x_1(t) + x_2(t)\\ \dot{x}_2(t) &= -2x_2(t) + 3r(t)\\ \dot{x}_3(t) &= -3x_3(t) + r(t)\end{aligned} \tag{2.5.18}$$

$$y(t) = x_1(t) - \frac{1}{3}x_2(t) + x_3(t) \tag{2.5.19}$$

写成向量-矩阵式为

$$\dot{\boldsymbol{x}} = \begin{bmatrix} -2 & 1 & 0 \\ 0 & -2 & 0 \\ 0 & 0 & -3 \end{bmatrix}\boldsymbol{x} + \begin{bmatrix} 0 \\ 3 \\ 1 \end{bmatrix}\boldsymbol{r} \tag{2.5.20}$$

$$\boldsymbol{y} = \begin{bmatrix} 1 & -\frac{1}{3} & 1 \end{bmatrix}\boldsymbol{x} \tag{2.5.21}$$

这里的系统矩阵虽然不是对角线矩阵，但系统极点仍然分布在矩阵对角线上，对角线上方的元素 1 代表了重根。系统矩阵的这种形式称为约当标准形(Jordan canonical form)。

3. 控制器规范型

另外一种使用相变量的状态空间表达称为控制器规范型(controller canonical form)，此名称源于控制器的设计。这种形式通过逆序排列相变量而得，我们来举例说明。

系统的传递函数为

$$G(s) = \frac{C(s)}{R(s)} = \frac{3s^2 + 24s + 47}{s^3 + 12s^2 + 47s + 60} \tag{2.5.22}$$

在 2.3 节【例题 2.3.2】中我们已经推导出来的相变量型状态空间表达为

$$\begin{bmatrix} \dot{x}_1(t) \\ \dot{x}_2(t) \\ \dot{x}_3(t) \end{bmatrix} = \begin{bmatrix} 0 & 1 & 0 \\ 0 & 0 & 1 \\ -60 & -47 & -12 \end{bmatrix}\begin{bmatrix} x_1(t) \\ x_2(t) \\ x_3(t) \end{bmatrix} + \begin{bmatrix} 0 \\ 0 \\ 1 \end{bmatrix} r(t) \tag{2.5.23}$$

$$y(t) = c(t) = \begin{bmatrix} 47 & 24 & 3 \end{bmatrix}\begin{bmatrix} x_1(t) \\ x_2(t) \\ x_3(t) \end{bmatrix} \tag{2.5.24}$$

重新逆序排列相变量下标，可得：

$$\begin{bmatrix} \dot{x}_3(t) \\ \dot{x}_2(t) \\ \dot{x}_1(t) \end{bmatrix} = \begin{bmatrix} 0 & 1 & 0 \\ 0 & 0 & 1 \\ -60 & -47 & -12 \end{bmatrix}\begin{bmatrix} x_3(t) \\ x_2(t) \\ x_1(t) \end{bmatrix} + \begin{bmatrix} 0 \\ 0 \\ 1 \end{bmatrix} r(t) \tag{2.5.25}$$

$$y(t) = c(t) = \begin{bmatrix} 47 & 24 & 3 \end{bmatrix}\begin{bmatrix} x_3(t) \\ x_2(t) \\ x_1(t) \end{bmatrix} \tag{2.5.26}$$

再将式(2.5.25)和式(2.5.26)按变量下标的升序重置：

$$\begin{bmatrix}\dot{x}_1(t)\\\dot{x}_2(t)\\\dot{x}_3(t)\end{bmatrix}=\begin{bmatrix}-12 & -47 & -60\\1 & 0 & 0\\0 & 1 & 0\end{bmatrix}\begin{bmatrix}x_1(t)\\x_2(t)\\x_3(t)\end{bmatrix}+\begin{bmatrix}1\\0\\0\end{bmatrix}r(t) \tag{2.5.27}$$

$$y(t)=c(t)=\begin{bmatrix}3 & 24 & 47\end{bmatrix}\begin{bmatrix}x_1(t)\\x_2(t)\\x_3(t)\end{bmatrix} \tag{2.5.28}$$

式(2.5.27)、(2.5.28)即为控制器规范型状态空间表达。图2.5.5是信号流图变换过程，方程(2.5.23)、(2.5.24)可从图2.5.5(a)中得到，方程(2.5.27)、(2.5.28)对应图2.5.5(b)。可以看出，控制器规范型只是通过简单地逆序改写相变量下标就可以获得。

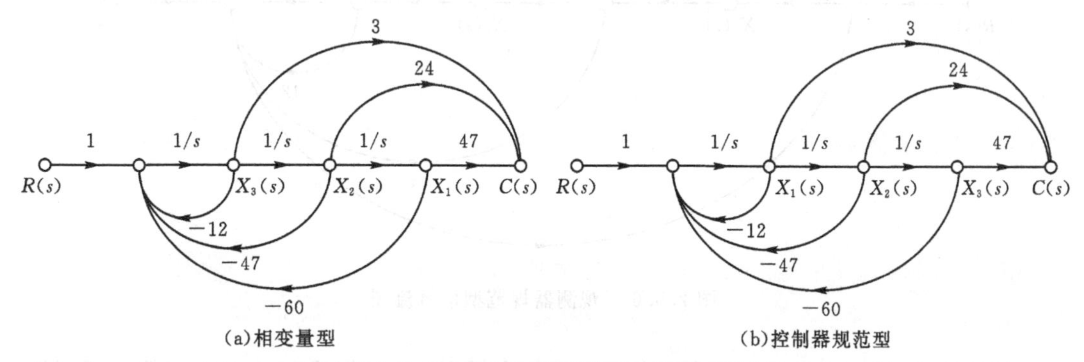

图2.5.5 控制器规范型变换信号流图

系统特征多项式的系数，在相变量型中位于矩阵底行，在控制器规范型中位于矩阵顶行。含有特征多项式系数的系统矩阵，称为特征式的伴随矩阵。相变量型和控制器规范型的伴随矩阵中，特征多项式系数分别是在底行和顶行。也有系统特征多项式系数位于伴随矩阵中的左列或右列。

4. 观测器规范型

观测器规范型(observer canonical form)的名称来源于系统观测器的设计。如式(2.5.22)所示系统，分子分母同除以变量s的最高阶次s^3，得到观测器规范型：

$$G(s)=\frac{C(s)}{R(s)}=\frac{\frac{3}{s}+\frac{24}{s^2}+\frac{47}{s^3}}{1+\frac{12}{s}+\frac{47}{s^2}+\frac{60}{s^3}} \tag{2.5.29}$$

交叉相乘可得：

$$\left(\frac{3}{s}+\frac{24}{s^2}+\frac{47}{s^3}\right)R(s)=\left(1+\frac{12}{s}+\frac{47}{s^2}+\frac{60}{s^3}\right)C(s) \tag{2.5.30}$$

再按照s的幂次合并排列：

$$C(s)=\frac{1}{s}[3R(s)-12C(s)]+\frac{1}{s^2}[24R(s)-47C(s)]+\frac{1}{s^3}[47R(s)-60C(s)] \tag{2.5.31}$$

即：

$$C(s)=\frac{1}{s}\left\{[3R(s)-12C(s)]+\frac{1}{s}\left\{[24R(s)-47C(s)]+\frac{1}{s}[47R(s)-60C(s)]\right\}\right\} \tag{2.5.32}$$

根据公式(2.5.31)、(2.5.32)可以画出信号流图如图2.5.6所示。

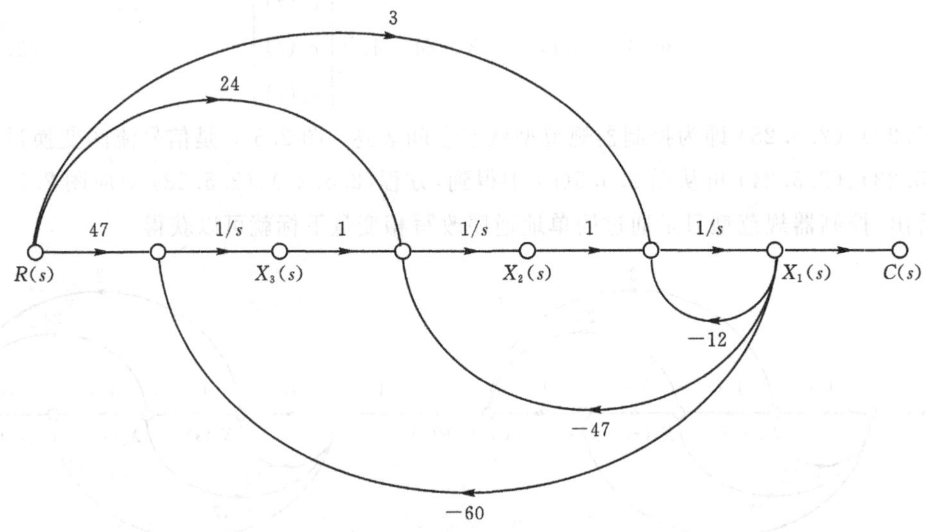

图 2.5.6 观测器规范型信号流图

画信号流图时，可先画出三个积分器环节依次排列。然后据式(2.5.31)的第一项可知，对$[3R(s)-12C(s)]$积分是输出信号$C(s)$的一部分，所以我们将$[3R(s)-12C(s)]$信号作为第三个积分器(最靠近输出信号$C(s)$端)的输入信号；从式(2.5.31)第二项可知，信号$[24R(s)-47C(s)]$必须要积分两次，所以将$[24R(s)-47C(s)]$作为第二个积分器的输入信号；从式(2.5.31)第三项可知，式$[47R(s)-60C(s)]$必须要积分三次，故将信号$[47R(s)-60C(s)]$置于第一个积分器的输入端。最后在各积分器的输出端确定状态变量的名称序号，写出系统状态方程和输出方程为

$$\begin{aligned}\dot{x}_1(t)&=-12x_1(t)+x_2(t)+3r(t)\\ \dot{x}_2(t)&=-47x_1(t)+x_3(t)+24r(t)\\ \dot{x}_3(t)&=-60x_1(t)+47r(t)\end{aligned} \tag{2.5.33}$$

$$y(t)=c(t)=x_1(t) \tag{2.5.34}$$

写成向量-矩阵式为

$$\begin{bmatrix}\dot{x}_1(t)\\ \dot{x}_2(t)\\ \dot{x}_3(t)\end{bmatrix}=\begin{bmatrix}-12 & 1 & 0\\ -47 & 0 & 1\\ -60 & 0 & 0\end{bmatrix}\begin{bmatrix}x_3(t)\\ x_2(t)\\ x_1(t)\end{bmatrix}+\begin{bmatrix}3\\ 24\\ 47\end{bmatrix}r(t) \tag{2.5.35}$$

$$y(t)=c(t)=\begin{bmatrix}1 & 0 & 0\end{bmatrix}\begin{bmatrix}x_1(t)\\ x_2(t)\\ x_3(t)\end{bmatrix} \tag{2.5.36}$$

式(2.5.35)、(2.5.36)的形式与相变量型的状态空间表达很相似，只是传递函数分母多项式的系数在第一列，分子多项式系数构成了输入向量 $\boldsymbol{B}$。还有，观测器规范型的 $\boldsymbol{A}$ 矩阵是控制器规范型 $\boldsymbol{A}$ 矩阵的转置矩阵；$\boldsymbol{B}$ 向量是控制器规范型 $\boldsymbol{C}$ 向量的转置向量；$\boldsymbol{C}$ 向量是控制器规范型 $\boldsymbol{B}$ 向量的转置向量。所以我们可以说这两种形式是“对偶”(duals)的。若有一个控制系统状态空间的矩阵用 $\boldsymbol{A}$，$\boldsymbol{B}$，$\boldsymbol{C}$ 描述，则其对偶型表达为 $\boldsymbol{A}_D=\boldsymbol{A}^{\mathrm{T}}$，$\boldsymbol{B}_D=\boldsymbol{C}^{\mathrm{T}}$，$\boldsymbol{C}_D=\boldsymbol{B}^{\mathrm{T}}$。对比二者的信号流图可以加深理解“对偶”的意义。

【例题 2.5.1】 控制系统传递函数如图 2.5.7 所示，写出此系统状态空间的相变量型，串联型，并联型，控制器规范型，观测器规范型各表达形式。

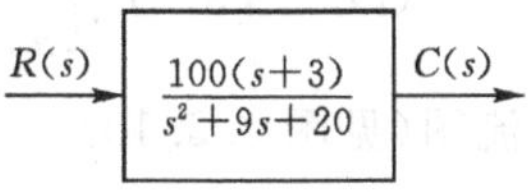

$R(s)$ → $\dfrac{100(s+3)}{s^2+9s+20}$ → $C(s)$

图 2.5.7 传递函数

【解答】 在推导各状态空间表达时，按照不同的形式要求，先将传递函数转换为不同的等价形式，然后画出信号流图(见图 2.5.8)，最后根据信号流图确定状态变量，写出状态方程和输出方程。这里直接给出计算的结果，具体推导过程略。

(1) 相变量型传递函数及其信号流图：

$$\frac{C(s)}{R(s)}=\frac{100(s+3)}{s^2+9s+20}=\frac{100}{s^2+9s+20}\cdot(s+3) \tag{2.5.37}$$

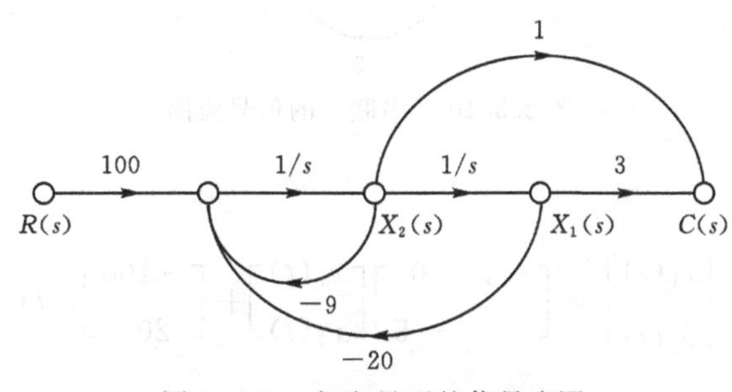

图 2.5.8 相变量型的信号流图

状态空间表达：

$$\begin{bmatrix}\dot{x}_1(t)\\ \dot{x}_2(t)\end{bmatrix}=\begin{bmatrix}0 & 1\\ -20 & -9\end{bmatrix}\begin{bmatrix}x_1(t)\\ x_2(t)\end{bmatrix}+\begin{bmatrix}0\\ 100\end{bmatrix}r(t) \tag{2.5.38}$$

$$y(t)=c(t)=\begin{bmatrix}3 & 1\end{bmatrix}\begin{bmatrix}x_1(t)\\ x_2(t)\end{bmatrix} \tag{2.5.39}$$

(2) 串联型传递函数及其信号流图(见图 2.5.9)：

$$\frac{C(s)}{R(s)}=\frac{100(s+3)}{s^2+9s+20}=\frac{100}{(s+4)}\cdot\frac{(s+3)}{(s+5)} \tag{2.5.40}$$

状态空间表达：

$$\begin{bmatrix}\dot{x}_1(t)\\ \dot{x}_2(t)\end{bmatrix}=\begin{bmatrix}-5 & 1\\ 0 & -4\end{bmatrix}\begin{bmatrix}x_1(t)\\ x_2(t)\end{bmatrix}+\begin{bmatrix}0\\ 100\end{bmatrix}r(t) \tag{2.5.41}$$

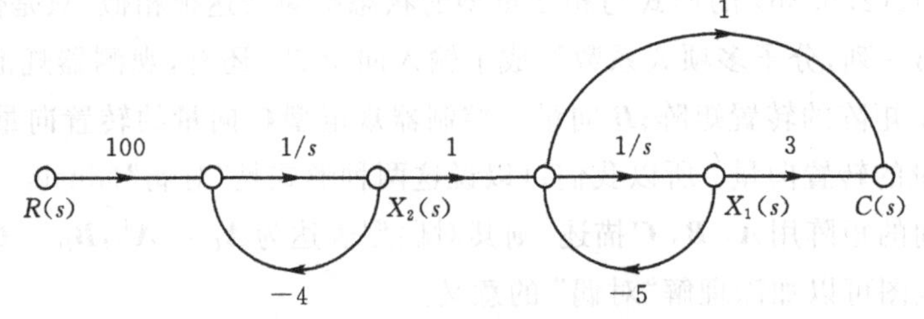

图 2.5.9　串联型的信号流图

$$y(t)=c(t)=\begin{bmatrix}3 & 1\end{bmatrix}\begin{bmatrix}x_1(t)\\x_2(t)\end{bmatrix} \tag{2.5.42}$$

(3) 并联型传递函数及其信号流图(见图 2.5.10)：

$$\frac{C(s)}{R(s)}=\frac{100(s+3)}{s^2+9s+20}=\frac{-100}{s+4}+\frac{200}{s+5} \tag{2.5.43}$$

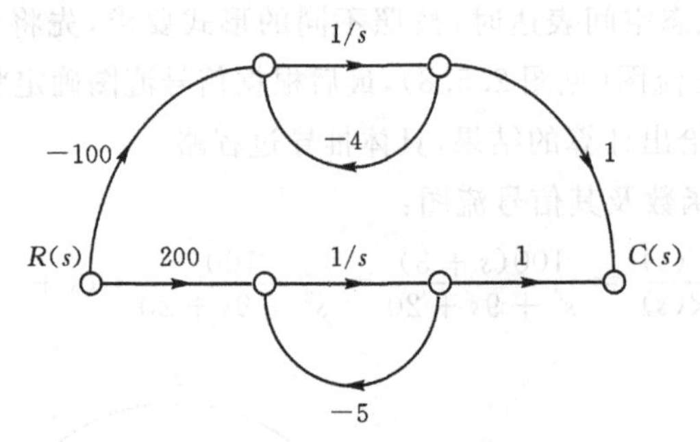

图 2.5.10　串联型的信号流图

状态空间表达：

$$\begin{bmatrix}\dot{x}_1(t)\\\dot{x}_2(t)\end{bmatrix}=\begin{bmatrix}-4 & 0\\0 & -5\end{bmatrix}\begin{bmatrix}x_1(t)\\x_2(t)\end{bmatrix}+\begin{bmatrix}-100\\200\end{bmatrix}r(t) \tag{2.5.44}$$

$$y(t)=c(t)=\begin{bmatrix}1 & 1\end{bmatrix}\begin{bmatrix}x_1(t)\\x_2(t)\end{bmatrix} \tag{2.5.45}$$

(3) 控制器规范型传递函数及其信号流图(见图 2.5.11)：

$$\frac{C(s)}{R(s)}=\frac{100(s+3)}{s^2+9s+20}=\frac{100}{s^2+9s+20}\cdot(s+3) \tag{2.5.46}$$

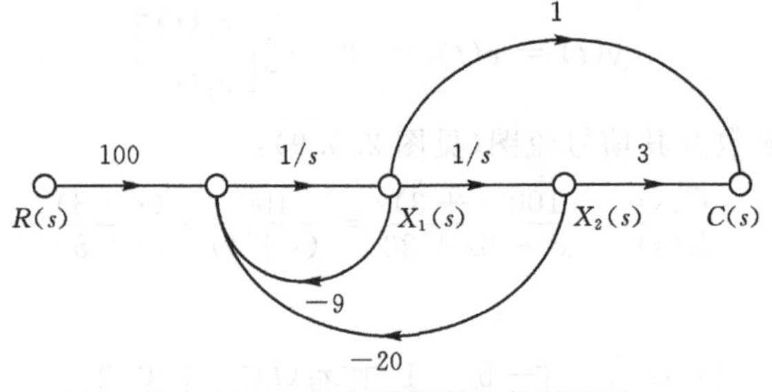

图 2.5.11　控制器规范型信号流图

状态空间表达：

$$\begin{bmatrix}\dot{x}_1(t)\\ \dot{x}_2(t)\end{bmatrix}=\begin{bmatrix}-9 & -20\\ 1 & 0\end{bmatrix}\begin{bmatrix}x_1(t)\\ x_2(t)\end{bmatrix}+\begin{bmatrix}100\\ 0\end{bmatrix}r(t) \tag{2.5.47}$$

$$y(t)=c(t)=\begin{bmatrix}1 & 3\end{bmatrix}\begin{bmatrix}x_1(t)\\ x_2(t)\end{bmatrix} \tag{2.5.48}$$

(4) 观测器规范型传递函数及其信号流图(见图 2.5.12)：

$$\frac{C(s)}{R(s)}=\frac{100(s+3)}{s^2+9s+20}=\frac{(\frac{1}{s}+\frac{3}{s^2})\cdot 100}{1+\frac{9}{s}+\frac{20}{s^2}} \tag{2.5.49}$$

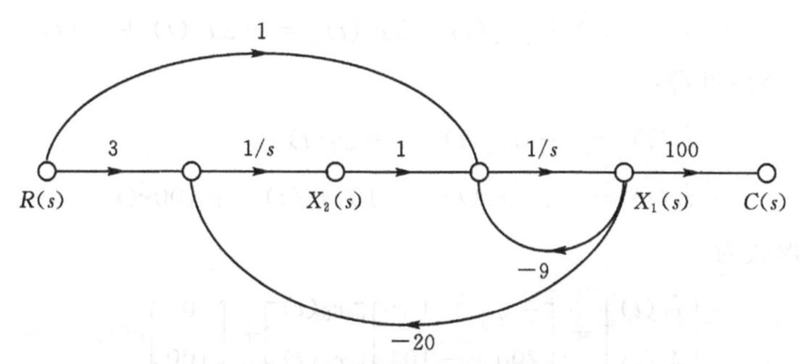

图 2.5.12　观测器规范型信号流图

状态空间表达：

$$\begin{bmatrix}\dot{x}_1(t)\\ \dot{x}_2(t)\end{bmatrix}=\begin{bmatrix}-9 & 1\\ -20 & 0\end{bmatrix}\begin{bmatrix}x_1(t)\\ x_2(t)\end{bmatrix}+\begin{bmatrix}1\\ 3\end{bmatrix}r(t) \tag{2.5.50}$$

$$y(t)=c(t)=\begin{bmatrix}100 & 0\end{bmatrix}\begin{bmatrix}x_1(t)\\ x_2(t)\end{bmatrix} \tag{2.5.51}$$

【例题 2.5.2】如图 2.5.13 所示为单位反馈控制系统的方框图，推导系统的状态空间表达，要求前向传递函数采用串联型。

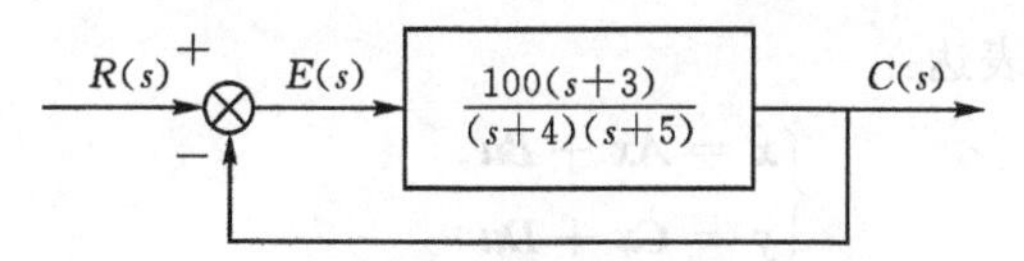

图 2.5.13　反馈控制系统方框图

【解答】将系统方框图转化为信号流图。首先把从 $E(s)$ 到 $C(s)$ 的前向传递函数写成串联型，将系统增益 100，极点 −4 和 −5，零点 −3 按照前述确定相变量的方法，绘制出信号流图(参看上例中的串联型状态空间表达)；然后再添加反馈和输入通路，如图 2.5.14 所示。

观察写出状态方程为

$$\begin{aligned}\dot{x}_1(t) &= -5x_1(t) + x_2(t)\\ \dot{x}_2(t) &= -4x_2(t) + 100[r(t)-c(t)]\end{aligned} \tag{2.5.52}$$

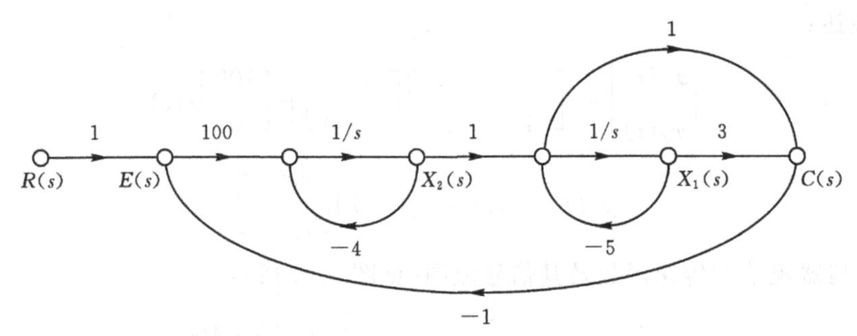

图 2.5.14　单位反馈系统信号流图

图中 $c(t)$ 端的信号为

$$c(t) = 3x_1(t) + [x_2(t) - 5x_1(t)] = -2x_1(t) + x_2(t) \tag{2.5.53}$$

代入状态方程并整理可得：

$$\begin{aligned} \dot{x}_1(t) &= -5x_1(t) + x_2(t) \\ \dot{x}_2(t) &= 200x_1(t) - 104x_2(t) + 100r(t) \end{aligned} \tag{2.5.54}$$

写成向量-矩阵形式为

$$\begin{bmatrix} \dot{x}_1(t) \\ \dot{x}_2(t) \end{bmatrix} = \begin{bmatrix} -5 & 1 \\ 200 & -104 \end{bmatrix} \begin{bmatrix} x_1(t) \\ x_2(t) \end{bmatrix} + \begin{bmatrix} 0 \\ 100 \end{bmatrix} r(t) \tag{2.5.55}$$

$$y(t) = c(t) = [-2 \quad 1] \begin{bmatrix} x_1(t) \\ x_2(t) \end{bmatrix} \tag{2.5.56}$$

5. 相似变换

同一个系统，具有相同的输入端和输出端，可以设置不同的状态向量，生成不同的状态空间表达形式，统称为“相似系统”。尽管这些相似系统的状态空间表达形式各异，但都指向同一个传递函数，具有相同的系统极点和特征值。不借助传递函数和信号流图，相似系统之间也可以相互转换(similarity transformations)。此处我们直接给出结论，证明过程可参考线性代数等数学理论。

对系统的状态空间表达：

$$\begin{cases} \dot{\boldsymbol{x}} = \boldsymbol{A}\boldsymbol{x} + \boldsymbol{B}\boldsymbol{u} & (2.5.57\text{a}) \\ \boldsymbol{y} = \boldsymbol{C}\boldsymbol{x} + \boldsymbol{D}\boldsymbol{u} & (2.5.57\text{b}) \end{cases}$$

引入转换矩阵 $\boldsymbol{P}$ 和新的同维状态变量 $\boldsymbol{z} = [z_1(t), z_2(t), \cdots, z_n(t)]^{\mathrm{T}}$，且有：

$$\boldsymbol{x} = \boldsymbol{P}\boldsymbol{z}; \boldsymbol{z} = \boldsymbol{P}^{-1}\boldsymbol{x} \tag{2.5.58}$$

则系统的状态空间表达可从 $\boldsymbol{x}$ 变量空间转换到 $\boldsymbol{z}$ 变量空间：

$$\begin{cases} \dot{\boldsymbol{z}} = \boldsymbol{P}^{-1}\boldsymbol{A}\boldsymbol{P}\boldsymbol{z} + \boldsymbol{P}^{-1}\boldsymbol{B}\boldsymbol{u} & (2.5.59\text{a}) \\ \boldsymbol{y} = \boldsymbol{C}\boldsymbol{P}\boldsymbol{z} + \boldsymbol{D}\boldsymbol{u} & (2.5.59\text{b}) \end{cases}$$

转换矩阵 $\boldsymbol{P}$ 的列向量是 $\boldsymbol{z}$ 变量空间的基向量坐标，呈现为 $\boldsymbol{x}$ 变量空间向量的线性组合。

各个相似系统中，系统矩阵呈现对角线矩阵的形式具有独特的优势。这时每个状态方程都只包含一个状态变量，每个微分方程可以独立求解。将其他形式的系统矩阵变换为对角线矩阵，也称为方程解耦。此处引入特征值和特征向量的概念来进行矩阵对角化转换。

特征值与特征向量的定义：对系统矩阵 $\boldsymbol{A}$，若有常数 λ 及非零向量 $\boldsymbol{x}$，满足：

$$\boldsymbol{A}\boldsymbol{x} = \lambda\boldsymbol{x} \tag{2.5.60}$$

则 λ 称为矩阵 $\boldsymbol{A}$ 的一个特征值，$\boldsymbol{x}$ 称为矩阵 $\boldsymbol{A}$ 对应于 λ 的特征向量。图 2.5.15 以二维向量为例展示了矩阵特征向量的几何意义。显然，若 $\boldsymbol{x}$ 是 $\boldsymbol{A}$ 的特征向量，则向量 $\boldsymbol{A}\boldsymbol{x}$ 与向量 $\boldsymbol{x}$ 必须是共线关系。

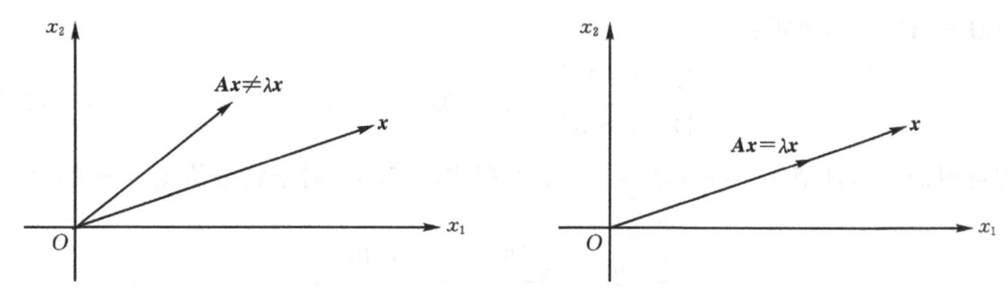

图 2.5.15　矩阵、特征值与特征向量的几何关系

根据定义式可得矩阵特征值和特征向量的计算式：

$$(\lambda\boldsymbol{I} - \boldsymbol{A})\boldsymbol{x} = 0 \tag{2.5.61}$$

由于 $\boldsymbol{x}$ 是非零向量，故上式有解必须满足条件：

$$\det(\lambda\boldsymbol{I} - \boldsymbol{A}) = 0 \tag{2.5.62}$$

对 n 维矩阵 $\boldsymbol{A}$，求解式(2.5.62) 表达的代数多项式方程的根，即为系统的 n 个特征值 $\lambda_1,\lambda_2,\cdots,\lambda_n$，再根据这 n 个特征值，可以确定出系统的 n 个特征向量 $\boldsymbol{p}_1,\boldsymbol{p}_2,\cdots,\boldsymbol{p}_n$。将这些特征向量组合构成转换矩阵 $\boldsymbol{P}$，就可以将矩阵 $\boldsymbol{A}$ 变换为对角线矩阵 $\mathrm{diag}(\lambda_1,\lambda_2,\cdots,\lambda_n)$。即：

$$\boldsymbol{P} = [\boldsymbol{p}_1,\boldsymbol{p}_2,\cdots,\boldsymbol{p}_n] \tag{2.5.63}$$

因为 $\boldsymbol{A}\boldsymbol{p}_i = \lambda_i\boldsymbol{p}_i$，故有关系式：

$$\boldsymbol{A}\boldsymbol{P} = \boldsymbol{P}\cdot\mathrm{diag}(\lambda_1,\lambda_2,\cdots,\lambda_n) \tag{2.5.64}$$

可解出：

$$\mathrm{diag}(\lambda_1,\lambda_2,\cdots,\lambda_n) = \boldsymbol{P}^{-1}\boldsymbol{A}\boldsymbol{P} \tag{2.5.65}$$

此即式(2.5.59) 定义的系统矩阵。$\lambda_1,\lambda_2,\cdots,\lambda_n$ 称为系统特征值；各特征值对应的向量 $\boldsymbol{p}_1,\boldsymbol{p}_2,\cdots,\boldsymbol{p}_n$ 称为系统特征向量。用这种方法求出的对角线矩阵，与先求系统传递函数特征方程的根，再推导出的对角线矩阵，二者的结果是完全一样的。

根据矩阵的数学性质，只有系统特征值 $\lambda_1,\lambda_2,\cdots,\lambda_n$ 互不相同，也就是代数多项式方程 $\det(\lambda\boldsymbol{I} - \boldsymbol{A}) = 0$ 没有重根，才能完成对角线矩阵的转换。有重根的情况下，系统矩阵可以变换为约当标准形(Jordan canonical form)，可参看相关参考书。

【例题 2.5.3】 系统状态空间表达如下式所示，将其转换为对角线矩阵型的相似系统。

$$\begin{bmatrix} \dot{x}_1(t) \\ \dot{x}_2(t) \end{bmatrix} = \begin{bmatrix} 0 & 1 \\ -2 & -3 \end{bmatrix}\begin{bmatrix} x_1(t) \\ x_2(t) \end{bmatrix} + \begin{bmatrix} 0 \\ 1 \end{bmatrix} r(t) \tag{2.5.66}$$

$$y(t) = c(t) = \begin{bmatrix} 4 & 0 \end{bmatrix}\begin{bmatrix} x_1(t) \\ x_2(t) \end{bmatrix} \tag{2.5.67}$$

【解答】由题设可知，原系统状态空间表达各矩阵和向量为

$$\boldsymbol{A}=\begin{bmatrix}0 & 1\\ -2 & -3\end{bmatrix}\quad \boldsymbol{B}=\begin{bmatrix}0\\ 1\end{bmatrix}\quad \boldsymbol{C}=\begin{bmatrix}4 & 0\end{bmatrix}\quad \boldsymbol{D}=\boldsymbol{0} \tag{2.5.68}$$

将系统矩阵 $\boldsymbol{A}$ 代入式 $\det(\lambda\boldsymbol{I}-\boldsymbol{A})$ 并令其为零，求出矩阵特征值：

$$\lambda\boldsymbol{I}-\boldsymbol{A}=\lambda\begin{bmatrix}1 & 0\\ 0 & 1\end{bmatrix}-\begin{bmatrix}0 & 1\\ -2 & -3\end{bmatrix}=\begin{bmatrix}\lambda & -1\\ 2 & \lambda+3\end{bmatrix} \tag{2.5.69}$$

令 $\det(\lambda\boldsymbol{I}-\boldsymbol{A})=0$，可得：

$$\begin{vmatrix}\lambda & -1\\ 2 & \lambda+3\end{vmatrix}=\lambda^2+3\lambda+2=0 \tag{2.5.70}$$

解方程可得矩阵特征值 $\lambda_1=-1,\lambda_2=-2$。根据式(2.5.6)，对于特征值 $\lambda_1=-1$，有

$$\begin{bmatrix}0 & 1\\ -2 & -3\end{bmatrix}\boldsymbol{p}_1=(-1)\boldsymbol{p}_1 \tag{2.5.71}$$

可确定特征向量 $\boldsymbol{p}_1=[1\quad -1]^{\mathrm{T}}$。同样的方法确定特征值 $\lambda_1=-2$ 对应的特征向量 $\boldsymbol{p}_2=[1\quad -2]^{\mathrm{T}}$。可得到转换矩阵 $\boldsymbol{P}$ 及其逆矩阵 $\boldsymbol{P}^{-1}$ 为

$$\boldsymbol{P}=\begin{bmatrix}1 & 1\\ -1 & -2\end{bmatrix}\quad \boldsymbol{P}^{-1}=\begin{bmatrix}2 & 1\\ -1 & -1\end{bmatrix} \tag{2.5.72}$$

则相似系统的系统矩阵等为

$$\boldsymbol{P}^{-1}\boldsymbol{A}\boldsymbol{P}=\begin{bmatrix}2 & 1\\ -1 & -1\end{bmatrix}\begin{bmatrix}0 & 1\\ -2 & -3\end{bmatrix}\begin{bmatrix}1 & 1\\ -1 & -2\end{bmatrix}=\begin{bmatrix}-1 & 0\\ 0 & -2\end{bmatrix} \tag{2.5.73}$$

$$\boldsymbol{P}^{-1}\boldsymbol{B}=\begin{bmatrix}2 & 1\\ -1 & -1\end{bmatrix}\begin{bmatrix}0\\ 1\end{bmatrix}=\begin{bmatrix}1\\ -1\end{bmatrix} \tag{2.5.74}$$

$$\boldsymbol{C}\boldsymbol{P}=\begin{bmatrix}4 & 0\end{bmatrix}\begin{bmatrix}1 & 1\\ -1 & -2\end{bmatrix}=\begin{bmatrix}4 & -4\end{bmatrix} \tag{2.5.75}$$

代入式(2.5.59)，系统的状态空间表达从 $\boldsymbol{x}$ 变量空间转换到 $\boldsymbol{z}$ 变量空间：

$$\dot{\boldsymbol{z}}=\begin{bmatrix}-1 & 0\\ 0 & -2\end{bmatrix}\boldsymbol{z}+\begin{bmatrix}1\\ -1\end{bmatrix}\boldsymbol{r} \tag{2.5.76}$$

$$\boldsymbol{y}=\begin{bmatrix}4 & -4\end{bmatrix}\boldsymbol{z} \tag{2.5.77}$$

系统关于 $\boldsymbol{z}$ 变量的状态空间表达，其系统矩阵是对角线矩阵。可以验证，矩阵对角上的元素 $-1,-2$ 就是系统的特征根。

2.6 状态方程的解

构建了系统状态方程以后，需要解状态方程给出各变量随时间变化的信息，这是完成控制系统动态性能分析和设计控制算法提高系统性能的前提。注意此处我们研究的对象是线性时不变连续系统。此类系统状态方程呈现为常系数微分方程，常用解法有两大类：拉普拉斯变换法和时域直接解法。

1. 状态方程的拉普拉斯变换解法

系统的状态方程和输出方程为

$$\begin{cases}\dot{\boldsymbol{x}} = \boldsymbol{A}\boldsymbol{x} + \boldsymbol{B}\boldsymbol{u} & (2.6.1a)\\ \boldsymbol{y} = \boldsymbol{C}\boldsymbol{x} + \boldsymbol{D}\boldsymbol{u} & (2.6.1b)\end{cases}$$

设系统的初始条件为 $\boldsymbol{x}(t_0) = \boldsymbol{x}_0$,对式(2.6.1)中第一个状态方程两边进行拉普拉斯变换后得到:

$$s\boldsymbol{X}(s) - \boldsymbol{x}_0 = \boldsymbol{A}\boldsymbol{X}(s) + \boldsymbol{B}\boldsymbol{U}(s)$$

$$(s\boldsymbol{I} - \boldsymbol{A})\boldsymbol{X}(s) = \boldsymbol{x}_0 + \boldsymbol{B}\boldsymbol{U}(s) \tag{2.6.2}$$

由上式解出 $\boldsymbol{X}(s)$ 为

$$\begin{aligned}\boldsymbol{X}(s) &= (s\boldsymbol{I} - \boldsymbol{A})^{-1}\boldsymbol{x}_0 + (s\boldsymbol{I} - \boldsymbol{A})^{-1}\boldsymbol{B}\boldsymbol{U}(s)\\ &= (s\boldsymbol{I} - \boldsymbol{A})^{-1}[\boldsymbol{x}_0 + \boldsymbol{B}\boldsymbol{U}(s)]\\ &= \frac{\mathrm{adj}(s\boldsymbol{I} - \boldsymbol{A})}{\det(s\boldsymbol{I} - \boldsymbol{A})}[\boldsymbol{x}_0 + \boldsymbol{B}\boldsymbol{U}(s)]\end{aligned} \tag{2.6.3}$$

对(2.6.1b)中第二个输出方程两边进行拉普拉斯变换后得到:

$$\boldsymbol{Y}(s) = \boldsymbol{C}\boldsymbol{X}(s) + \boldsymbol{D}\boldsymbol{U}(s) \tag{2.6.4}$$

再对 $\boldsymbol{X}(s)$ 作逆拉普拉斯变换,就可以写出系统状态和系统输出信号的时间域解:

$$\boldsymbol{x}(t) = L^{-1}\{\boldsymbol{X}(s)\} = L^{-1}\left\{\frac{\mathrm{adj}(s\boldsymbol{I} - \boldsymbol{A})}{\det(s\boldsymbol{I} - \boldsymbol{A})}[\boldsymbol{x}_0 + \boldsymbol{B}\boldsymbol{U}(s)]\right\} \tag{2.6.5}$$

$$\boldsymbol{y}(t) = L^{-1}\{\boldsymbol{Y}(s)\} = L^{-1}\{\boldsymbol{C}\boldsymbol{X}(s) + \boldsymbol{D}\boldsymbol{U}(s)\} \tag{2.6.6}$$

根据2.5节系统特征值和特征向量的定义及其计算式可知,多项式方程 $\det(s\boldsymbol{I} - \boldsymbol{A}) = 0$ 的根,就是系统矩阵 $\boldsymbol{A}$ 的特征值。也就是说,系统特征值就是系统传递函数的极点。证明如下。

【证明】设输入信号 $U(s)$ 和输出信号 $Y(s)$ 都是标量,且各状态向量的初值均为零,将(2.6.3)代入 $Y(s)$ 的表达式(2.6.4),可写出系统的传递函数为

$$\frac{Y(s)}{U(s)} = \boldsymbol{C}\left[\frac{\mathrm{adj}(s\boldsymbol{I} - \boldsymbol{A})}{\det(s\boldsymbol{I} - \boldsymbol{A})}\right]\boldsymbol{B} + \boldsymbol{D} = \frac{\boldsymbol{C}\cdot\mathrm{adj}(s\boldsymbol{I} - \boldsymbol{A})\cdot\boldsymbol{B} + \boldsymbol{D}\cdot\det(s\boldsymbol{I} - \boldsymbol{A})}{\det(s\boldsymbol{I} - \boldsymbol{A})} \tag{2.6.7}$$

因为系统的极点定义为传递函数的分母为零的 s 点,而上式中的分母代数多项式函数 $\det(s\boldsymbol{I} - \boldsymbol{A})$,与求解系统特征值的代数多项式函数 $\det(\lambda\boldsymbol{I} - \boldsymbol{A})$,二者的形式完全一致。所以系统极点就等于系统矩阵的特征值。

在经典控制理论中,系统传递函数的极点在 s 平面的分布位置非常重要,决定了系统的瞬态响应性能。

【例题 2.6.1】系统的状态空间表达为

$$\dot{\boldsymbol{x}} = \begin{bmatrix}0 & 1 & 0\\ 0 & 0 & 1\\ -60 & -47 & -12\end{bmatrix}\boldsymbol{x} + \begin{bmatrix}0\\ 0\\ 1\end{bmatrix}\mathrm{e}^{-t} \tag{2.6.8}$$

$$\boldsymbol{x}_0 = \begin{bmatrix}1\\ 0\\ 2\end{bmatrix} \tag{2.6.9}$$

$$y = [1 \quad 1 \quad 0]x \tag{2.6.10}$$

系统输入为指数函数信号，求解状态方程和输出信号，并求出系统的特征值(系统极点)。

【解答】由题设可知系统矩阵

$$A = \begin{bmatrix} 0 & 1 & 0 \\ 0 & 0 & 1 \\ -60 & -47 & -12 \end{bmatrix} \quad B = \begin{bmatrix} 0 \\ 0 \\ 1 \end{bmatrix}$$

$$C = [1 \quad 1 \quad 0] \quad D = 0 \tag{2.6.11}$$

则有：

$$sI - A = \begin{bmatrix} s & -1 & 0 \\ 0 & s & -1 \\ 60 & 47 & s+12 \end{bmatrix} \tag{2.6.12}$$

$$(sI - A)^{-1} = \frac{1}{(s+3)(s+4)(s+5)} \begin{bmatrix} s^2+12s+47 & s+12 & 1 \\ -60 & s^2+12s & s \\ -60s & -47s-60 & s^2 \end{bmatrix} \tag{2.6.13}$$

系统输入信号 e^{-t} 经拉普拉斯变换为 $U(s) = 1/(s+1)$，将各项代入到公式(2.6.3)求出：

$$X(s) = \begin{bmatrix} \dfrac{s^3+13s^2+61s+50}{(s+3)(s+4)(s+5)(s+1)} \\ \dfrac{2s^2-57s-60}{(s+3)(s+4)(s+5)(s+1)} \\ \dfrac{2s^3-57s^2-60s}{(s+3)(s+4)(s+5)(s+1)} \end{bmatrix} \tag{2.6.14}$$

输出方程为

$$\begin{aligned} Y(s) &= [1 \quad 1 \quad 0]X(s) \\ &= \frac{s^3+15s^2+4s-10}{(s+3)(s+4)(s+5)(s+1)} \\ &= \frac{-21.5}{s+3} + \frac{50}{s+4} + \frac{-27.5}{s+5} \end{aligned} \tag{2.6.15}$$

注意这里 $Y(s)$ 的极点 -1 和零点 -1 发生了对消。$Y(s)$ 经逆拉普拉斯变换可得：

$$y(t) = -21.5e^{-3t} + 50e^{-4t} - 27.5e^{-5t} \tag{2.6.16}$$

注意式(2.6.13)中的分母为 $\det(sI - A)$，同样也是系统传递函数的分母。所以 $\det(sI - A) = 0$ 的解 $-3, -4, -5$ 既是系统极点也是系统特征值。

2. 齐次状态方程的时域解法

控制系统的状态方程由一阶微分方程组构成，当输入信号为零时，就是齐次微分方程的形式：

$$\dot{x} = Ax, \quad x(t_0) = x_0 \tag{2.6.17}$$

我们借鉴一阶微分方程的解法来推导状态方程的解。形如下式的常系数一阶齐次微分方程及其初始条件为

$$\dot{x}(t) = ax, \quad x(t_0) = x_0 \tag{2.6.18}$$

这类微分方程的通解形式为

$$x(t) = Ce^{at} = C\sum_{k=0}^{\infty}\frac{a^k}{k!}t^k \tag{2.6.19}$$

系数 C 与初始条件 $x(t_0) = x_0$ 有关。由 $x(t_0) = x_0 = Ce^{at_0}$，可知 $C = x_0e^{-at_0}$；所以方程的解为

$$x(t) = x_0e^{-at_0}e^{at} = x_0e^{a(t-t_0)} \tag{2.6.20}$$

如果取 $t_0 = 0$，原方程的解 $x(t)$ 就是：

$$x(t) = x_0e^{at} = x_0\sum_{k=0}^{\infty}\frac{a^k}{k!}t^k \tag{2.6.21}$$

对于系统状态方程(2.6.17)，仿照常系数一阶微分方程的解的形式，可以写出状态方程解的形式为

$$\boldsymbol{x}(t) = e^{\boldsymbol{A}(t-t_0)}\boldsymbol{x}_0 \tag{2.6.22}$$

定义：

$$e^{\boldsymbol{A}t} = \sum_{k=0}^{\infty}\frac{\boldsymbol{A}^k}{k!}t^k \tag{2.6.23}$$

称 $e^{\boldsymbol{A}t}$ 为矩阵指数函数，它是一个与系统矩阵 $\boldsymbol{A}$ 同结构的矩阵，矩阵中的每个元素均为时间 t 的函数；解出了 $e^{\boldsymbol{A}t}$ 也就解出了状态方程。

定义：

$$\boldsymbol{\Phi}(t,t_0) = e^{\boldsymbol{A}(t-t_0)} = \sum_{k=0}^{\infty}\frac{\boldsymbol{A}^k}{k!}(t-t_0)^k \tag{2.6.24}$$

称 $\boldsymbol{\Phi}(t,t_0)$ 为系统状态转移矩阵(state-transition matrix)。$\boldsymbol{\Phi}(t,t_0)$ 的物理意义是把系统的初始状态 $\boldsymbol{x}(t_0)$ 变换(转移)到 t 时刻的状态 $\boldsymbol{x}(t)$。

在控制系统分析设计中，常用到矩阵指数函数 $e^{\boldsymbol{A}t}$ 和状态转移矩阵 $\boldsymbol{\Phi}(t,t_0) = e^{\boldsymbol{A}(t-t_0)}$ 的如下性质：

(1) 当 $\boldsymbol{A} = 0$ 时，$e^{\boldsymbol{A}t} = e^0 = \boldsymbol{I}$；

(2) $e^{\boldsymbol{A}t}$ 非奇异，且 $(e^{\boldsymbol{A}t})^{-1} = e^{-\boldsymbol{A}t}$

(3) $\dfrac{d}{dt}(e^{\boldsymbol{A}t}) = \boldsymbol{A}e^{\boldsymbol{A}t} = e^{\boldsymbol{A}t}\boldsymbol{A}$

(4) 若矩阵 $\boldsymbol{A}$ 和 $\boldsymbol{B}$ 满足交换律，即 $\boldsymbol{AB} = \boldsymbol{BA}$，则有 $e^{\boldsymbol{A}t}e^{\boldsymbol{B}t} = e^{(\boldsymbol{A}+\boldsymbol{B})t}$

(5) 设矩阵 $\boldsymbol{P}$ 是与 $e^{\boldsymbol{A}t}$ 同阶的非奇异矩阵，则有 $e^{\boldsymbol{P}^{-1}\boldsymbol{AP}t} = \boldsymbol{P}^{-1}e^{\boldsymbol{A}t}\boldsymbol{P}$

(6) 若 $\boldsymbol{A} = \mathrm{diag}[\lambda_1,\lambda_2,\cdots,\lambda_n]$，各 λ_i 互异，则 $e^{\boldsymbol{A}t} = \mathrm{diag}[e^{\lambda_1 t},e^{\lambda_2 t},\cdots,e^{\lambda_n t}]$

(7) $e^{\boldsymbol{A}t}\cdot e^{\boldsymbol{A}\tau} = e^{\boldsymbol{A}(t+\tau)}$；

(8) $\boldsymbol{\Phi}(t,t) = e^{\boldsymbol{A}0} = \boldsymbol{I}$

(9) $\dot{\boldsymbol{\Phi}}(t,t_0) = \boldsymbol{A\Phi}(t,t_0)$

(10) 对任意 $t_2 > t_1 > t_0$，有 $e^{\boldsymbol{A}(t_2-t_1)}e^{\boldsymbol{A}(t_1-t_0)} = e^{\boldsymbol{A}(t_2-t_0)}$，即 $\boldsymbol{\Phi}(t_2,t_1)\boldsymbol{\Phi}(t_1,t_0) = \boldsymbol{\Phi}(t_2,t_0)$。

这表明，系统从 t_0 时刻的状态 $\boldsymbol{x}(t_0)$ 转移到 t_2 时刻的状态 $\boldsymbol{x}(t_2)$，相当于先从 $\boldsymbol{x}(t_0)$ 转移到 t_1 时刻的状态 $\boldsymbol{x}(t_1)$，然后再从 $\boldsymbol{x}(t_1)$ 转移到 $\boldsymbol{x}(t_2)$。也就是说，状态方程可以分段求解，可以避开对系统初始条件的处理。这是状态空间表达系统的一个优势。在经典控制理论中，求

解非零初始状态的微分方程比较复杂，所以一般都是预设系统的初始条件为零来计算系统的响应。

求解矩阵方程 e^{At} 的方法有很多种，此处介绍四种：

方法一，无穷级数法。根据指数函数 e^{At} 的定义，将 e^{At} 在 $t=0$ 处展开为泰勒(Taylor)级数，可写为

$$e^{At}=\sum_{k=0}^{\infty}\frac{\boldsymbol{A}^k}{k!}t^k=1+\boldsymbol{A}t+\frac{\boldsymbol{A}^2}{2!}t^2+\cdots \tag{2.6.25}$$

对有限时间 t 而言此级数是收敛级数，但解的形式不是解析表达式。这种方法适合于用计算机进行数值求解。因为是无穷级数，所以能够取到很高的计算精度。

方法二，利用拉普拉斯变换法。对于齐次状态方程(2.6.17)，取 $t_0=0,\boldsymbol{x}(t_0)=\boldsymbol{x}_0$，作拉普拉斯变换后有

$$s\boldsymbol{X}(s)-\boldsymbol{x}_0=\boldsymbol{A}\boldsymbol{X}(s)$$

$$(s\boldsymbol{I}-\boldsymbol{A})\boldsymbol{X}(s)=\boldsymbol{x}_0$$

$$\boldsymbol{X}(s)=(s\boldsymbol{I}-\boldsymbol{A})^{-1}\boldsymbol{x}_0 \tag{2.6.26}$$

再对上式作逆拉普拉斯变换，可得：

$$\boldsymbol{x}(t)=L^{-1}[(s\boldsymbol{I}-\boldsymbol{A})^{-1}]\boldsymbol{x}_0 \tag{2.6.27}$$

上式与(2.6.22)对比，可知：

$$e^{At}=L^{-1}[(s\boldsymbol{I}-\boldsymbol{A})^{-1}] \tag{2.6.28}$$

方法三，对角线标准型法。这种方法是将矩阵 $\boldsymbol{A}$ 通过变换矩阵 $\boldsymbol{P}$ 转化为对角线矩阵 $\widetilde{\boldsymbol{A}}$，对角线元素为矩阵 $\boldsymbol{A}$ 特征值 $\lambda_1,\lambda_2,\cdots,\lambda_n$，即：

$$\widetilde{\boldsymbol{A}}=\boldsymbol{P}^{-1}\boldsymbol{A}\boldsymbol{P}=\mathrm{diag}[\lambda_1,\lambda_2,\cdots,\lambda_n] \tag{2.6.29}$$

则有：

$$e^{At}=\boldsymbol{P}e^{\widetilde{A}t}\boldsymbol{P}^{-1} \tag{2.6.30}$$

这里默认矩阵 $\boldsymbol{A}$ 的各特征值 λ_i 互异，若矩阵有重特征值则化为约当标准型，可参看相关文献的推导。

方法四，利用凯莱-哈密顿定理(Cayley-Hamilton theorem)法。这种方法是将 e^{At} 展开为如下的矩阵 $\boldsymbol{A}$ 的多项式，再根据 $\boldsymbol{A}$ 的特征值情况求出多项式的系数。

$$e^{At}=a_0(t)\boldsymbol{I}+a_1(t)\boldsymbol{A}+a_2(t)\boldsymbol{A}^2+\cdots+a_{n-1}(t)\boldsymbol{A}^{n-1}=\sum_{k=0}^{n-1}a_k(t)\boldsymbol{A}^k \tag{2.6.31}$$

问题转化为如何求系数 $a_0(t),a_1(t),\cdots,a_{n-1}(t)$。当矩阵 $\boldsymbol{A}$ 具有 n 个不同的特征值 $\lambda_1,\lambda_2,\cdots,\lambda_n$ 时，有关系式：

$$e^{\lambda_i t}=\sum_{k=0}^{n-1}a_k(t)\,\lambda_i{}^k \qquad i=1,2,\cdots,n \tag{2.6.32}$$

即：

$$\begin{cases}e^{\lambda_1 t}=a_0(t)+\lambda_1 a_1(t)+\lambda_1{}^2a_2(t)+\cdots+\lambda_1{}^{n-1}a_{n-1}(t)\\e^{\lambda_2 t}=a_0(t)+\lambda_2 a_1(t)+\lambda_2{}^2a_2(t)+\cdots+\lambda_2{}^{n-1}a_{n-1}(t)\\\quad\vdots\\e^{\lambda_n t}=a_0(t)+\lambda_n a_1(t)+\lambda_n{}^2a_2(t)+\cdots+\lambda_n{}^{n-1}a_{n-1}(t)\end{cases} \tag{2.6.33}$$

上面是 n 个线性无关的方程,可以唯一确定 n 个 $a_k(t)$ 系数:

$$\begin{bmatrix} a_0(t) \\ a_1(t) \\ \vdots \\ a_{n-1}(t) \end{bmatrix} = \begin{bmatrix} 1 & \lambda_1 & {\lambda_1}^2 & \cdots & {\lambda_1}^{n-1} \\ 1 & \lambda_2 & {\lambda_2}^2 & \cdots & {\lambda_2}^{n-1} \\ \vdots & \vdots & \vdots & \vdots & \vdots \\ 1 & \lambda_n & {\lambda_n}^2 & \cdots & {\lambda_n}^{n-1} \end{bmatrix}^{-1} \begin{bmatrix} e^{\lambda_1 t} \\ e^{\lambda_2 t} \\ \vdots \\ e^{\lambda_n t} \end{bmatrix} \tag{2.6.34}$$

由上式可以看出,$a_i(t)$ 是指数函数 $e^{\lambda_k t}$ 的线性组合,这些指数函数又与系统特征根有关。可知矩阵 e^{At} 中的各元素,都是指数函数 $e^{\lambda_k t}$ 的线性组合。故在求解 e^{At} 时,可用待定系数法求解,不必求出系统特征值以及对矩阵作求逆运算。参看后面的例题。

对于有重特征值的情况,可进一步查阅相关的专业文献,此处不再赘述。

3. 非齐次状态方程的时域解法

方法一 积分法。

系统输入不为零时系统的状态方程为

$$\dot{\boldsymbol{x}} = \boldsymbol{A}\boldsymbol{x} + \boldsymbol{B}\boldsymbol{u}; \qquad \boldsymbol{x}(t_0) = \boldsymbol{x}_0 \tag{2.6.35}$$

上式两边左乘 e^{-At},移项整理可得:

$$e^{-At}\boldsymbol{B}\boldsymbol{u} = e^{-At}\dot{\boldsymbol{x}} - e^{-At}\boldsymbol{A}\boldsymbol{x} = e^{-At}(\dot{\boldsymbol{x}} - \boldsymbol{A}\boldsymbol{x}) \tag{2.6.36}$$

又,根据 e^{At} 的性质(3)可知:

$$\frac{d}{dt}(e^{-At}) = -\boldsymbol{A}e^{-At} \tag{2.6.37}$$

所以

$$\frac{d}{dt}(e^{-At}\boldsymbol{x}) = e^{-At}\frac{d\boldsymbol{x}}{dt} + \boldsymbol{x}\frac{d}{dt}(e^{-At}) = \dot{\boldsymbol{x}}e^{-At} - \boldsymbol{A}\boldsymbol{x}e^{-At} = e^{-At}(\dot{\boldsymbol{x}} - \boldsymbol{A}\boldsymbol{x}) \tag{2.6.38}$$

式(2.6.36)与式(2.6.38)比较可得:

$$\frac{d}{dt}(e^{-At}\boldsymbol{x}) = e^{-At}\boldsymbol{B}\boldsymbol{u} \tag{2.6.39}$$

上式在$[t_0, t]$区间积分,可得:

$$e^{-A\tau}\boldsymbol{x}(\tau)\Big|_{t_0}^{t} = \int_{t_0}^{t} e^{A\tau}\boldsymbol{B}\boldsymbol{u}(\tau)d\tau \tag{2.6.40}$$

即:

$$e^{-At}\boldsymbol{x}(t) - e^{-At_0}\boldsymbol{x}(t_0) = \int_{t_0}^{t} e^{A\tau}\boldsymbol{B}\boldsymbol{u}(\tau)d\tau \tag{2.6.41}$$

移项整理,等式两边再左乘 e^{At},可得:

$$\boldsymbol{x}(t) = e^{A(t-t_0)}\boldsymbol{x}_0 + \int_{t_0}^{t} e^{A(t-\tau)}\boldsymbol{B}\boldsymbol{u}(\tau)d\tau \tag{2.6.42}$$

$e^{A(t-t_0)}$ 为系统状态转移矩阵 $\boldsymbol{\Phi}(t)$,上式可以写成:

$$\boldsymbol{x}(t) = \boldsymbol{\Phi}(t-t_0)\boldsymbol{x}_0 + \int_{t_0}^{t} \boldsymbol{\Phi}(t-\tau)\boldsymbol{B}\boldsymbol{u}(\tau)d\tau \tag{2.6.43}$$

上式等号右边的第一项是系统初始状态 $\boldsymbol{x}_0$ 导致的系统输出,注意这一项与系统的输入信号无关,称为零输入响应(zero-input response)。如果系统的输入信号为零,那么这一项就是系统的全部输出信号,也就是齐次方程的解。等号右边的第二项称为卷积积分

(convolution integral),是由输入信号 $\boldsymbol{u}(t)$ 和输入矩阵 $\boldsymbol{B}$ 共同决定的系统响应,与系统初始状态无关;这一部分响应信号称为零状态响应(zero-state response)。注意从微分方程解的形式上所分成的两部分来看,并不是直接对应系统的自然响应与强迫响应两部分。

系统的自然响应基于系统初始条件和强迫响应的初始值(及其导数)而定。自然响应信号的幅值,是初始输出信号和输入信号的函数。在方程(2.6.43)中,零输入响应与输入信号及其导数值无关,仅仅依赖于系统状态向量的初始状况。零状态响应中不仅含有强迫响应解的成分,还含有自然响应的成分。而自然响应中也含有零输入响应和零状态响应。

方法二 拉普拉斯变换法。

参见式(2.6.3),对系统状态方程作拉普拉斯变换可得:

$$\boldsymbol{X}(s) == \frac{\operatorname{adj}(s\boldsymbol{I}-\boldsymbol{A})}{\det(s\boldsymbol{I}-\boldsymbol{A})}[\boldsymbol{x}_0+\boldsymbol{BU}(s)] \tag{2.6.44}$$

等式右边第一项,就是系统零输入响应 $\boldsymbol{\Phi}(t)\boldsymbol{x}_0$ 的拉普拉斯变换。所以对于非强迫响应系统而言,有:

$$L[\boldsymbol{x}(t)] = L[\boldsymbol{\Phi}(t-t_0)\boldsymbol{x}_0] = (s\boldsymbol{I}-\boldsymbol{A})^{-1}\boldsymbol{x}_0 \tag{2.6.45}$$

可知,$(s\boldsymbol{I}-\boldsymbol{A})^{-1}$ 是系统状态转换矩阵 $\boldsymbol{\Phi}(t)$ 的拉普拉斯变换。我们已经证明了 $(s\boldsymbol{I}-\boldsymbol{A})^{-1}$ 的各元素的分母是一个关于 s 的多项式(从 $\det(s\boldsymbol{I}-\boldsymbol{A})=0$ 中求得),这个多项式的根就是系统极点。可以写出 $\boldsymbol{\Phi}(t-t_0)$ 为

$$\boldsymbol{\Phi}(t-t_0) = L^{-1}[(s\boldsymbol{I}-\boldsymbol{A})^{-1}] = L^{-1}\left[\frac{\operatorname{adj}(s\boldsymbol{I}-\boldsymbol{A})}{\det(s\boldsymbol{I}-\boldsymbol{A})}\right] \tag{2.6.46}$$

显然,矩阵 $(s\boldsymbol{I}-\boldsymbol{A})^{-1}$ 中各元素均为代数多项式分式。根据逆拉普拉斯变换的性质可知,代数多项式分式函数的逆拉普拉斯变换呈现出指数时间函数形式,指数参数对应多项式的极点;所以 $\boldsymbol{\Phi}(t-t_0)$ 中的各元素,是由系统极点所对应的指数时间函数组成。

【例题 2.6.2】系统的状态方程和状态向量初值如下,系统输入 $\boldsymbol{u}(t)$ 为单位阶跃信号。写出系统状态转移矩阵并解出 $\boldsymbol{x}(t)$。

$$\dot{\boldsymbol{x}} = \begin{bmatrix} 0 & 1 \\ -4 & -5 \end{bmatrix}\boldsymbol{x} + \begin{bmatrix} 0 \\ 1 \end{bmatrix}\boldsymbol{u}(t) \tag{2.6.47}$$

$$\boldsymbol{x}_0 = \boldsymbol{x}(0) = \begin{bmatrix} 1 \\ 0 \end{bmatrix} \tag{2.6.48}$$

$$\boldsymbol{y} = [1 \quad 1 \quad 0]\boldsymbol{x} \tag{2.6.49}$$

【解答】在时域中求解微分方程,因为系统状态方程(微分方程)的形式为

$$\dot{\boldsymbol{x}}(t) = \boldsymbol{Ax}(t) + \boldsymbol{Bu}(t) \tag{2.6.50}$$

系统状态矩阵为

$$\boldsymbol{A} = \begin{bmatrix} 0 & 1 \\ -4 & -5 \end{bmatrix} \qquad \boldsymbol{B} = \begin{bmatrix} 0 \\ 1 \end{bmatrix} \tag{2.6.51}$$

令 $\det(s\boldsymbol{I}-\boldsymbol{A}) = s^2+5s+4=0$,求出系统特征值(极点)为 $s_1=-1, s_2=-4$。因为系统状态转移矩阵各元素,是系统各极点(特征值)对应的指数函数形式。利用待定系数法求解,先写出系统的状态转换矩阵 $\boldsymbol{\Phi}(t)$ 的形式如下:

$$\boldsymbol{\Phi}(t)=\begin{bmatrix}K_1\mathrm{e}^{-t}+K_2\mathrm{e}^{-4t} & K_3\mathrm{e}^{-t}+K_4\mathrm{e}^{-4t}\\ K_5\mathrm{e}^{-t}+K_6\mathrm{e}^{-4t} & K_7\mathrm{e}^{-t}+K_8\mathrm{e}^{-4t}\end{bmatrix} \tag{2.6.52}$$

求解 $K_1\sim K_8$ 的值，根据状态转移矩阵的性质 $\boldsymbol{\Phi}(0)=\boldsymbol{I}$，可得：

$$K_1+K_2=1$$
$$K_3+K_4=0$$
$$K_5+K_6=0$$
$$K_7+K_8=1$$

再根据关系式 $\dot{\boldsymbol{\Phi}}(0)=\boldsymbol{A}$，可得：

$$-K_1-4K_2=0$$
$$-K_3-4K_4=1$$
$$-K_5-4K_6=-4$$
$$-K_7-4K_8=-5$$

求出 $K_1=4/3, K_2=-1/3, K_3=1/3, K_4=-1/3, K_5=-4/3, K_6=4/3, K_7=-1/3, K_8=4/3$。写出：

$$\boldsymbol{\Phi}(t)=\begin{bmatrix}\frac{4}{3}\mathrm{e}^{-t}-\frac{1}{3}\mathrm{e}^{-4t} & \frac{1}{3}\mathrm{e}^{-t}-\frac{1}{3}\mathrm{e}^{-4t}\\ -\frac{4}{3}\mathrm{e}^{-t}+\frac{4}{3}\mathrm{e}^{-4t} & -\frac{1}{3}\mathrm{e}^{-t}+\frac{4}{3}\mathrm{e}^{-4t}\end{bmatrix} \tag{2.6.53}$$

$$\boldsymbol{\Phi}(t-\tau)\boldsymbol{B}=\begin{bmatrix}\frac{1}{3}\mathrm{e}^{-(t-\tau)}-\frac{1}{3}\mathrm{e}^{-4(t-\tau)}\\ -\frac{1}{3}\mathrm{e}^{-(t-\tau)}+\frac{4}{3}\mathrm{e}^{-4(t-\tau)}\end{bmatrix} \tag{2.6.54}$$

则有：

$$\boldsymbol{\Phi}(t)\boldsymbol{x}(0)=\begin{bmatrix}\frac{4}{3}\mathrm{e}^{-t}-\frac{1}{3}\mathrm{e}^{-4t}\\ -\frac{4}{3}\mathrm{e}^{-t}+\frac{4}{3}\mathrm{e}^{-4t}\end{bmatrix} \tag{2.6.55}$$

$$\begin{aligned}\int_0^t\boldsymbol{\Phi}(t-\tau)\boldsymbol{B}u(\tau)\mathrm{d}\tau &=\begin{bmatrix}\frac{1}{3}\mathrm{e}^{-t}\int_0^t\mathrm{e}^{\tau}\mathrm{d}\tau-\frac{1}{3}\mathrm{e}^{-4t}\int_0^t\mathrm{e}^{4\tau}\mathrm{d}\tau\\ -\frac{1}{3}\mathrm{e}^{-t}\int_0^t\mathrm{e}^{\tau}\mathrm{d}\tau+\frac{4}{3}\mathrm{e}^{-4t}\int_0^t\mathrm{e}^{4\tau}\mathrm{d}\tau\end{bmatrix}\\ &=\begin{bmatrix}\frac{1}{4}-\frac{1}{3}\mathrm{e}^{-t}+\frac{1}{12}\mathrm{e}^{-4t}\\ \frac{1}{3}\mathrm{e}^{-t}-\frac{1}{3}\mathrm{e}^{-4t}\end{bmatrix}\end{aligned} \tag{2.6.56}$$

注意上式是系统的零状态响应表达，其中不仅含有强迫响应项 1/4（对阶跃输入信号的响应），还有 $K\mathrm{e}^{-t}$ 和 $K'\mathrm{e}^{-4t}$ 这类自然响应的成分，但其系数 K 和 K' 与系统初始状态无关。最终得到系统状态方程的解为

$$\boldsymbol{x}(t)=\boldsymbol{\Phi}(t)\boldsymbol{x}_0+\int_0^t\boldsymbol{\Phi}(t-\tau)\boldsymbol{B}u(\tau)\mathrm{d}\tau=\begin{bmatrix}\frac{1}{4}-\mathrm{e}^{-t}-\frac{1}{4}\mathrm{e}^{-4t}\\ -\mathrm{e}^{-t}-\mathrm{e}^{-4t}\end{bmatrix} \tag{2.6.57}$$

【例题 2.6.3】 对上例描述的系统，采用拉普拉斯变换求出系统状态转移矩阵。

【解答】 前已证明，$\boldsymbol{\Phi}(t)$就是$(s\boldsymbol{I}-\boldsymbol{A})^{-1}$的逆拉普拉斯变换。写出$s\boldsymbol{I}-\boldsymbol{A}$并求出其逆矩阵即可。

$$s\boldsymbol{I}-\boldsymbol{A}=\begin{bmatrix} s & -1 \\ 4 & s+5 \end{bmatrix} \tag{2.6.58}$$

$$(s\boldsymbol{I}-\boldsymbol{A})^{-1}=\begin{bmatrix} \dfrac{s+5}{s^2+5s+4} & \dfrac{1}{s^2+5s+4} \\ \dfrac{-4}{s^2+5s+4} & \dfrac{s}{s^2+5s+4} \end{bmatrix} \tag{2.6.59}$$

将矩阵中各项写成部分分式展开，可得：

$$(s\boldsymbol{I}-\boldsymbol{A})^{-1}=\begin{bmatrix} \dfrac{4/3}{s+1}+\dfrac{-1/3}{s+4} & \dfrac{1/3}{s+1}+\dfrac{-1/3}{s+4} \\ \dfrac{-4/3}{s+1}+\dfrac{4/3}{s+4} & \dfrac{-1/3}{s+1}+\dfrac{4/3}{s+4} \end{bmatrix} \tag{2.6.60}$$

再对各项做逆拉普拉斯变换，可得：

$$\boldsymbol{\Phi}(t)=\begin{bmatrix} \dfrac{4}{3}e^{-t}-\dfrac{1}{3}e^{-4t} & \dfrac{1}{3}e^{-t}-\dfrac{1}{3}e^{-4t} \\ -\dfrac{4}{3}e^{-t}+\dfrac{4}{3}e^{-4t} & -\dfrac{1}{3}e^{-t}+\dfrac{4}{3}e^{-4t} \end{bmatrix} \tag{2.6.61}$$

这个计算结果与上例待定系数法得到的结果一样。

【例题 2.6.4】 对上例描述的系统，采用对角线标准型矩阵法求出系统状态转移矩阵。

【解答】 此题的状态转移矩阵$\boldsymbol{\Phi}(t)=e^{\boldsymbol{A}t}$。求解$e^{\boldsymbol{A}t}$，先写出矩阵$\boldsymbol{A}$的特征方程：

$$|\lambda\boldsymbol{I}-\boldsymbol{A}|=\begin{vmatrix} \lambda & -1 \\ 4 & \lambda+5 \end{vmatrix}=\lambda^2+5\lambda+4=0 \tag{2.6.62}$$

解出两个互异的特征值$\lambda_1=-1,\lambda_2=-4$；据此可求出对角线标准型矩阵$\widetilde{\boldsymbol{A}}$以及变换矩阵$\boldsymbol{P}$和$\boldsymbol{P}^{-1}$分别为

$$\widetilde{\boldsymbol{A}}=\begin{bmatrix} -1 & 0 \\ 0 & -4 \end{bmatrix} \quad \boldsymbol{P}=\begin{bmatrix} 1 & 1 \\ -1 & -4 \end{bmatrix} \quad \boldsymbol{P}^{-1}=\begin{bmatrix} 4/3 & 1/3 \\ -1/3 & -1/3 \end{bmatrix} \tag{2.6.63}$$

可求得：

$$e^{\widetilde{\boldsymbol{A}}t}=\begin{bmatrix} e^{-t} & 0 \\ 0 & e^{-4t} \end{bmatrix} \tag{2.6.64}$$

$$\begin{aligned} e^{\boldsymbol{A}t}=\boldsymbol{P}e^{\widetilde{\boldsymbol{A}}t}\boldsymbol{P}^{-1}&=\begin{bmatrix} 1 & 1 \\ -1 & -4 \end{bmatrix}\begin{bmatrix} e^{-t} & 0 \\ 0 & e^{-4t} \end{bmatrix}\begin{bmatrix} 4/3 & 1/3 \\ -1/3 & -1/3 \end{bmatrix} \\ &=\begin{bmatrix} \dfrac{4}{3}e^{-t}-\dfrac{1}{3}e^{-4t} & \dfrac{1}{3}e^{-t}-\dfrac{1}{3}e^{-4t} \\ -\dfrac{4}{3}e^{-t}+\dfrac{4}{3}e^{-4t} & -\dfrac{1}{3}e^{-t}+\dfrac{4}{3}e^{-4t} \end{bmatrix} \end{aligned} \tag{2.6.65}$$

这个计算结果与前两例的计算结果一样。

需要说明，这里的例题都是设计出来的题目，在实际分析设计复杂的控制系统时，都是

采用计算机软件，如 Matlab，Python，LabView 等来解算。

练习题

1. 如图题1所示电网络，$R_1 = 2\ \Omega$，$R_2 = 3\ \Omega$，$C = 3$ F，$L = 2$ H，电压源作为系统的输入，回路中含有受控电流源，电阻 R_2 的电流 $i_{R_2}(t)$ 为系统输出，建立系统状态方程和输出方程。

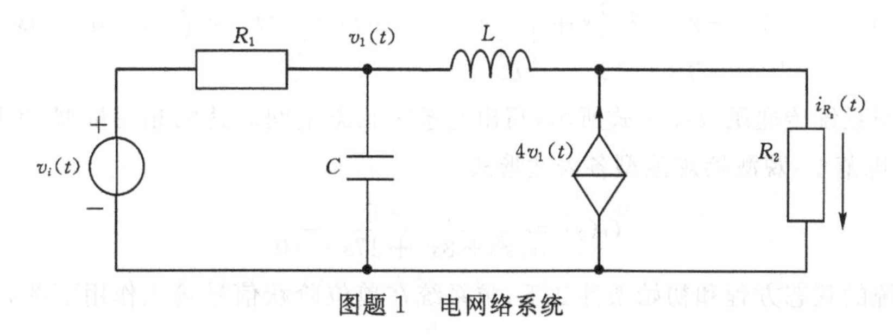

图题1 电网络系统

2. 如图题2所示机械平动系统，质量块 $M_1 = 1$ kg，$M_2 = 2$ kg，$M_3 = 4$ kg，弹簧 $K_{01} = 1$ N/m，$K_{23} = 3$ N/m，阻尼器 $D_{12} = 1$ N·s/m，$D_{30} = 2$ N·s/m；输入 $f(t)$ 力，质量块位移分别是 $x_1(t)$，$x_2(t)$ 和 $x_3(t)$。运动过程中忽略质量块与底面的摩擦，建立此系统的状态空间表达。

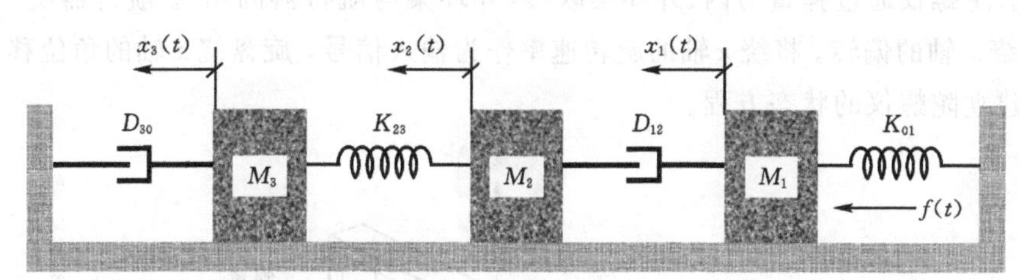

图题2 机械平动系统

3. 将下列传递函数表达的系统转换为状态空间表达。

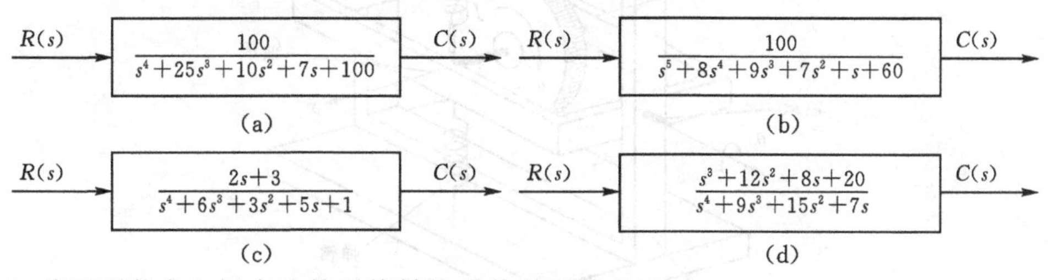

4. 将下列状态空间表达的系统转换为传递函数表达。

(a) $\dot{\boldsymbol{x}} = \begin{bmatrix} 0 & 1 & 0 \\ 0 & 0 & 1 \\ -6 & -11 & -6 \end{bmatrix} \boldsymbol{x} + \begin{bmatrix} 0 \\ 0 \\ 1 \end{bmatrix} r \qquad y(t) = c(t) = [0 \quad 1 \quad 0] \boldsymbol{x}$

(b) $\dot{\boldsymbol{x}}=\begin{bmatrix}-4 & -1\\ 3 & -1\end{bmatrix}\boldsymbol{x}+\begin{bmatrix}1\\5\end{bmatrix}\boldsymbol{u}\qquad \boldsymbol{y}=\begin{bmatrix}2 & 6\end{bmatrix}\boldsymbol{x}$

(c) $\dot{\boldsymbol{x}}=\begin{bmatrix}3 & -4 & 2\\ 1 & -7 & 6\\ -5 & -4 & 2\end{bmatrix}\boldsymbol{x}+\begin{bmatrix}6\\-2\\3\end{bmatrix}r\qquad y(t)=c(t)=\begin{bmatrix}1 & -5 & 3\end{bmatrix}\boldsymbol{x}$

5. 系统的状态空间表达如下式，画出系统的信号流图。

$$\dot{\boldsymbol{x}}=\begin{bmatrix}2 & -5 & 3\\ -6 & -2 & 2\\ 1 & -3 & -4\end{bmatrix}\boldsymbol{x}+\begin{bmatrix}2\\5\\7\end{bmatrix}r\qquad y(t)=c(t)=\begin{bmatrix}-5 & 6 & 9\end{bmatrix}\boldsymbol{x}$$

6. 控制系统传递函数如下式所示，写出此系统状态空间表达的相变量型，串联型，并联型，控制器规范型，观测器规范型各表达形式。

$$G(s)=\frac{s+5}{s^3+8s^2+17s+10}$$

7. 系统的状态方程和初始条件如下，求系统在单位阶跃信号输入作用下的状态方程的解 $\boldsymbol{x}(t)$。

$$\dot{\boldsymbol{x}}=\begin{bmatrix}0 & 1\\ -2 & -3\end{bmatrix}\boldsymbol{x}+\begin{bmatrix}0\\1\end{bmatrix}\boldsymbol{u}(t)\qquad \boldsymbol{x}_0=\boldsymbol{x}(0)=\begin{bmatrix}1\\0\end{bmatrix}\qquad \boldsymbol{y}=\begin{bmatrix}1 & 1 & 0\end{bmatrix}\boldsymbol{x}$$

【综合训练题】陀螺仪是航空器航海器中不可或缺的装置。如下图所示为机械式陀螺仪的原理图。陀螺仪通过弹簧与内、外环架联接(外环架与航行器固结)。航行器绕 z 轴旋转，引致旋盘绕 x 轴的偏转。将绕 z 轴的旋转速率作为输入信号，旋盘绕 x 轴的角位移是输出信号。分析建立陀螺仪的状态方程。

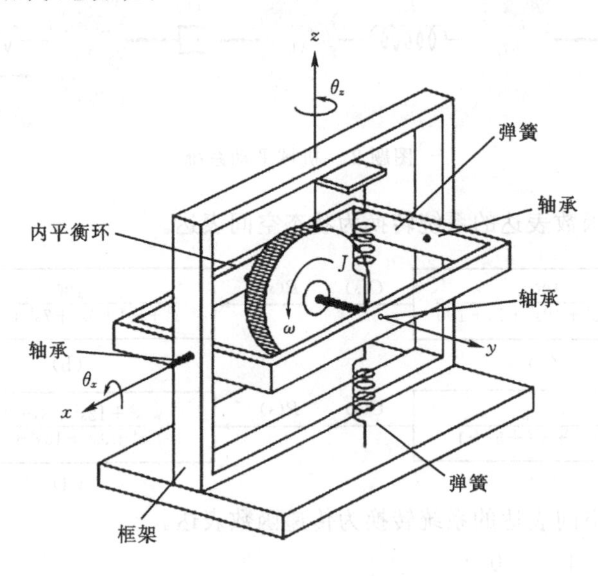

提示：系统的运动平衡方程为

$$J_x\frac{\mathrm{d}^2\theta_x}{\mathrm{d}t^2}+D_x\frac{\mathrm{d}\theta_x}{\mathrm{d}t}+D_x\theta_x=J\omega\frac{\mathrm{d}\theta_z}{\mathrm{d}t}$$

控制系统性能分析

第 3 章

3.1　李雅普诺夫稳定性分析

在建立了控制系统的数学模型后，就可以对系统进行性能分析。一般从三个方面来考察控制系统的性能好坏："稳""准""优"。这里的"稳"指的是系统稳定性。一个控制系统要能够正常工作，首先要保证是一个稳定的系统。当系统受到外界干扰后，平衡状态被破坏，如果将这个干扰去除，系统经过一段时间后能够重新回到平衡状态正常工作，我们就说这是一个稳定的系统。

表征控制系统的稳定性有两种形式：外部稳定性和内部稳定性。外部稳定性是指系统在零初始条件下，通过其外部状态，即系统输入输出的关系所定义的稳定性。在零初始状态下，系统的有界输入所导致的输出也是有界的，则称系统是外部稳定的，又称有界输入有界输出稳定(bounded-input-bounded-output，BIBO)。外部稳定性只适用于线性系统。内部稳定性是系统在零输入条件下，根据其内部状态变化所定义的稳定性，即系统状态稳定性。内部稳定性不仅适用于线性系统，也适用于非线性系统。系统内部稳定性要比外部稳定性严格，系统的内部稳定性与外部稳定性在一定条件下是等价的。

需要强调的是，尽管在定义系统稳定性时用到了外部干扰、输入信号、输出信号等，但稳定性是系统本身的一种特性。一个控制系统是否稳定只与系统本身的结构和参数有关，而与输入输出信号无关。

3.1.1　相关术语与定义

1892 年，俄国数学家李雅普诺夫(Lyapunov) 给出了动力学系统稳定性的严格数学定义，建立了内部稳定性的概念并提出了两种判断系统稳定性的方法，称为李雅普诺夫第一法和第二法。我们先给出李雅普诺夫稳定性理论相关的术语和定义。

设系统的状态方程为

$$\dot{\boldsymbol{x}} = \boldsymbol{f}(\boldsymbol{x},t) \tag{3.1.1}$$

式中，$\boldsymbol{x}$ 表示 n 维状态向量，$\boldsymbol{x} = (x_1, x_2, \cdots, x_n)^{\mathrm{T}}$。$\boldsymbol{f}(\boldsymbol{x},t)$ 也是 n 维向量，是 $\boldsymbol{x}$ 各元素 $x_1, x_2, \cdots, x_n$ 和时间 t 的函数。设在给定的初始条件下方程(3.1.1) 有唯一解：

$$\boldsymbol{x} = \boldsymbol{\psi}(\boldsymbol{x}_0, t_0, t) \tag{3.1.2}$$

式中 $\boldsymbol{x}_0 = \boldsymbol{x}(t_0)$，表示系统的初始状态(初始条件)。

如果对(3.1.1)所描述的系统，存在一个 $\boldsymbol{x}_e$，对所有的时间 t 满足：

$$f(\boldsymbol{x}_e,t)=\boldsymbol{0} \tag{3.1.3}$$

则称 $\boldsymbol{x}_e$ 是系统的“平衡状态”。

如果式(3.1.1)可以写成矩阵向量式 $\dot{\boldsymbol{x}}=\boldsymbol{A}\boldsymbol{x}$。当 $\boldsymbol{A}$ 为非奇异矩阵时(对应线性时不变系统)，系统只存在一个平衡状态。当 $\boldsymbol{A}$ 为奇异矩阵时，系统有无穷多个平衡状态。

非线性系统可以有一个或多个平衡状态，这些状态都对应于系统的 $\boldsymbol{x}_e$ 定值解。注意：确定系统的平衡状态的不是解系统的状态方程 —— 微分方程(3.1.1)，而是计算满足方程 $f(\boldsymbol{x},t)=\boldsymbol{0}$ 的定值解 $\boldsymbol{x}_e$。

【例题 3.1.1】 非线性系统的状态方程为

$$\begin{cases}\dot{x}_1(t)=-x_1(t)\\ \dot{x}_2(t)=x_1(t)+x_2(t)-[x_2(t)]^3\end{cases} \tag{3.1.4}$$

系统状态向量 $\boldsymbol{x}=[x_1(t),x_2(t)]^{\mathrm{T}}$，求解系统的平衡状态。

【解答】 根据式(3.1.1) ~ 式(3.1.3)定义，令方程组(3.1.4)等号右边为零，可得：

$$\begin{cases}-x_1(t)=0\\ x_1(t)+x_2(t)-[x_2(t)]^3=0\end{cases} \tag{3.1.5}$$

求解以上方程组，可得到系统的 3 个平衡状态为

$$\boldsymbol{x}_{e1}=(0,0)^{\mathrm{T}};\quad \boldsymbol{x}_{e2}=(0,-1)^{\mathrm{T}};\quad \boldsymbol{x}_{e3}=(0,1)^{\mathrm{T}} \tag{3.1.6}$$

对系统任意一个被隔离的平衡状态(即相互孤立平衡状态)，总可以通过坐标变换，将其移到坐标原点处，即 $f(\boldsymbol{x}_e,t)=0$ 处，因此随后的讨论都是针对系统这种状态的稳定性分析。

根据系统的自然响应是否有界，李雅普诺夫将系统的稳定性分为四种情况。

1. 稳定性与一致稳定性

设 $\boldsymbol{x}_e$ 为控制系统的一个被隔离平衡状态，如果对任意正实数 $\varepsilon>0$ 或球域 $S(\varepsilon)$，都存在另一个正实数 $\delta>0$ 或球域 $S(\delta)$，当系统初始状态 $\boldsymbol{x}_0$ 满足 $\|\boldsymbol{x}_0-\boldsymbol{x}_e\|\leqslant\delta$ 时，从球域 $S(\delta)$ 出发的系统状态 $\boldsymbol{x}$，随着时间 t 的推移，其状态改变的轨迹总满足 $\|\boldsymbol{x}-\boldsymbol{x}_e\|\leqslant\varepsilon$，则称系统的平衡状态 $\boldsymbol{x}_e$ 在李雅普诺夫意义下是稳定的。进而，如果 δ 与初始时刻 t_0 无关，那么平衡状态就是一致稳定的。

这里 $\|\boldsymbol{x}-\boldsymbol{x}_e\|$ 是欧几里得(Euclid)范数，也称为距离范数，写为 L2 范数，定义为

$$\|\boldsymbol{x}-\boldsymbol{x}_e\|=\sqrt{[x_1(t)-x_{1e}]^2+[x_2(t)-x_{1e}]^2+\cdots+[x_2(t)-x_{1e}]^2} \tag{3.1.7}$$

所以 $\|\boldsymbol{x}_0-\boldsymbol{x}_e\|\leqslant\delta$ 表示系统的初始状态与平衡状态 $\boldsymbol{x}_e$ 的距离，都在以 $\boldsymbol{x}_e$ 为球心，以 δ 为半径的球域 $S(\delta)$ 中；而 $\|\boldsymbol{x}-\boldsymbol{x}_e\|\leqslant\varepsilon$，表示系统在任意时刻的状态与平衡状态 $\boldsymbol{x}_e$ 的距离，都在以 $\boldsymbol{x}_e$ 为球心，以 ε 为半径的球域 $S(\varepsilon)$ 中。

李雅普诺夫意义下的稳定，就是说选定一个球域 $S(\varepsilon)$，对应这个 $S(\varepsilon)$ 必然存在一个球域 $S(\delta)$，随着时间的推移，在 $S(\delta)$ 内出发的状态总在 $S(\varepsilon)$ 内。

李雅普诺夫稳定性是针对系统平衡状态而言的，反映的是平衡状态邻域的局部稳定性。李雅普诺夫意义下的稳定系统，其自然响应是有界的。如果系统做等幅振荡，只要振幅不超过 $S(\varepsilon)$，那么在李雅普诺夫意义下就是稳定系统。注意在经典控制理论中，等幅振荡被视为

不稳定系统。

2. 渐近稳定与一致渐近稳定

设控制系统的被隔离平衡状态 $\boldsymbol{x}_e$ 在李雅普诺夫意义下是稳定的，且当 $t \to \infty$ 时有 $\lim\limits_{t\to\infty}\|\boldsymbol{x}-\boldsymbol{x}_e\|=0$，则称 $\boldsymbol{x}_e$ 为渐近稳定的。即从球域 $S(\delta)$ 出发的系统状态 $\boldsymbol{x}$，随着时间 t 的推移，状态变化的轨迹最终收敛于平衡状态 $\boldsymbol{x}_e$，则称 $\boldsymbol{x}_e$ 为渐近稳定的。进而，如果 δ 与初始时刻 t_0 无关，那么平衡状态 $\boldsymbol{x}_e$ 就是一致渐近稳定的。

稳定和渐近稳定的区别是，"稳定"只要求了系统状态的轨迹变化在球域 $S(\varepsilon)$ 内即可，"渐近稳定"进一步要求了轨迹变化最终要收敛于平衡状态 $\boldsymbol{x}_e$。显然，经典控制理论中的稳定性，属于李雅普诺夫的渐近稳定性概念。从工程实用的角度来说，渐近稳定性比单纯的稳定性要重要。

注意渐近稳定只是一个局部的概念，只判断出系统具有渐近稳定性，并不能说系统就能正常运行。通常需要确定一个最大允许区域，在这个最大允许区域内的所有状态轨迹都具有渐近稳定性。

3. 大范围内渐近稳定

如果系统所有的状态都具有渐近稳定性，即 $\lim\limits_{t\to\infty}\|\boldsymbol{x}-\boldsymbol{x}_e\|=0$ 对系统整个状态空间都成立，那么平衡状态 $\boldsymbol{x}_e$ 就是大范围内渐近稳定的。

显然，系统具有大范围渐近稳定性的必要条件是整个状态空间中只有一个平衡状态 $\boldsymbol{x}_e$。反之，系统如果有两个或两个以上平衡状态，每个平衡状态都有自己的稳定区域，稳定区域就不可能是整个状态空间。

在设计控制系统时，总希望系统具有大范围渐近稳定的特性，但通常令系统满足这一条件比较困难。在实际工程应用中，确定出一个足够大的渐近稳定区域，只要干扰不会超过这个区域，也就满足要求了。

4. 不稳定

设 $\boldsymbol{x}_e$ 为控制系统的一个被隔离平衡状态，如果对任意正实数 $\varepsilon>0$ 或球域 $S(\varepsilon)$，不论正实数 $\delta>0$ 或球域 $S(\delta)$ 取得多么小，总有从球域 $S(\delta)$ 出发的系统状态 $\boldsymbol{x}$ 的轨迹超出 $S(\varepsilon)$，则称系统 $\boldsymbol{x}_e$ 是不稳定的。

3.1.2　李雅普诺夫稳定性定理

【李雅普诺夫第一法稳定性判据】线性时不变系统 $\dot{\boldsymbol{x}}=\boldsymbol{A}\boldsymbol{x}$，其平衡状态 $\boldsymbol{x}_e=0$ 是渐近稳定的充分必要条件是：系统矩阵 $\boldsymbol{A}$ 的所有特征值全为负，或是具有负实部的共轭复数。

在经典控制理论中，判断线性时不变系统是否稳定，主要是判断系统传递函数的极点位置，或是在 S 域中采用劳斯-赫尔维茨(Routh-Hurwitz)代数判据，或是画出奈奎斯特(Nyquiest)曲线采用几何判据。在前一章建立系统的状态空间描述中，我们已经证明系统传递函数的极点值等于系统矩阵 $\boldsymbol{A}$ 的特征值。而矩阵 $\boldsymbol{A}$ 的特征值可通过求解方程 $\det(s\boldsymbol{I}-\boldsymbol{A})=0$ 而得，方程的解也就是系统传递函数的极点。

李雅普诺夫第一法稳定性判据与经典控制理论中稳定性判据的思路是一致的，这是一种间接法，是根据微分方程解的表达式来判定系统的稳定性的。通常李雅普诺夫稳定性定理指的是李雅普诺夫第二法。李雅普诺夫第二法也称直接法，这种方法不需要求解微分方程，而是构造一个李雅普诺夫函数来判定系统稳定与否。构造这样的函数，需要用到数学上的二次型标量函数及其正定性等概念。

状态向量 $\boldsymbol{x}$ 的二次型标量函数 $V(\boldsymbol{x})$ 定义为

$$V(\boldsymbol{x}) = \boldsymbol{x}^{\mathrm{T}}\boldsymbol{P}\boldsymbol{x} = [x_1(t), x_2(t), \cdots, x_n(t)]\begin{bmatrix} p_{11} & p_{12} & \cdots & p_{1n} \\ p_{21} & p_{22} & \cdots & p_{2n} \\ \vdots & \vdots & & \vdots \\ p_{n1} & p_{n2} & \cdots & p_{nn} \end{bmatrix}\begin{bmatrix} x_1(t) \\ x_2(t) \\ \vdots \\ x_n(t) \end{bmatrix} \tag{3.1.8}$$

此处的矩阵 $\boldsymbol{P}$ 是实对称矩阵。对此标量函数 $V(\boldsymbol{x})$ 有如下约定：

(1) 正定性：当且仅当向量 $\boldsymbol{x} = \boldsymbol{0}$ 时，函数 $V(\boldsymbol{x}) = 0$；对于任何非零向量 $\boldsymbol{x}$，均有 $V(\boldsymbol{x}) > 0$，则 $V(\boldsymbol{x})$ 是正定的。

(2) 负定性：当且仅当向量 $\boldsymbol{x} = \boldsymbol{0}$ 时，函数 $V(\boldsymbol{x}) = 0$；对于任何非零向量 $\boldsymbol{x}$，均有 $V(\boldsymbol{x}) < 0$，则 $V(\boldsymbol{x})$ 是负定的。

(3) 半正定性：对于任何非零向量 $\boldsymbol{x}$，均有 $V(\boldsymbol{x}) \geqslant 0$，则 $V(\boldsymbol{x})$ 是半正定的。

(4) 半负定性：对于任何非零向量 $\boldsymbol{x}$，均有 $V(\boldsymbol{x}) \leqslant 0$，则 $V(\boldsymbol{x})$ 是半负定的。

(5) 不定性：无论取多小的非零向量 $\boldsymbol{x}$，$V(\boldsymbol{x})$ 的取值可正可负，则 $V(\boldsymbol{x})$ 是不定的。

显然，如果 $-V(\boldsymbol{x})$ 是正定的，则 $V(\boldsymbol{x})$ 是负定的；如果 $-V(\boldsymbol{x})$ 是半正定的，则 $V(\boldsymbol{x})$ 是半负定的。

式(3.1.8)定义的二次型标量函数 $V(\boldsymbol{x})$ 的正定性，与实对称矩阵 $\boldsymbol{P}$ 的正定性是一致的，可由赛尔维斯特(Sylvester)准则来确定：$V(\boldsymbol{x})$ 为正定的充要条件是矩阵 $\boldsymbol{P}$ 的所有主子行列式为正，即：

$$p_{11} > 0;\ \begin{vmatrix} p_{11} & p_{12} \\ p_{21} & p_{22} \end{vmatrix} > 0;\cdots;\ \begin{vmatrix} p_{11} & p_{12} & \cdots & p_{1n} \\ p_{21} & p_{22} & \cdots & p_{2n} \\ \vdots & \vdots & & \vdots \\ p_{n1} & p_{n2} & \cdots & p_{nn} \end{vmatrix} > 0 \tag{3.1.9}$$

李雅普诺夫稳定性判据是借鉴物理学能量的概念来定义的。设想一个物理系统，其总能量如果随着时间的推移持续减少，直到平衡位置为止不再变化，那么这个物理系统就是稳定的。李雅普诺夫将这个"能量稳定"的概念推广为如果控制系统有一个渐近稳定的平衡状态，那么当系统状态进入平衡状态的邻域时，系统的能量会随着时间的推移而逐步衰减，直至平衡状态处达到极小值。所以在运用李雅普诺夫稳定性判据时，先要构造一个"能量函数"，如果这个函数随时间的变化率为负数，即系统的"能量"是随时间的推移衰减的，那么系统就是稳定的。这个正定的"能量函数"就称为"李雅普诺夫函数"(以下简称"李氏函数")。

李雅普诺夫稳定性判据由三个定理组成，描述了系统渐近稳定、大范围渐近稳定和不稳定的判定方法。

【定理 3.1】设控制系统的状态方程为 $\dot{\boldsymbol{x}} = \boldsymbol{f}(\boldsymbol{x}, t)$，平衡状态 $\boldsymbol{x}_e = \boldsymbol{0}$，如果标量函数 $V(\boldsymbol{x})$ 及其一阶偏导数 $\dot{V}(\boldsymbol{x})$ 存在，且满足以下两个条件：(1)$V(\boldsymbol{x})$ 是正定的；(2)$\dot{V}(\boldsymbol{x})$ 是负定的。

则系统在状态空间原点处的平衡状态是渐近稳定的。进而，如果随着 $\|\boldsymbol{x}\| \to \infty$，$V(\boldsymbol{x}) \to \infty$，那么原点处的平衡状态是大范围渐近稳定的。

这是李雅普诺夫基本稳定性定理，定理中的标量函数 $V(\boldsymbol{x})$ 就是系统的一个李氏函数。显然，如何找到或构造一个合适的李氏函数是能否成功运用李雅普诺夫定理来判稳的关键。

【例题 3.1.2】 非线性系统的状态方程为

$$\begin{cases} \dot{x}_1(t) = -x_1(t)[x_1^2(t) + x_2^2(t)] + x_2(t) \\ \dot{x}_2(t) = -x_1(t) - x_2(t)[x_1^2(t) + x_2^2(t)] \end{cases} \tag{3.1.10}$$

状态空间的坐标原点 $\boldsymbol{x}_e = \boldsymbol{0}(x_1(t) = 0, x_2(t) = 0)$ 处是系统唯一的平衡状态，试确定其稳定性。

【解答】 构造状态变量的二次型标量函数为

$$V(\boldsymbol{x}) = x_1^2(t) + x_2^2(t) \tag{3.1.11}$$

函数 $V(\boldsymbol{x})$ 对时间 t 求导可得：

$$\dot{V}(\boldsymbol{x}) = 2x_1(t)\dot{x}_1(t) + 2x_2(t)\dot{x}_2(t) = -2[x_1^2(t) + x_2^2(t)]^2 \tag{3.1.12}$$

标量函数 $V(\boldsymbol{x})$ 正定，$\dot{V}(\boldsymbol{x})$ 负定。根据定理 3.1，系统的平衡状态 $\boldsymbol{x}_e = \boldsymbol{0}$ 是渐近稳定，标量函数 $V(\boldsymbol{x})$ 是系统的一个李氏函数。

又，随着 $\|\boldsymbol{x}\| \to \infty$，即 $\sqrt{x_1^2(t) + x_2^2(t)} \to \infty$，有 $V(\boldsymbol{x}) = x_1^2(t) + x_2^2(t) \to \infty$，所以原点处的平衡状态是大范围渐近稳定的。

基本稳定性定理要求 $\dot{V}(\boldsymbol{x})$ 负定，这一条件在某些系统中很难确定。如果用半负定条件来代替，就构成了李雅普诺夫定理的另外一种描述。

【定理 3.2】 设控制系统的状态方程为 $\dot{\boldsymbol{x}} = \boldsymbol{f}(\boldsymbol{x}, t)$，平衡状态 $\boldsymbol{x}_e = \boldsymbol{0}$，如果标量函数 $V(\boldsymbol{x})$ 及其一阶偏导数 $\dot{V}(\boldsymbol{x})$ 存在，且满足以下三个条件：(1)$V(\boldsymbol{x})$ 是正定的；(2)$\dot{V}(\boldsymbol{x})$ 是半负定的；(3) 对任意初始时刻 t_0 的任意状态 $\boldsymbol{x}_0 \neq \boldsymbol{0}$，在 $t \geqslant t_0$ 时，除了在 $\boldsymbol{x} = \boldsymbol{0}$ 时有 $\dot{V}(\boldsymbol{x}) = 0$ 以外，$\dot{V}(\boldsymbol{x})$ 不恒等于 0。则系统在原点处的平衡状态是稳定的。进而，如果随着 $\|\boldsymbol{x}\| \to \infty$，$V(\boldsymbol{x}) \to \infty$，那么原点处的平衡状态是大范围渐近稳定的。

定理中所说的“$\dot{V}(\boldsymbol{x})$ 不恒等于 0”，意味着 $V(\boldsymbol{x}, t)$ 的变化轨迹可能与某个特定的曲面 $V(\boldsymbol{x}) = C$(C 为常数，$C \neq 0$) 相切，但由于 $\dot{V}(\boldsymbol{x})$ 不恒等于 0，在切点处 $V(\boldsymbol{x}, t)$ 并不能保持，必然要向原点的平衡状态转移。

【例题 3.1.3】 系统的状态方程为

$$\begin{cases} \dot{x}_1(t) = x_2(t) \\ \dot{x}_2(t) = -x_1(t) - x_2(t) \end{cases} \tag{3.1.13}$$

状态空间的坐标原点 $\boldsymbol{x}_e = \boldsymbol{0}(x_1(t) = 0, x_2(t) = 0)$ 处是系统唯一的平衡状态，试确定其稳定性。

【解答】 构造状态变量二次型标量函数为

$$V(\boldsymbol{x}) = x_1^2(t) + x_2^2(t) \tag{3.1.14}$$

显然 $V(\boldsymbol{x})$ 具有正定性。求出 $V(\boldsymbol{x})$ 对时间的导函数：

$$\dot{V}(\boldsymbol{x}) = 2x_1(t)\dot{x}_1(t) + 2x_2(t)\dot{x}_2(t) = -2x_2^2(t) \tag{3.1.15}$$

$\dot{V}(\boldsymbol{x})$ 只含有状态变量 $x_1(t)$ 项，除了平衡状态 $\boldsymbol{x}_e = \boldsymbol{0}(x_1(t) = 0, x_2(t) = 0)$ 处 $\dot{V}(\boldsymbol{x}) = 0$ 以外，当 $x_1(t) \neq 0$ 而 $x_2(t) = 0$ 时，也有 $\dot{V}(\boldsymbol{x}) = 0$。所以 $\dot{V}(\boldsymbol{x}) = -2x_2^2(t) \leqslant 0$，不是仅在 $\boldsymbol{x}_e = \boldsymbol{0}$ 处取 0 值，故 $\dot{V}(\boldsymbol{x})$ 具有半负定性。再者，只要 $x_2(t) \neq 0$ 则 $\dot{V}(\boldsymbol{x}) \neq 0$，也就是说，除了在 $\boldsymbol{x} = \boldsymbol{0}$ 时有 $\dot{V}(\boldsymbol{x}) = 0$ 以外，$\dot{V}(\boldsymbol{x})$ 不恒等于 0。满足定理 3.2 的三个条件，所以系统的平衡状态 $\boldsymbol{x}_e = \boldsymbol{0}$ 是渐近稳定的。

又，随着 $\|\boldsymbol{x}\| \to \infty$，即 $\sqrt{x_1^2(t) + x_2^2(t)} \to \infty$，有 $V(\boldsymbol{x}) = x_1^2(t) + x_2^2(t) \to \infty$，所以原点处的平衡状态是大范围渐近稳定的。

注意以上两个定理中给出的条件是判定系统稳定与否的充分条件，而非必要条件。也就是说，如果构造的标量函数 $V(\boldsymbol{x})$ 不满足定理中的条件，并不能说系统不稳定。

参看【例题 3.1.3】描述的系统，如果我们选取 $V'(\boldsymbol{x}) = 2x_1^2(t) + x_2^2(t)$，$V'(\boldsymbol{x})$ 是正定的，而 $\dot{V}'(\boldsymbol{x}) = 2x_1(t)x_2(t) - 2x_2^2(t)$，$\dot{V}'(\boldsymbol{x})$ 是不定的。我们只能说这个标量函数 $V'(\boldsymbol{x})$ 不是李氏函数，不能说系统不稳定。

同样是对【例题 3.1.3】系统，如果我们选取标量函数 $V''(\boldsymbol{x}) = [x_1(t) + x_2(t)]^2 + 2x_1^2(t) + x_2^2(t)$，$V''(\boldsymbol{x})$ 是正定的；推导出 $\dot{V}''(\boldsymbol{x}) = -2[x_1^2(t) + x_2^2(t)]$ 是负定的。此时可援引定理 3.1 下结论：系统的平衡状态 $\boldsymbol{x}_e = \boldsymbol{0}$ 是渐近稳定的，而标量函数 $V''(\boldsymbol{x})$ 是系统的一个李氏函数。

所以在运用李雅普诺夫定理的过程中，关键是要找到一个合适的李氏函数 $V(\boldsymbol{x})$。

以上两个李雅普诺夫稳定性定理说明了系统平衡位置的渐近稳定和大范围渐近稳定在应用上具有普适性，既适用于线性系统和非线性系统，也适用于时变和时不变系统。

【定理 3.3】 设控制系统的状态方程为 $\dot{\boldsymbol{x}} = f(\boldsymbol{x}, t)$，平衡状态 $\boldsymbol{x}_e = \boldsymbol{0}$，如果标量函数 $V(\boldsymbol{x})$ 及其一阶偏导数 $\dot{V}(\boldsymbol{x})$ 存在，且满足以下两个条件：(1)$V(\boldsymbol{x})$ 在原点的某一个邻域内是正定的；(2)$\dot{V}(\boldsymbol{x})$ 在同样的区域内也是正定的。则系统在原点处的平衡状态是不稳定的。

【例题 3.1.4】 系统的状态方程为

$$\begin{cases} \dot{x}_1(t) = x_1(t) + x_2(t) \\ \dot{x}_2(t) = -x_1(t) + x_2(t) \end{cases} \tag{3.1.16}$$

确定其平衡状态的稳定性。

【解答】 令 $\dot{x}_1(t) = 0$ 和 $\dot{x}_2(t) = 0$，可推得状态空间的坐标原点 $\boldsymbol{x}_e = \boldsymbol{0}(x_1(t) = 0, x_2(t) = 0)$ 处是系统唯一的平衡状态。构造状态变量的二次型标量函数：

$$V(\boldsymbol{x}) = x_1^2(t) + x_2^2(t) \tag{3.1.17}$$

显然 $V(\boldsymbol{x})$ 具有正定性。求 $V(\boldsymbol{x})$ 对时间的导函数：

$$\dot{V}(\boldsymbol{x}) = 2x_1(t)\dot{x}_1(t) + 2x_2(t)\dot{x}_2(t) = 2[x_1^2(t) + x_2^2(t)] \tag{3.1.18}$$

$\dot{V}(\boldsymbol{x})$ 也是正定的。根据定理 3.3 可知，系统的平衡状态 $\boldsymbol{x}_e = \boldsymbol{0}$ 是不稳定的。

总结以上内容可知，李雅普诺夫稳定性定理具有以下特点：

(1) 需要构造一个有关状态向量的标量函数 $V(\boldsymbol{x})$，即李氏函数。根据李氏函数 $V(\boldsymbol{x})$ 和 $\dot{V}(\boldsymbol{x})$ 的正定或负定性来判断系统稳定性。

(2) 对于渐近稳定的系统，李氏函数一定存在，且不是唯一的。

(3) 李氏函数最简洁的形式是二次型标量函数 $V(\boldsymbol{x})=\boldsymbol{x}^{\mathrm{T}}\boldsymbol{P}\boldsymbol{x}$，其中 $\boldsymbol{P}$ 是实对称方阵。

(4) 李氏函数只能用于分析平衡状态邻域内的系统局部运动的稳定情况。

3.1.3 线性时不变系统李雅普诺夫稳定性分析

设线性时不变系统的状态方程为

$$\dot{\boldsymbol{x}}=\boldsymbol{A}\boldsymbol{x} \tag{3.1.19}$$

设状态矩阵 $\boldsymbol{A}$ 是非奇异矩阵，则系统唯一的平衡状态在坐标原点 $\boldsymbol{x}_e=0$ 处。构造二次型标量函数 $V(\boldsymbol{x})=\boldsymbol{x}^{\mathrm{T}}\boldsymbol{P}\boldsymbol{x}$ 为李氏函数，$\boldsymbol{P}$ 为实对称正定矩阵，则有：

$$\dot{V}(\boldsymbol{x})=\dot{\boldsymbol{x}}^{\mathrm{T}}\boldsymbol{P}\boldsymbol{x}+\boldsymbol{x}^{\mathrm{T}}\boldsymbol{P}\dot{\boldsymbol{x}}=(\boldsymbol{A}\boldsymbol{x})^{\mathrm{T}}\boldsymbol{P}\boldsymbol{x}+\boldsymbol{x}^{\mathrm{T}}\boldsymbol{P}(\boldsymbol{A}\boldsymbol{x})=\boldsymbol{x}^{\mathrm{T}}(\boldsymbol{A}^{\mathrm{T}}\boldsymbol{P}+\boldsymbol{P}\boldsymbol{A})\boldsymbol{x} \tag{3.1.20}$$

若令

$$\boldsymbol{A}^{\mathrm{T}}\boldsymbol{P}+\boldsymbol{P}\boldsymbol{A}=-\boldsymbol{Q} \tag{3.1.21}$$

则有

$$\dot{V}(\boldsymbol{x})=-\boldsymbol{x}^{\mathrm{T}}\boldsymbol{Q}\boldsymbol{x} \tag{3.1.22}$$

显然，若 $\boldsymbol{Q}$ 是正定的，则 $\dot{V}(\boldsymbol{x})$ 就是负定的。援引上节李雅普诺夫定理，可以得到以下系统稳定性判据：

【稳定性判据 3.1】 线性时不变系统 $\dot{\boldsymbol{x}}=\boldsymbol{A}\boldsymbol{x}$，其平衡状态 $\boldsymbol{x}_e=\boldsymbol{0}$ 渐近稳定的充分必要条件是：任意给定一个正定的实对称矩阵 $\boldsymbol{Q}$，存在一个正定的实对称矩阵 $\boldsymbol{P}$，满足以下条件式：

$$\boldsymbol{A}^{\mathrm{T}}\boldsymbol{P}+\boldsymbol{P}\boldsymbol{A}=-\boldsymbol{Q} \tag{3.1.23}$$

而且标量函数 $V(\boldsymbol{x})=\boldsymbol{x}^{\mathrm{T}}\boldsymbol{P}\boldsymbol{x}$ 就是此系统的李氏函数。

稳定性判据 3.1 是李雅普诺夫稳定性定理应用于线性时不变系统时的具体实施方法。注意判据中陈述的是充分必要条件。

对于(3.1.19)所定义的控制系统，引入实对称正定矩阵 $\boldsymbol{P}$ 来构造二次型标量函数 $V(\boldsymbol{x})=\boldsymbol{x}^{\mathrm{T}}\boldsymbol{P}\boldsymbol{x}$（$V(\boldsymbol{x})$ 可能为一个李氏函数）。参见式(3.1.20)～式(3.1.22)的推导，$V(\boldsymbol{x})$ 的导数 $\dot{V}(\boldsymbol{x})=-\boldsymbol{x}^{\mathrm{T}}\boldsymbol{Q}\boldsymbol{x}$。因为 $V(\boldsymbol{x})$ 是正定的，要证明系统渐近稳定，那么只要 $\dot{V}(\boldsymbol{x})$ 具负定性，也就是矩阵 $\boldsymbol{Q}$ 具有正定性即可。注意 $\boldsymbol{Q}$ 矩阵具有正定性是系统稳定的充分条件，而先期构造的 $\boldsymbol{P}$ 矩阵要具有正定性是系统稳定的必要条件。这样的话，可以反过来先指定一个正定的 $\boldsymbol{Q}$ 矩阵，然后检查由 $\boldsymbol{A}^{\mathrm{T}}\boldsymbol{P}+\boldsymbol{P}\boldsymbol{A}=-\boldsymbol{Q}$ 中所确定的 $\boldsymbol{P}$ 矩阵，看 $\boldsymbol{P}$ 矩阵是否也是正定的。这比先随意选一个正定矩阵 $\boldsymbol{P}$，然后检查 $\boldsymbol{Q}$ 矩阵是否也是正定的要方便得多。此即稳定性判据 3.1 的思路。

在应用判据 3.1 判断线性时不变系统在平衡状态的稳定性时，有以下几点说明：

(1) 在线性系统中，如果平衡状态 $\boldsymbol{x}_e=\boldsymbol{0}$ 是渐近稳定的，那么也是大范围渐近稳定的。

(2) 实对称正定矩阵 $\boldsymbol{Q}$ 的形式可以任意选定，系统判稳的结果与 $\boldsymbol{Q}$ 的形式无关。在实际应用中为了计算方便，$\boldsymbol{Q}$ 通常取为单位矩阵，即 $\boldsymbol{Q}=\boldsymbol{I}$，此时 $\boldsymbol{P}$ 的计算式为

$$\boldsymbol{A}^{\mathrm{T}}\boldsymbol{P}+\boldsymbol{P}\boldsymbol{A}=-\boldsymbol{I} \tag{3.1.24}$$

(3) 如果 $\dot{V}(\boldsymbol{x})=-\boldsymbol{x}^{\mathrm{T}}\boldsymbol{Q}\boldsymbol{x}$，除了在 $\boldsymbol{x}_e=\boldsymbol{0}$ 时有 $\dot{V}(\boldsymbol{x}_e)=\boldsymbol{0}$ 以外，$\dot{V}(\boldsymbol{x})$ 不恒等于 $\boldsymbol{0}$，那么矩阵 $\boldsymbol{Q}$ 可以取为半正定的。在实际应用中为了计算方便，$\boldsymbol{Q}$ 矩阵通常取如下形式：

$$\begin{vmatrix} 0 & 0 & \cdots & 0 \\ 0 & 0 & \cdots & 0 \\ \vdots & \vdots & & \vdots \\ 0 & 0 & \cdots & 1 \end{vmatrix} \tag{3.1.25}$$

(4) 判定矩阵的正定性，可根据赛尔维斯特准则：$V(\boldsymbol{x})$ 为正定的充要条件是矩阵 $\boldsymbol{P}$ 的所有主子行列式为正[参见公式(3.1.9)]。

【例题 3.1.5】控制系统状态方程如下：

$$\begin{bmatrix} \dot{x}_1(t) \\ \dot{x}_2(t) \end{bmatrix}=\begin{bmatrix} 0 & 5 \\ -2 & -2 \end{bmatrix}\begin{bmatrix} x_1(t) \\ x_2(t) \end{bmatrix} \tag{3.1.26}$$

采用稳定性判据 3.4 来分析其平衡状态 $\boldsymbol{x}_e=\boldsymbol{0}$ 的稳定性。

【解答 1】系统矩阵 $\boldsymbol{A}$ 非奇异，系统具有唯一的平衡状态 $\boldsymbol{x}_e=\boldsymbol{0}$。设二次型标量函数 $V(\boldsymbol{x})=\boldsymbol{x}^{\mathrm{T}}\boldsymbol{P}\boldsymbol{x}$；$\dot{V}(\boldsymbol{x})=-\boldsymbol{x}^{\mathrm{T}}\boldsymbol{Q}\boldsymbol{x}$；$\boldsymbol{P}$ 为对称矩阵。令 $\boldsymbol{Q}=\boldsymbol{I}$，则有 $\boldsymbol{A}^{\mathrm{T}}\boldsymbol{P}+\boldsymbol{P}\boldsymbol{A}=-\boldsymbol{I}$：

$$\begin{bmatrix} 0 & -2 \\ 5 & -2 \end{bmatrix}\begin{bmatrix} p_{11} & p_{12} \\ p_{21} & p_{22} \end{bmatrix}+\begin{bmatrix} p_{11} & p_{12} \\ p_{21} & p_{22} \end{bmatrix}\begin{bmatrix} 0 & 5 \\ -2 & -2 \end{bmatrix}=\begin{bmatrix} -1 & 0 \\ 0 & -1 \end{bmatrix}$$

$$\Rightarrow\begin{bmatrix} -2p_{21} & -2p_{22} \\ 5p_{11}-2p_{21} & 5p_{12}-2p_{22} \end{bmatrix}+\begin{bmatrix} -2p_{12} & 5p_{11}-2p_{12} \\ -2p_{22} & 5p_{21}-2p_{22} \end{bmatrix}=\begin{bmatrix} -1 & 0 \\ 0 & -1 \end{bmatrix} \tag{3.1.27}$$

因为 $\boldsymbol{P}$ 为对称矩阵，故 $p_{12}=p_{21}$，推出

$$\Rightarrow\begin{bmatrix} -4p_{12} & 5p_{11}-2p_{12}-2p_{22} \\ 5p_{11}-2p_{12}-2p_{22} & 10p_{12}-4p_{22} \end{bmatrix}=\begin{bmatrix} -1 & 0 \\ 0 & -1 \end{bmatrix} \tag{3.1.28}$$

左右两边的矩阵元素一一对应，可解出矩阵 $\boldsymbol{P}$ 各元素的值，写出矩阵 $\boldsymbol{P}$ 为

$$\boldsymbol{P}=\begin{bmatrix} p_{11} & p_{12} \\ p_{21} & p_{22} \end{bmatrix}=\begin{bmatrix} 9/20 & 1/4 \\ 1/4 & 7/8 \end{bmatrix} \tag{3.1.29}$$

根据赛尔维斯特准则，有：

$$p_{11}=(9/20)>0;\ \begin{vmatrix} p_{11} & p_{12} \\ p_{21} & p_{22} \end{vmatrix}=\begin{vmatrix} 9/20 & 1/4 \\ 1/4 & 7/8 \end{vmatrix}=(53/160)>0 \tag{3.1.30}$$

所以 $\boldsymbol{P}$ 是正定的。根据判据 3.4 可知，系统在平衡状态 $\boldsymbol{x}_e=0$ 处是渐近稳定的，也是大范围渐近稳定的，而且 $V(\boldsymbol{x})=\boldsymbol{x}^{\mathrm{T}}\boldsymbol{P}\boldsymbol{x}$ 是李氏函数：

$$V(\boldsymbol{x})=\boldsymbol{x}^{\mathrm{T}}\boldsymbol{P}\boldsymbol{x}=\frac{9}{20}x_1^2(t)+\frac{1}{2}x_1(t)x_2(t)+\frac{7}{8}x_2^2(t) \tag{3.1.31}$$

$V(\boldsymbol{x})$ 的取值除了在 $\boldsymbol{x}=\boldsymbol{0}$ 处为零以外，其他状态下均有 $V(\boldsymbol{x})>0$，$V(\boldsymbol{x})$ 具正定性。

【解答2】同样设置 $V(\boldsymbol{x}) = \boldsymbol{x}^{\mathrm{T}}\boldsymbol{P}\boldsymbol{x}$；$\dot{V}(\boldsymbol{x}) = -\boldsymbol{x}^{\mathrm{T}}\boldsymbol{Q}\boldsymbol{x}$；取 $\boldsymbol{Q}$ 为半正定：

$$\boldsymbol{Q} = \begin{bmatrix} 0 & 0 \\ 0 & 1 \end{bmatrix} \tag{3.1.32}$$

则有 $\boldsymbol{A}^{\mathrm{T}}\boldsymbol{P} + \boldsymbol{P}\boldsymbol{A} = -\boldsymbol{Q}$：

$$\begin{bmatrix} 0 & -2 \\ 5 & -2 \end{bmatrix}\begin{bmatrix} p_{11} & p_{12} \\ p_{21} & p_{22} \end{bmatrix} + \begin{bmatrix} p_{11} & p_{12} \\ p_{21} & p_{22} \end{bmatrix}\begin{bmatrix} 0 & 5 \\ -2 & -2 \end{bmatrix} = \begin{bmatrix} 0 & 0 \\ 0 & -1 \end{bmatrix} \tag{3.1.33}$$

解出矩阵 $\boldsymbol{P}$ 为

$$\boldsymbol{P} = \begin{bmatrix} p_{11} & p_{12} \\ p_{21} & p_{22} \end{bmatrix} = \begin{bmatrix} 1/10 & 0 \\ 0 & 1/4 \end{bmatrix} \tag{3.1.34}$$

根据赛尔维斯特准则，有：

$$p_{11} = (1/10) > 0;\ \begin{vmatrix} p_{11} & p_{12} \\ p_{21} & p_{22} \end{vmatrix} = \begin{vmatrix} 1/10 & 0 \\ 0 & 1/4 \end{vmatrix} = (1/40) > 0 \tag{3.1.35}$$

所以 $\boldsymbol{P}$ 是正定的。根据判据 3.4 可知，系统在平衡状态 $\boldsymbol{x}_e = \boldsymbol{0}$ 处是渐近稳定的，也是大范围渐近稳定的，而且 $V(\boldsymbol{x}) = \boldsymbol{x}^{\mathrm{T}}\boldsymbol{P}\boldsymbol{x}$ 也是李氏函数：

$$V(\boldsymbol{x}) = \boldsymbol{x}^{\mathrm{T}}\boldsymbol{P}\boldsymbol{x} = \frac{1}{10}x_1^2(t) + \frac{1}{4}x_2^2(t) \tag{3.1.36}$$

【例题 3.1.6】 如图 3.1.1 所示线性时不变单位反馈系统，确定使系统在平衡位置渐近稳定的增益 K 的取值范围。

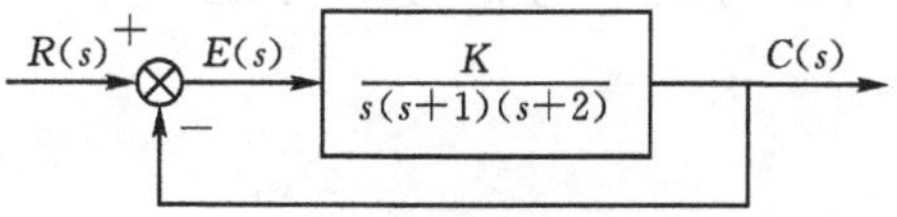

图 3.1.1　线性时不变单位反馈系统

【解答】 先将系统写成串联型状态空间表达，如图 3.1.2 所示系统串联方框图，再将其转换为图 3.1.3 所示的系统信号流图。

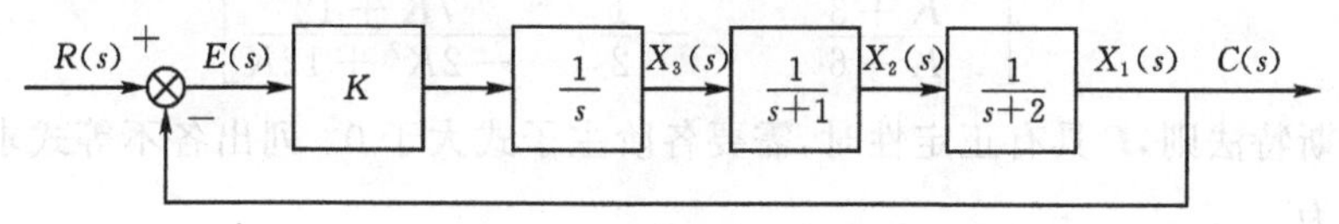

图 3.1.2　系统串联方框图

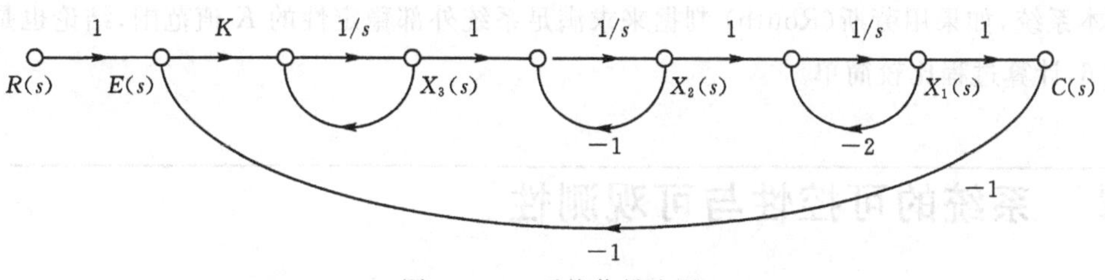

图 3.1.3　系统信号流图

据此写出系统的状态方程 $\dot{\boldsymbol{x}} = \boldsymbol{A}\boldsymbol{x} + \boldsymbol{B}u$ 为

$$\begin{bmatrix}\dot{x}_1(t)\\ \dot{x}_2(t)\\ \dot{x}_3(t)\end{bmatrix}=\begin{bmatrix}-2 & 1 & 0\\ 0 & -1 & 1\\ -K & 0 & 0\end{bmatrix}\begin{bmatrix}x_1(t)\\ x_2(t)\\ x_3(t)\end{bmatrix}+\begin{bmatrix}0\\ 0\\ K\end{bmatrix}r(t) \tag{3.1.37}$$

零输入条件下的系统状态方程：

$$\begin{bmatrix}\dot{x}_1(t)\\ \dot{x}_2(t)\\ \dot{x}_3(t)\end{bmatrix}=\begin{bmatrix}-2 & 1 & 0\\ 0 & -1 & 1\\ -K & 0 & 0\end{bmatrix}\begin{bmatrix}x_1(t)\\ x_2(t)\\ x_3(t)\end{bmatrix} \tag{3.1.38}$$

令方程中$\dot{x}_1(t)=\dot{x}_2(t)=\dot{x}_3(t)=0$，计算可得状态空间的坐标原点$\boldsymbol{x}=\boldsymbol{0}$，也就是$x_1(t)=x_2(t)=x_3(t)=0$是系统平衡状态。

设置$V(\boldsymbol{x})=\boldsymbol{x}^{\mathrm{T}}\boldsymbol{P}\boldsymbol{x}$；$\dot{V}(\boldsymbol{x})=-\boldsymbol{x}^{\mathrm{T}}\boldsymbol{Q}\boldsymbol{x}$；取$\boldsymbol{Q}$为半正定：

$$\boldsymbol{Q}=\begin{bmatrix}0 & 0 & 0\\ 0 & 0 & 0\\ 0 & 0 & 1\end{bmatrix} \tag{3.1.39}$$

则有$\boldsymbol{A}^{\mathrm{T}}\boldsymbol{P}+\boldsymbol{P}\boldsymbol{A}=-\boldsymbol{Q}$：

$$\begin{bmatrix}-2 & 0 & -K\\ 1 & -1 & 0\\ 0 & 1 & 0\end{bmatrix}\begin{bmatrix}p_{11} & p_{12} & p_{13}\\ p_{21} & p_{22} & p_{23}\\ p_{31} & p_{32} & p_{33}\end{bmatrix}+\begin{bmatrix}p_{11} & p_{12} & p_{13}\\ p_{21} & p_{22} & p_{23}\\ p_{31} & p_{32} & p_{33}\end{bmatrix}\begin{bmatrix}-2 & 1 & 0\\ 0 & -1 & 1\\ -K & 0 & 0\end{bmatrix}=\begin{bmatrix}0 & 0 & 0\\ 0 & 0 & 0\\ 0 & 0 & -1\end{bmatrix} \tag{3.1.40}$$

解出$\boldsymbol{P}$为

$$\boldsymbol{P}=\begin{bmatrix}\dfrac{-K^2-3K}{2K-12} & \dfrac{-3K}{2K-12} & \dfrac{K+3}{K-6}\\ \dfrac{-3K}{2K-12} & \dfrac{-3K}{2K-12} & -\dfrac{1}{2}\\ \dfrac{K+3}{K-6} & -\dfrac{1}{2} & \dfrac{7K+12}{-2K^2+12K}\end{bmatrix} \tag{3.1.41}$$

根据赛尔维斯特法则，$\boldsymbol{P}$具有正定性时，需要各阶主子式大于0。列出各不等式求解，可得K的取值范围为

$$0<K<6 \tag{3.1.42}$$

针对本系统，如果用劳斯(Routh)判据来求满足系统外部稳定性的K值范围，结论也是$0<K<6$，计算过程比较简单。

3.2 系统的可控性与可观测性

3.2.1 系统的状态反馈概念

在经典控制理论中，分析和设计控制系统的主要方法是传递函数法。传递函数法仅限

定于解决单输入单输出线性系统问题,而状态空间法可用于解决多输入多输出系统的问题,还可以解决某些非线性问题。

基于经典控制理论的传递函数来设计系统,是将系统的输出信号经过变换后反馈到输入点处,与输入量进行比较得到偏差信息。然后对偏差进行 PID 调节,通过向系统添加零极点来校正补偿系统性能。不管是用根轨迹法,还是频率响应法,都是根据系统要求的性能指标先确定系统的主导极点位置,然后再计算其他零极点的位置。在数学上,要想得到 n 个未知变量的信息,一般需要 n 个可调节的参数。这样在设计高阶系统时,如果已知的参数信息太少,想要计算出系统所有闭环极点的确切位置并非易事;或者无法保证设计出的闭环极点的唯一性。仅仅通过调节系统增益大小,或者选择补偿器的零极点,也无法保证有充足的系统参数可供调节,使得系统闭环极点落在某个期望的位置上。借助系统的状态空间描述,引入多个可以调节的系统参数,可望得到系统所有极点的确切位置来解决这一问题。

状态空间法的不足之处是对系统参数变化很敏感,不能获得闭环零点,而零点的位置直接影响了系统的瞬态响应指标。

闭环控制系统特征根的位置,直接决定了控制系统性能品质的好坏。设计控制系统,实际上就是要把系统特征根调整为所期望的数值。设闭环控制系统的 n 阶特征多项式方程为

$$s^n + a_{n-1}s^{n-1} + \cdots + a_1 s + a_0 = 0 \tag{3.2.1}$$

等式左边的多项式有 $a_0, a_1, \cdots, a_{n-1}$ 共计 n 个系数,决定了闭环极点的位置。如果我们能在系统中引入 n 个可调节的参数,并将这些参数与系统特征多项式关联起来,那么理论上系统的闭环极点就可以调整设置到任意一个所期望的位置处,以满足系统的性能指标要求。

设被控系统的状态空间表达方程式为

$$\begin{cases} \dot{\boldsymbol{x}} = \boldsymbol{A}\boldsymbol{x} + \boldsymbol{B}u \\ y = \boldsymbol{C}\boldsymbol{x} \end{cases} \tag{3.2.2}$$

可将状态方程表达为图 3.2.1 的信号等效方框图,注意图中的信号有些是向量有些是标量。

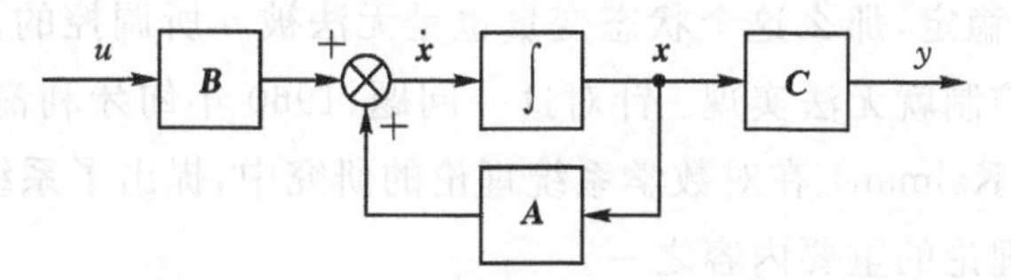

图 3.2.1 系统状态空间表达

我们对这一系统结构进行改造,把所有的状态变量都反馈到求和点处。给每个状态变量设置一个增益值 k_i,通过调整 k_i 的取值就可以决定闭环系统的极点取值了。如图 3.2.2 所示,图中反馈向量 $-\boldsymbol{K}$ 代表了所有的 k_i。

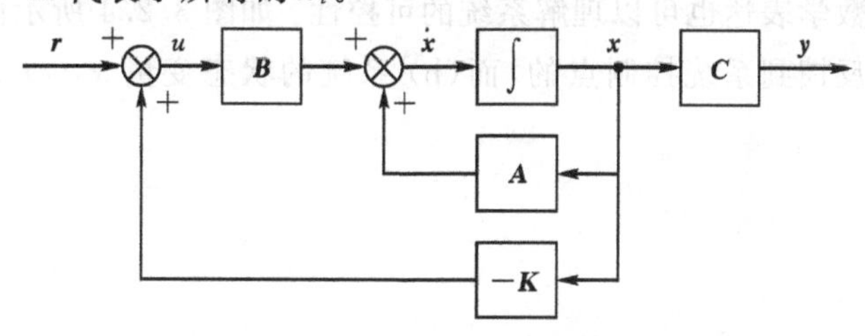

图 3.2.2 系统状态变量反馈状态空间表达

写出图 3.2.2 所示闭环系统的状态方程为

$$\begin{cases}\dot{\boldsymbol{x}} = \boldsymbol{Ax} + \boldsymbol{Bu} = \boldsymbol{Ax} + \boldsymbol{B}(-\boldsymbol{Kx} + \boldsymbol{r}) = (\boldsymbol{A} - \boldsymbol{BK})\boldsymbol{x} + \boldsymbol{Br} & (3.2.3a)\\ \boldsymbol{y} = \boldsymbol{Cx} & (3.2.3b)\end{cases}$$

用信号流图来表达这一具体实现方案更为清晰。如图 3.2.3 所示，(a) 图是相变量型表达的系统信号流图，(b) 图是系统中的每个状态变量经增益 k_i 变换后，再反馈到系统输入信号 u 的情形。

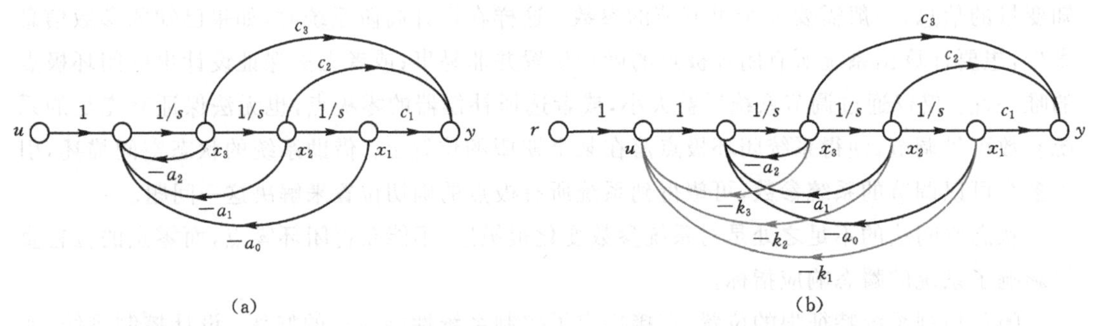

图 3.2.3　信号流图

在设计系统的控制器过程中，一般将状态方程写成相变量型或控制器规范型（参见 2.5 节）。因为相变量型和控制器规范型的系统矩阵中，系统特征多项式系数分别呈现在矩阵底行和顶行，易于对状态反馈增益的评估。

3.2.2　系统的可控性

通过状态变量反馈来调整闭环极点的位置，我们默认的是系统调控（输入）信号 u 可以调控系统每一个状态变量 x_i 的行为。若某个状态变量信号不能反馈到系统输入点，无法被 u 所控制；或者某个状态变量因为非零初始状态引发一个不稳定的响应，也无法找到有效的状态反馈设计方案使其稳定，那么这个状态变量也是无法被 u 所调控的。这些情况下，对某些系统而言，状态反馈控制就无法实现。针对这一问题，1960 年匈牙利裔美国数学家鲁道夫·卡尔曼（Rudolf Emil Kalman）在对数学系统理论的研究中，提出了系统可控性、可观测性的概念，成为现代控制理论的重要内容之一。

系统的可控性定义：如果系统的输入信号能使系统的每个状态变量从给定的初始状态抵达期望的终值状态，则系统就是可控的（controllable）；否则系统就是不可控的。通过状态反馈来调整系统极点位置，这种设计方法只有系统具有可控性才能实施。所以在校正补偿系统之前，先要确定系统是否可控。

从状态方程的数学表达也可以理解系统的可控性。如图 3.2.4 所示两个系统，(a) 系统的所有状态都可以反馈到系统控制点的，而 (b) 系统的状态变量 $x_2(t)$ 无法用于控制信号 $u(t)$ 的调节。

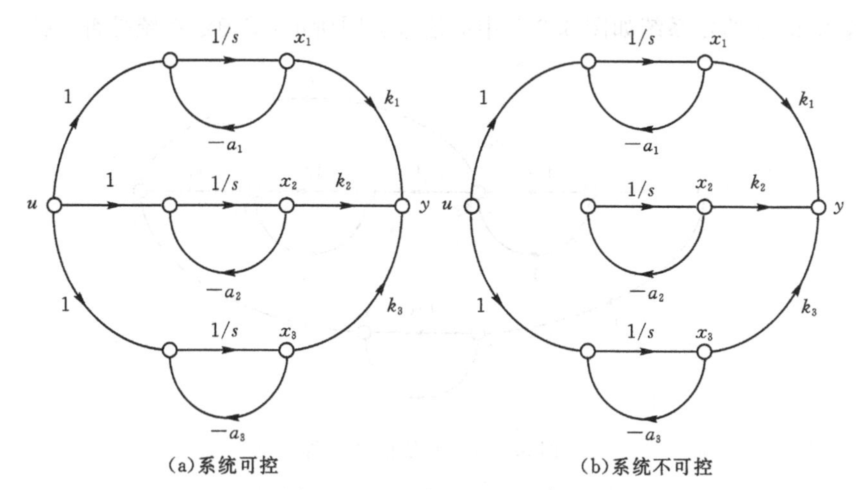

图 3.2.4 系统可控性示意图

如果将系统矩阵写成并联型的对角线矩阵，则系统是否可控一目了然。图(a) 所示系统的状态空间表达为

$$\begin{bmatrix}\dot{x}_1(t)\\ \dot{x}_2(t)\\ \dot{x}_3(t)\end{bmatrix}=\begin{bmatrix}-a_1 & 0 & 0\\ 0 & -a_2 & 0\\ 0 & 0 & -a_3\end{bmatrix}\begin{bmatrix}x_1(t)\\ x_2(t)\\ x_3(t)\end{bmatrix}+\begin{bmatrix}1\\ 1\\ 1\end{bmatrix}u(t) \tag{3.2.4}$$

上式中的各方程相互独立，变量之间互不耦合，控制信号 $u(t)$ 分别独立对各状态变量 $x_i(t)$ 都有作用。而图(b) 所示系统的状态方程为

$$\begin{bmatrix}\dot{x}_1(t)\\ \dot{x}_2(t)\\ \dot{x}_3(t)\end{bmatrix}=\begin{bmatrix}-a_1 & 0 & 0\\ 0 & -a_2 & 0\\ 0 & 0 & -a_3\end{bmatrix}\begin{bmatrix}x_1(t)\\ x_2(t)\\ x_3(t)\end{bmatrix}+\begin{bmatrix}1\\ 0\\ 1\end{bmatrix}u(t) \tag{3.2.5}$$

相比于式(3.2.4)，这里的控制量 $u(t)$ 对状态变量 $x_2(t)$ 没有作用，因此我们说此系统是不可控系统。显然，若系统具有相异的特征值和对角型系统矩阵描述，如果其输入矩阵没有出现某行全为零的情况，那么就可以直接判断系统是可控的。这种判断方法也称为"对角线矩阵标准型法"。

其他的系统状态空间表达形式，因为各状态变量在系统方程中交织在一起，无法直接判断系统的可控性。如果系统具有重极点，采用并联型系统判断起来也比较困难。对于线性时不变系统，可以利用系统矩阵的性质来判断可控性，称为"可控性矩阵法"，其概念和方法如下。

设 n 阶系统的状态方程为

$$\begin{cases}\dot{\boldsymbol{x}}=\boldsymbol{A}\boldsymbol{x}+\boldsymbol{B}u\\ y=\boldsymbol{C}\boldsymbol{x}\end{cases} \tag{3.2.6}$$

设矩阵 $Q_C=[\boldsymbol{B}\ \boldsymbol{AB}\ \boldsymbol{A}^2\boldsymbol{B}\ \cdots\ \boldsymbol{A}^{n-1}\boldsymbol{B}]$，若 $\text{rank}(Q_C)=n$，则系统可控。Q_C 称为系统的可控性矩阵。

工程上的单输入系统，只要矩阵 Q_C 是非奇异的，有逆矩阵，或者矩阵中的行向量(或列向量) 相互独立，那么就有 $\text{rank}(Q_C)=n$，即可判断系统可控。

【例题 3.2.1】给定系统如图 3.2.5 中的信号流图所示，试确定系统是否可控。

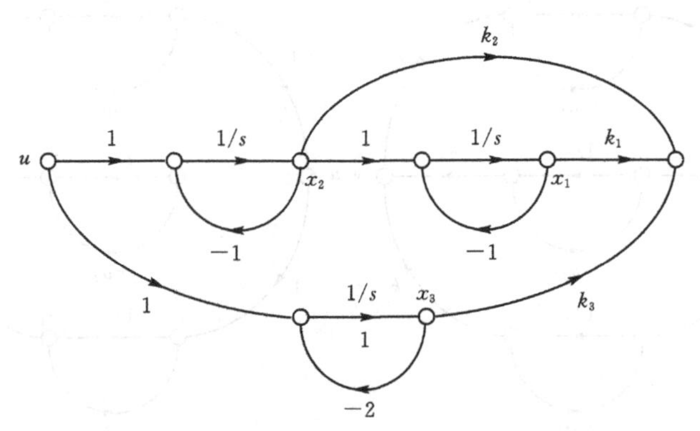

图 3.2.5　系统信号流图

【解答】根据系统信号流图写出系统状态方程为

$$\dot{x} = Ax + Bu = \begin{bmatrix} -1 & 1 & 0 \\ 0 & -1 & 0 \\ 0 & 0 & -2 \end{bmatrix} \begin{bmatrix} x_1(t) \\ x_2(t) \\ x_3(t) \end{bmatrix} + \begin{bmatrix} 0 \\ 1 \\ 1 \end{bmatrix} u(t) \tag{3.2.7}$$

写出可控矩阵

$$Q_C = [B\ AB\ A^2B] = \begin{bmatrix} 0 & 1 & -2 \\ 1 & -1 & 1 \\ 1 & -2 & 4 \end{bmatrix} \tag{3.2.8}$$

因为 $\det(Q_C) = -1 \neq 0$，故 $\operatorname{rank}(Q_C) = n$，系统可控。

系统可控性的判断标准除了“对角线矩阵标准型法”“可控性矩阵法”以外，还有“s 平面判据法”“格拉姆(Gramian)矩阵法”“PBH 判据法”等，各适用于不同的情况。可参考相关文献资料。

3.2.3　系统可观测性

设计完成的状态变量反馈控制器，在工程中并非都可以通过硬件一一实现。囿于传感器和测量装置的安装极限、精度限制、系统可靠性、鲁棒性以及工程成本等诸多因素，在现场并非可以获得所有的系统状态变量信息。在系统某些状态变量的实测值无法直接得到的情况下，需要估计这些状态变量的数值并送进控制器，才能完成系统的调控。如图 3.2.6 所示的控制架构示意图，我们把图中用以估算系统状态变量数值的部分称为观测器(observer)，也称为估算器(estimator)。系统反馈到输入点的状态信号是从观测器引出的。

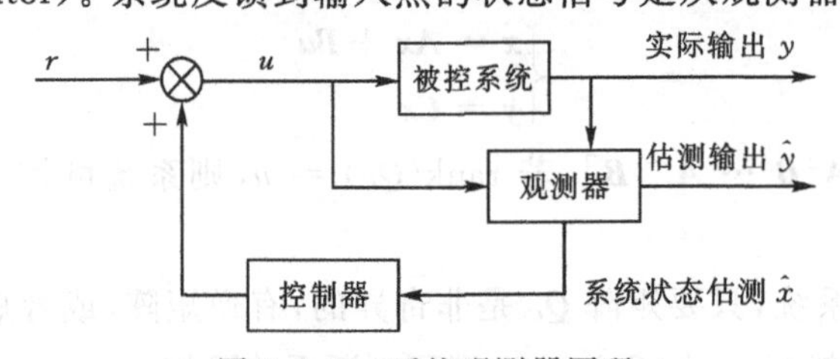

图 3.2.6　系统观测器原理

系统中的观测器实际上是系统真实信息(或估算信息)的一种数学描述,是用输出信号来测算某个状态变量的数值。如果某个状态变量对输出没有作用,那么通过观测输出信号就无法估测出这个状态变量的值。所以在设计系统观测器之前,首先要明确系统是“可观测”的。

系统可观测性定义:如果状态变量的初值 $x_0(t)$,可以通过输入信号 $u(t)$ 和输出信号 $y(t)$ 在有限的时间段内的测量值计算得到,则称系统是可观测的(observable);否则系统就是不可观测的。

可观测性是系统能否从输入输出信息中推断出状态变量信息的能力。只有系统具有可观测性,才能为系统设计观测器。所以在设计观测器之前,必须要先判断系统的可观测性。

与判断系统的可控性类似,能否从输出信号观测到一个状态变量的信息,在对角线矩阵中判断最为方便。在系统矩阵是对角线矩阵的前提条件下,如果输出矩阵中某列为零,就可以判断系统不可观测。

如图 3.2.7 所示的两个系统,除了 $x_2(t)$ 的输出有差异外,其余信号联接都相同。

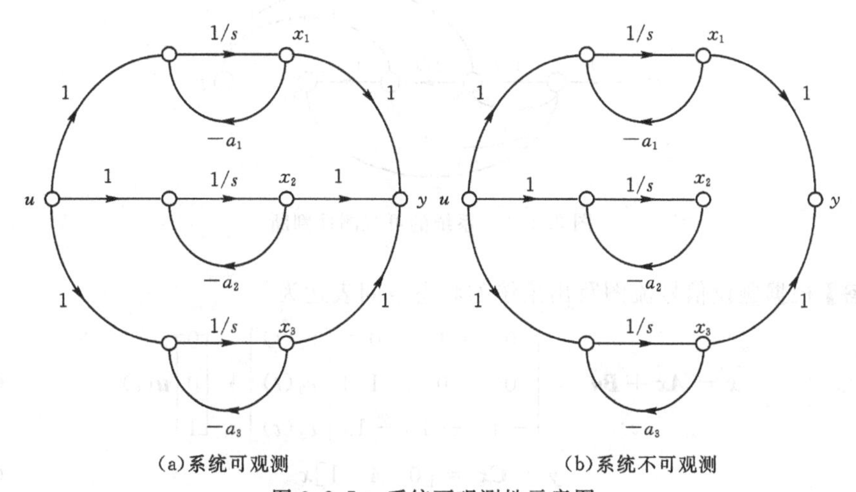

图 3.2.7　系统可观测性示意图

二者的系统矩阵相同,写成对角型为

$$\begin{bmatrix}\dot{x}_1(t)\\\dot{x}_2(t)\\\dot{x}_3(t)\end{bmatrix}=\begin{bmatrix}-a_1&0&0\\0&-a_2&0\\0&0&-a_3\end{bmatrix}\begin{bmatrix}x_1(t)\\x_2(t)\\x_3(t)\end{bmatrix}+\begin{bmatrix}1\\1\\1\end{bmatrix}u(t)\tag{3.2.9}$$

从信号流图可以看出,左图(a)系统的所有状态变量与输出信号 $y(t)$ 均有联接,系统输出方程为 $y(t)=\boldsymbol{Cx}=[1\quad1\quad1]\boldsymbol{x}$,系统可观测。右图(b)系统的状态变量 $x_2(t)$ 与输出信号 $y(t)$ 没有联接,系统输出方程为矩阵 $y(t)=\boldsymbol{Cx}=[1\quad0\quad1]\boldsymbol{x}$。仅从输出信号的测量值,是无法估算出 $x_2(t)$ 的数值,所以系统是不可观测的。

所以,对于并联型表达的系统(系统矩阵为对角型),系统特征值是显式表达。此时可直接观察,若输出矩阵中任何一列取零值,那么系统就是不可观测的。这种判定方法也称为“对角线标准型法”或“直接观察法”。

对于非对角型的系统状态空间表达,不能直接判断是否可观测,需要寻求一种适用于所有表达形式的特征矩阵,用以确定系统的可观测性质。对于线性时不变系统,可以利用系统矩阵的性质来判断,称为“可观测性矩阵法”,其概念和方法如下。

设 n 阶系统的状态方程为

$$\begin{cases}\dot{\boldsymbol{x}} = \boldsymbol{A}\boldsymbol{x} + \boldsymbol{B}\boldsymbol{u} \\ \boldsymbol{y} = \boldsymbol{C}\boldsymbol{x}\end{cases} \tag{3.2.10}$$

定义矩阵 $\boldsymbol{Q}_o$ 为

$$\boldsymbol{Q}_o = \begin{bmatrix}\boldsymbol{C} \\ \boldsymbol{CA} \\ \vdots \\ \boldsymbol{CA}^{n-1}\end{bmatrix} \tag{3.2.11}$$

如果矩阵 $\boldsymbol{Q}_o$ 的秩 $\mathrm{rank}(\boldsymbol{Q}_o) = n$，则系统可观测。$\boldsymbol{Q}_o$ 称为系统的可观测性矩阵。

【例题 3.2.2】如图 3.2.8 所示系统，判断系统是否具有可观测性。

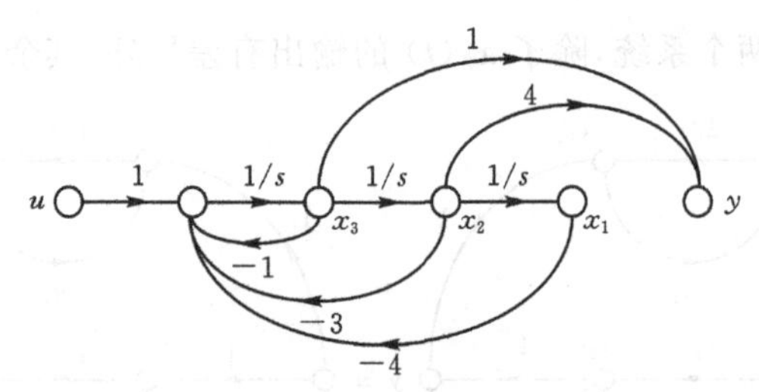

图 3.2.8 系统的可观测性判断

【解答】根据题设信号流图写出系统的状态空间表达为

$$\dot{\boldsymbol{x}} = \boldsymbol{A}\boldsymbol{x} + \boldsymbol{B}\boldsymbol{u} = \begin{bmatrix}0 & 1 & 0 \\ 0 & 0 & 1 \\ -4 & -3 & -1\end{bmatrix}\begin{bmatrix}x_1(t) \\ x_2(t) \\ x_3(t)\end{bmatrix} + \begin{bmatrix}0 \\ 0 \\ 1\end{bmatrix}\boldsymbol{u}(t) \tag{3.2.12}$$

$$\boldsymbol{y} = \boldsymbol{C}\boldsymbol{x} = [0 \quad 4 \quad 1]\boldsymbol{x} \tag{3.2.13}$$

可观测性矩阵为

$$\boldsymbol{Q}_o = \begin{bmatrix}\boldsymbol{C} \\ \boldsymbol{CA} \\ \boldsymbol{CA}^2\end{bmatrix} = \begin{bmatrix}0 & 4 & 1 \\ -4 & -3 & 3 \\ -12 & -13 & -6\end{bmatrix} \tag{3.2.14}$$

矩阵 $\boldsymbol{Q}_o$ 的行列式 $\det(\boldsymbol{Q}_o) = -224$，可知矩阵 $\boldsymbol{Q}_o$ 为满秩 3，等于系统阶次 3。所以系统是可观测的。

注意观察此例给出的信号流图中，状态变量 x_1 并没有与输出信号 $\boldsymbol{y}$ 直接联接，所以若采用直接观察法判定，很容易误判为系统是不可观测的。所以直接观察法只适用于对角型系统矩阵，因为其特征值是各自独立呈现的。

【例题 3.2.3】如图 3.2.9 所示系统，判断系统是否具有可观测性。

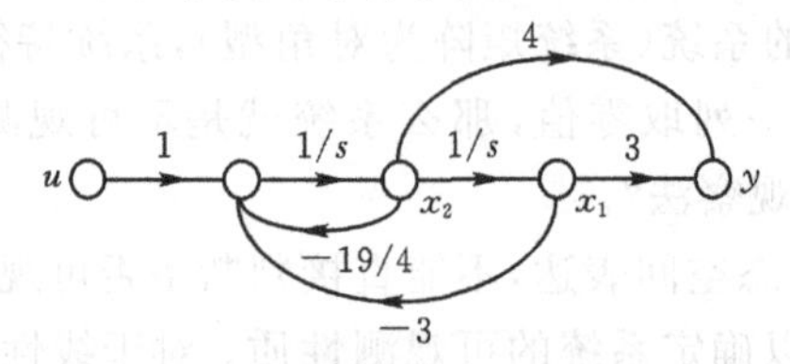

图 3.2.9 系统的可观测性判断

【解答】根据题设信号流图写出系统的状态方程为

$$\dot{x} = Ax + Bu = \begin{bmatrix} 0 & 1 \\ -3 & -19/4 \end{bmatrix} \begin{bmatrix} x_1(t) \\ x_2(t) \end{bmatrix} + \begin{bmatrix} 0 \\ 1 \end{bmatrix} u(t) \tag{3.2.15}$$

$$y = Cx = [3 \quad 4]x \tag{3.2.16}$$

可观测性矩阵为

$$Q_o = \begin{bmatrix} C \\ CA \end{bmatrix} = \begin{bmatrix} 3 & 4 \\ -12 & -16 \end{bmatrix} \tag{3.2.17}$$

矩阵 Q_o 的行列式 $\det(Q_o) = 0$，可知矩阵 Q_o 并非满秩，所以系统是不可观测的。

此例给出的信号流图，所有的状态变量与输出信号 y 都有联接。若采用直接观察法判定，很容易误判为系统是可观测的。但此处的系统矩阵并非是对角型，不能采用直接观察法来判定。

系统可观测性的判断标准除了“对角线矩阵标准型法”“可观测性矩阵法”以外，还有“s平面判据法”“格拉姆(Gramian)矩阵法”“PBH判据法”等，各适用于不同的情况。可参考相关文献资料。

3.2.4 对偶原理

从系统的可控性和可观测性定义可以看出，这两个性质之间存在着内在的联系，卡尔曼将这种关系称为“对偶原理”。

线性时不变系统 Σ_1 和 Σ_2 的状态空间表达分别为

$$\Sigma_1: \begin{cases} \dot{x}_1 = A_1 x_1 + B_1 u_1 \\ y_1 = C_1 x_1 \end{cases} \tag{3.2.18}$$

$$\Sigma_2: \begin{cases} \dot{x}_2 = A_2 x_2 + B_2 u_2 \\ y_2 = C_2 x_2 \end{cases} \tag{3.2.19}$$

如果存在关系式：

$$A_2 = A_1^T; B_2 = C_1^T; C_2 = B_1^T \tag{3.2.20}$$

则称系统 Σ_1 和系统 Σ_2 互为对偶关系。

从数学描述上来看，两个系统互为对偶呈现出来的是输入端与输出端互换，信号传递方向相反，时间变量逆转。

两个互为对偶的系统，其传递函数矩阵互为转置，二者的特征值和特征方程相同。利用矩阵性质很容易证明这一点。令 $G_1(s)$，$G_2(s)$ 分别为系统 Σ_1 和 Σ_2 的传递函数矩阵，根据2.3节公式(2.3.28)，可知：

$$G_2(s) = C_2(sI - A_2)^{-1}B_2 = B_1^T(sI - A_1^T)C_1^T = [C_1(sI - A_1)^{-1}B_1]^T = [G_1(s)]^T \tag{3.2.21}$$

两个互为对偶的系统，其可控性和可观测性关系有如下的对偶原理。

对偶原理：线性时不变系统 Σ_1 与 Σ_2 互为对偶关系，则系统 Σ_1 的可控性等价于系统 Σ_2 的可观测性；系统 Σ_1 的可观测性等价于系统 Σ_2 的可控性。

证明：系统 Σ_1 和系统 Σ_2 互为对偶关系。Σ_1 的可控性矩阵为

$$Q_{C1} = [B_1 \; A_1 B_1 \; \cdots \; A_1^{n-1} B_1] \tag{3.2.22}$$

Σ_2 的可观测性矩阵为

$$Q_{o2}=\begin{bmatrix}C_2\\C_2A_2\\\vdots\\C_2A_2^{n-1}\end{bmatrix} \tag{3.2.23}$$

将二者的对偶关系式(3.2.19)代入上式,可得:

$$Q_{o2}=\begin{bmatrix}B_1^{\mathrm{T}}\\B_1^{\mathrm{T}}A_1^{\mathrm{T}}\\\vdots\\B_1^{\mathrm{T}}\ (A_1^{\mathrm{T}})^{n-1}\end{bmatrix}=[B_1\ A_1B_1\ \cdots\ A_1^{n-1}B_1]^{\mathrm{T}}=Q_{C_1}^{\mathrm{T}} \tag{3.2.24}$$

所以 $\mathrm{rank}(Q_{o2})=\mathrm{rank}(Q_{C_1}^{\mathrm{T}})=\mathrm{rank}(Q_{C_1})$;反之亦有 $\mathrm{rank}(Q_{o1})=\mathrm{rank}(Q_{C_2})$;命题得证。

卡尔曼提出的系统可控性、可观测性以及对偶原理等,为状态空间框架下分析和设计控制系统提供了非常实用的数学工具。

3.3 状态空间的稳态误差

一个稳定的系统在输入信号作用下,时间响应分为瞬态响应和稳态响应两个阶段。起始阶段的瞬态响应用以表征系统的动态性能。随着 $t\to\infty$,时间响应会趋于一个稳态值,进入稳态响应阶段。如果这个稳态值与输入信号相比有偏离,就说明控制系统有误差存在。在经典控制理论中,按照系统中含有积分环节的个数分为 0 型、Ⅰ 型和 Ⅱ 型系统,各型系统再针对典型激励信号(阶跃、斜坡和抛物线) 推导出静态误差常数。在状态空间表达中,我们可以利用系统矩阵之间的关系来求系统的稳态误差。此处我们介绍两种分析方法:拉普拉斯变换终值定理法;输入替换法。

3.3.1 拉普拉斯变换终值定理法

单输入单输出闭环系统的状态空间表达为

$$\begin{cases}\dot{x}=Ax+Bu & (3.3.1\mathrm{a})\\ y=Cx+Du & (3.3.1\mathrm{b})\end{cases}$$

设闭环系统传递函数为 $T(s)$,系统输入 $U(s)$,输出 $Y(s)$,则有:

$$Y(s)=U(s)T(s) \tag{3.3.2}$$

而系统误差为

$$E(s)=U(s)-Y(s)=U(s)[1-T(s)] \tag{3.3.3}$$

而闭环传递函数与状态空间表达之间有关系式(参见 2.3 节式(2.3.28)):

$$T(s)=C(sI-A)^{-1}B+D \tag{3.3.4}$$

代入 $E(s)$表达式可得:

$$E(s)=U(s)[1-C(sI-A)^{-1}B] \tag{3.3.5}$$

根据拉普拉斯终值定理,可得:

$$e(\infty)=\lim_{s\to 0}sE(s)=\lim_{s\to 0}sU(s)[1-\boldsymbol{C}(s\boldsymbol{I}-\boldsymbol{A})^{-1}\boldsymbol{B}] \tag{3.3.6}$$

【例题 3.3.1】控制系统的状态空间表达为

$$\dot{\boldsymbol{x}}=\boldsymbol{Ax}+\boldsymbol{Bu}=\begin{bmatrix}-4 & 1 & 0\\ 0 & -1 & 1\\ 10 & -5 & 1\end{bmatrix}\begin{bmatrix}x_1(t)\\ x_2(t)\\ x_3(t)\end{bmatrix}+\begin{bmatrix}0\\ 0\\ 1\end{bmatrix}u(t) \tag{3.3.7}$$

$$\boldsymbol{y}=\boldsymbol{Cx}=[-1\ \ 1\ \ 0]\boldsymbol{x} \tag{3.3.8}$$

分别向系统输入单位阶跃信号和单位斜坡信号,求系统响应的稳态误差。

【解答】将题设系统矩阵 $\boldsymbol{A}$,$\boldsymbol{B}$ 和 $\boldsymbol{C}$ 代入式(3.3.5),可得:

$$\boldsymbol{C}(s\boldsymbol{I}-\boldsymbol{A})^{-1}\boldsymbol{B}=\frac{-15s-20}{s^3+4s^2+4s+6} \tag{3.3.9}$$

$$e(\infty)=\lim_{s\to 0}sU(s)[1-\boldsymbol{C}(s\boldsymbol{I}-\boldsymbol{A})^{-1}\boldsymbol{B}]=\lim_{s\to 0}sU(s)\left[\frac{s^3+4s^2+19s+26}{s^3+4s^2+4s+6}\right] \tag{3.3.10}$$

对于单位阶跃输入信号 $U(s)=1/s$,代入计算可得 $e(\infty)=13/3$;对于单位斜坡输入信号 $U(s)=1/s^2$,代入计算可得 $e(\infty)=\infty$。显然此系统等同一个“0”型系统。

3.3.2　输入信号替代法

另外一种求系统稳态误差的方法,可以不用求出矩阵$(s\boldsymbol{I}-\boldsymbol{A})$的逆,而且可用于多输入多输出系统。方法是将一个假设解代入状态方程。我们来看下单位阶跃和单位斜坡输入的情况。

对于式(3.3.1)定义的系统,输入单位阶跃信号 $u(t)=1(t)$,则 $\boldsymbol{x}$ 的稳态解 $\boldsymbol{x}_{ss}$ 为

$$\boldsymbol{x}_{ss}=[V_1,V_2,\cdots,V_n]^{\mathrm{T}}=\boldsymbol{V} \tag{3.3.11}$$

此处 V_i 代表一个定值。且有:

$$\dot{\boldsymbol{x}}_{ss}=\boldsymbol{0} \tag{3.3.12}$$

我们将单位阶跃输入 $u(t)=1(t)$,以及 $\boldsymbol{x}_{ss}$ 和 $\dot{\boldsymbol{x}}_{ss}$ 的表达式代入原系统状态空间表达式(3.3.1),可得:

$$\begin{cases}\boldsymbol{0}=\boldsymbol{AV}+\boldsymbol{B} & (3.3.13a)\\ \boldsymbol{y}_{ss}=\boldsymbol{CV} & (3.3.13b)\end{cases}$$

此处 $\boldsymbol{y}_{ss}$ 是系统稳态输出。解出 $\boldsymbol{V}$ 值可得:

$$\boldsymbol{V}=-\boldsymbol{A}^{-1}\boldsymbol{B} \tag{3.3.14}$$

系统的稳态误差是稳定状态下系统的输入信号与输出信号之间的差异。系统对于单位阶跃输入信号的稳态误差在状态空间中的计算式为

$$e(\infty)=1-\boldsymbol{y}_{ss}=1-\boldsymbol{CV}=1+\boldsymbol{CA}^{-1}\boldsymbol{B} \tag{3.3.15}$$

若系统输入信号为单位斜坡函数 $u(t)=t$,那么系统在稳态时的各变量为

$$\boldsymbol{x}_{ss}=\begin{bmatrix}V_1t+W_1\\ V_2t+W_2\\ \vdots\\ V_nt+W_n\end{bmatrix}=\boldsymbol{V}t+\boldsymbol{W} \tag{3.3.16}$$

此处 V_i 和 W_i 均为定值。因此有：

$$\dot{\boldsymbol{x}}_{ss} = [V_1, V_2, \cdots, V_n]^{\mathrm{T}} = \boldsymbol{V} \tag{3.3.17}$$

将输入信号 $u(t) = t$ 以及 $\boldsymbol{x}_{ss}$ 和 $\dot{\boldsymbol{x}}_{ss}$ 的表达式代入原系统状态空间表达式(3.3.1)，可得：

$$\begin{cases} \boldsymbol{V} = \boldsymbol{A}(\boldsymbol{V}t + \boldsymbol{W}) + \boldsymbol{B}t & (3.3.18\text{a}) \\ \boldsymbol{y}_{ss} = \boldsymbol{C}(\boldsymbol{V}t + \boldsymbol{W}) & (3.3.18\text{b}) \end{cases}$$

观察上面第一个方程式的两边，根据待定系数法，t 的系数矩阵必有关系式 $\boldsymbol{AV} = -\boldsymbol{B}$，即

$$\boldsymbol{V} = -\boldsymbol{A}^{-1}\boldsymbol{B} \tag{3.3.19}$$

方程两边的常数项等价，有 $\boldsymbol{AW} = \boldsymbol{V}$，即

$$\boldsymbol{W} = \boldsymbol{A}^{-1}\boldsymbol{V} \tag{3.3.20}$$

将 $\boldsymbol{V}, \boldsymbol{W}$ 的表达式代入第二式系统的稳态输出 $\boldsymbol{y}_{ss}$ 表达式，可得：

$$\boldsymbol{y}_{ss} = \boldsymbol{C}[-\boldsymbol{A}^{-1}\boldsymbol{B}t + \boldsymbol{A}^{-1}(-\boldsymbol{A}^{-1}\boldsymbol{B})] = -\boldsymbol{C}[-\boldsymbol{A}^{-1}\boldsymbol{B}t + (\boldsymbol{A}^{-1})^2\boldsymbol{B})] \tag{3.3.21}$$

因而系统稳态误差为

$$e(\infty) = \lim_{t\to\infty}(t - \boldsymbol{y}_{ss}) = \lim_{t\to\infty}[(1 + \boldsymbol{CA}^{-1}\boldsymbol{B})t + \boldsymbol{C}(\boldsymbol{A}^{-1})^2\boldsymbol{B}] \tag{3.3.22}$$

注意此方法要求 $\boldsymbol{A}^{-1}$ 存在，意即 $\det\boldsymbol{A} \neq 0$。

【例题 3.3.2】 对例【3.3.1】所述系统，用输入信号替换法求取系统对单位阶跃信号、单位斜坡信号激励的稳态误差。

【解答】 求出系统矩阵 $\boldsymbol{A}$ 的逆矩阵 $\boldsymbol{A}^{-1}$ 为

$$\boldsymbol{A}^{-1} = \begin{bmatrix} -2/3 & -5/3 & -5/3 \\ 1/6 & 2/3 & 5/3 \\ -1/6 & -2/3 & -2/3 \end{bmatrix} \tag{3.3.23}$$

将矩阵 $\boldsymbol{A}^{-1}, \boldsymbol{B}, \boldsymbol{C}$ 以及单位输入信号 $u(t) = 1(t)$，单位斜坡输入信号 $u(t) = t$ 等代入式(3.3.15) 和式(3.3.22)，分别求出稳态误差为

$$e(\infty) = 1 + \boldsymbol{CA}^{-1}\boldsymbol{B} = 1 + (10/3) = 13/3 \tag{3.3.24}$$

$$e(\infty) = \lim_{t\to\infty}[(1 + \boldsymbol{CA}^{-1}\boldsymbol{B})t + \boldsymbol{C}(\boldsymbol{A}^{-1})^2\boldsymbol{B}] = \infty \tag{3.3.25}$$

与上例的计算结果一致。

练习题

1. 非线性系统的状态方程为

$$\begin{cases} \dot{x}_1(t) = x_2(t) \\ \dot{x}_2(t) = -\sin[x_1(t)] - x_2(t) \end{cases}$$

系统状态向量 $\boldsymbol{x} = [x_1(t), x_2(t)]^{\mathrm{T}}$，求解系统的平衡状态。

2. 判断下列标量函数 $\boldsymbol{V}(x_1, x_2)$ 的正定性：

(a) $\boldsymbol{V} = x_1^2 + x_2^2$　　(b) $\boldsymbol{V} = (x_1 + x_2)^2$

(c) $\boldsymbol{V} = -x_1^2 - (2x_1 + x_2)^2$　　(d) $\boldsymbol{V} = x_1 x_2{}^2 + x_2^2$

3. 证明下列二次型函数的正定性：

$$V(x_1,x_2,x_3)=10x_1^2+4x_2^2+x_3^2+2x_1x_2-2x_2x_3-4x_1x_3$$

4. 利用李雅普诺夫定理判断下列系统的稳定性：

(a) $\dot{\boldsymbol{x}}=\begin{bmatrix}-1 & 1\\ 2 & -3\end{bmatrix}\boldsymbol{x}$　　(b) $\dot{\boldsymbol{x}}=\begin{bmatrix}-2 & 0 & 0\\ 0 & -1 & 0\\ 1 & 0 & -3\end{bmatrix}\boldsymbol{x}$

5. 系统状态方程如下，确定使系统渐近稳定的 k 值范围：

$$\dot{\boldsymbol{x}}=\begin{bmatrix}0 & 1\\ -k & -2\end{bmatrix}\boldsymbol{x}+\begin{bmatrix}0\\ -k\end{bmatrix}u$$

6. 判断下列系统的可控性：

(a) $\dot{\boldsymbol{x}}=\begin{bmatrix}1 & 0\\ 0 & 1\end{bmatrix}\boldsymbol{x}+\begin{bmatrix}1\\ 1\end{bmatrix}u$　　(b) $\dot{\boldsymbol{x}}=\begin{bmatrix}-6 & 0 & 0\\ 0 & -5 & 0\\ 1 & 0 & -1\end{bmatrix}\boldsymbol{x}+\begin{bmatrix}1\\ 0\\ 7\end{bmatrix}u$

(c) $\dot{\boldsymbol{x}}=\begin{bmatrix}-1 & 1 & 0\\ 0 & -2 & 0\\ 0 & 0 & -2\end{bmatrix}\boldsymbol{x}+\begin{bmatrix}0\\ 3\\ 5\end{bmatrix}\boldsymbol{u}$　　(d) $\dot{\boldsymbol{x}}=\begin{bmatrix}1 & 1 & 0\\ 0 & 1 & 0\\ 0 & 1 & 1\end{bmatrix}\boldsymbol{x}+\begin{bmatrix}0 & 1\\ 1 & 0\\ 0 & 1\end{bmatrix}\boldsymbol{u}$

7. 证明：无论 k_1,k_2,k_3 取何值，如下系统都不可控：

$$\dot{\boldsymbol{x}}=\begin{bmatrix}20 & -1 & 0\\ 4 & 16 & 0\\ 12 & 6 & 18\end{bmatrix}\boldsymbol{x}+\begin{bmatrix}k_1\\ k_2\\ k_3\end{bmatrix}\boldsymbol{u}$$

8. 判断下列系统的可观测性：

(a) $\dot{\boldsymbol{x}}=\begin{bmatrix}1 & 1\\ 1 & 0\end{bmatrix}\boldsymbol{x}$； $\boldsymbol{y}=\begin{bmatrix}1 & 1\end{bmatrix}\boldsymbol{x}$

(b) $\dot{\boldsymbol{x}}=\begin{bmatrix}2 & -1\\ 1 & -3\end{bmatrix}\boldsymbol{x}$； $\boldsymbol{y}=\begin{bmatrix}1 & 0\\ -1 & 0\end{bmatrix}\boldsymbol{x}$

(c) $\dot{\boldsymbol{x}}=\begin{bmatrix}0 & 1 & 0\\ 0 & 0 & 1\\ -3 & -4 & -2\end{bmatrix}\boldsymbol{x}$； $\boldsymbol{y}=\begin{bmatrix}0 & 3 & -1\end{bmatrix}\boldsymbol{x}$

(d) $\dot{\boldsymbol{x}}=\begin{bmatrix}2 & 1 & 0 & 0\\ 0 & 2 & 0 & 0\\ 0 & 0 & 3 & 1\\ 0 & 0 & 0 & 3\end{bmatrix}\boldsymbol{x}+\begin{bmatrix}2\\ 0\\ 1\\ 0\end{bmatrix}\boldsymbol{u}$； $\boldsymbol{y}=\begin{bmatrix}0 & 1 & 1 & 0\\ 0 & 1 & 1 & 1\end{bmatrix}\boldsymbol{x}$

9. 控制系统的状态空间表达如下式，分别用终值定理法和输入信号代替法，求解系统对单位阶跃信号、单位斜坡信号响应的稳态误差。

$$\dot{\boldsymbol{x}}=\boldsymbol{A}\boldsymbol{x}+\boldsymbol{B}\boldsymbol{u}=\begin{bmatrix}-5 & 1 & 0\\ 0 & -2 & 1\\ 20 & -10 & 1\end{bmatrix}\begin{bmatrix}x_1(t)\\ x_2(t)\\ x_3(t)\end{bmatrix}+\begin{bmatrix}0\\ 0\\ 1\end{bmatrix}u(t)$$

$$y = Cx = [-1 \quad 1 \quad 0]x$$

【综合训练题】分析图题综合所示重力小球系统在平衡状态的稳定性。

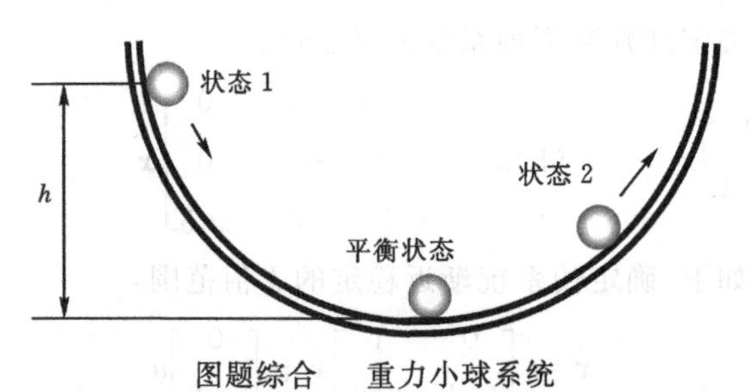

图题综合　重力小球系统

系统状态反馈设计

第 4 章

“反馈”是控制系统最基本的思想和设计原理。经典控制理论用传递函数来描述系统，以单输入单输出(SISO)系统为主，系统设计遵循的是“用误差补偿误差”的原理：测量出系统的“实际输出”与“期望输出”之间的偏差，再将偏差经变换后返送到输入点，用以调节系统的行为使其达到各性能指标要求。这种单一信号的反馈称为“输出反馈”模式。现代控制理论是在状态空间中描述系统，可以提取各状态变量的信息再反馈到系统中调节系统行为。这种反馈方式称为“状态反馈”模式。

4.1 系统极点配置

在第 3 章中我们已经介绍了系统状态反馈设计的基本概念，并研究了系统的可控性和可观测性。只有系统是可控的，才能提取系统所有的状态变量信息，才能使系统极点配置到任意位置。

设被控系统的状态空间表达为

$$\begin{cases} \dot{x} = Ax + Bu \\ y = Cx \end{cases} \tag{4.1.1}$$

此间状态向量 $\boldsymbol{x} = [x_1, x_2, \cdots, x_n]^{\mathrm{T}}$，给每个状态变量设置一个增益值 k_i，通过调整 k_i 的取值来调节闭环系统的极点位置。添加的状态反馈构成向量 $\boldsymbol{K} = [k_1, k_2, \cdots, k_n]$。如图 4.1.1 所示为加入状态反馈后的闭环系统示意图。

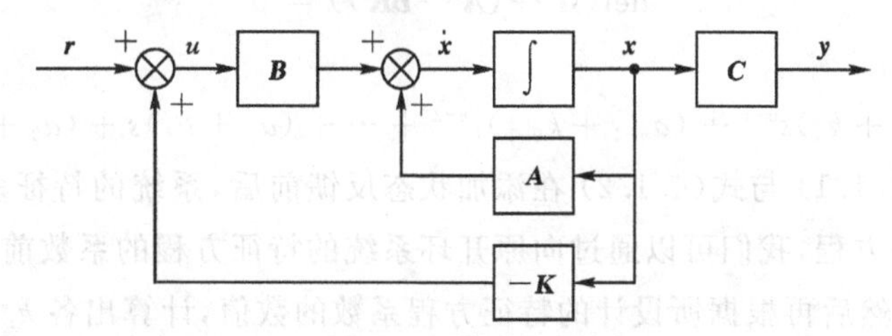

图 4.1.1　状态变量反馈闭环系统状态空间表达

可写出闭环系统的状态空间表达为

$$\begin{cases} \dot{x} = (A - BK)x + Br \\ y = Cx \end{cases} \tag{4.1.2}$$

设计闭环系统,就是确定状态反馈增益 $\boldsymbol{K}=[k_1,k_2,\cdots,k_n]$ 中各元素的值,使系统特征方程配成希望的参数,系统极点置于理想的位置。

在具体设计时,可采用匹配系数法确定各 k_i 的取值。设计过程可以分成四步:

第一步,将每个状态变量乘以增益值 k_i 后反馈输入到被控系统中。

第二步,写出反馈信号接入后的闭环系统特征方程。

第三步,将闭环极点设置为所期望的数值并写出等效特征方程。

第四步,按照系统特征方程写出各匹配系数,然后解出各 k_i 的值。

我们给出具体的设计过程描述。设系统在加入状态反馈前的状态空间表达(相变量型)各矩阵为:

$$\boldsymbol{A}=\begin{bmatrix}0 & 1 & 0 & \cdots & 0\\ 0 & 0 & 1 & \cdots & 0\\ \vdots & & & & \\ 0 & 0 & 0 & \cdots & 1\\ -a_0 & -a_1 & -a_2 & \cdots & -a_{n-1}\end{bmatrix};\quad \boldsymbol{B}=\begin{bmatrix}0\\0\\ \vdots\\0\\1\end{bmatrix};\quad \boldsymbol{C}=[c_1\quad c_2\quad \cdots\quad c_n] \tag{4.1.3}$$

可知系统特征方程为

$$s^n+a_{n-1}s^{n-1}+\cdots+a_1s+a_0=0 \tag{4.1.4}$$

将每一个变量的状态经增益 k_i 变换后反馈到输入端 u,

$$\boldsymbol{u}=-\boldsymbol{K}\boldsymbol{x} \tag{4.1.5}$$

此处 $\boldsymbol{K}=[k_1\quad k_2\quad \cdots\quad k_n]$。据此可写出式(4.1.2)闭环系统矩阵($\boldsymbol{A}-\boldsymbol{BK}$)为

$$\boldsymbol{A}-\boldsymbol{BK}=\begin{bmatrix}0 & 1 & 0 & \cdots & 0\\ 0 & 0 & 1 & \cdots & 0\\ \vdots & & & & \\ 0 & 0 & 0 & \cdots & 1\\ -(a_0+k_1) & -(a_1+k_2) & -(a_2+k_3) & \cdots & -(a_{n-1}+k_n)\end{bmatrix} \tag{4.1.6}$$

上式是相变量型的系统矩阵,所以闭环系统的特征方程为

$$\det(s\boldsymbol{I}-(\boldsymbol{A}-\boldsymbol{BK}))=0 \tag{4.1.7}$$

即:

$$s^n+(a_{n-1}+k_n)s^{n-1}+(a_{n-2}+k_{n-1})s^{n-2}+\cdots+(a_1+k_2)s+(a_0+k_1)=0 \tag{4.1.8}$$

注意比较式(4.1.1)与式(4.1.2)在添加状态反馈前后,系统的特征多项式的异同。对于相变量型的状态方程,我们可以通过向原开环系统的特征方程的系数前添加 k_i,写出闭环系统的特征方程。然后再根据所设计的特征方程系数的数值,计算出各 k_i 值。

确定了系统特征多项式,也就确定了系统闭环传递函数的分母。而传递函数分子多项式由输出矩阵 $\boldsymbol{C}$ 的系数决定。

【例题 4.1.1】已知系统的前向传递函数为

$$G(s)=\frac{10(s+4)}{s(s+2)(s+5)} \tag{4.1.9}$$

向系统加入相变量反馈以调节系统的控制品质。试确定各状态变量反馈的增益值，使调节后的闭环系统的超调量为 9.5%，过渡时间为 0.74 s。

【解答】 系统传递函数

$$G(s)=\frac{10(s+4)}{s(s+2)(s+5)}=\frac{10s+40}{s^3+7s^2+10s} \tag{4.1.10}$$

据此列写系统的相变量型状态空间表达如下，画出未补偿系统的信号流图如图 4.1.2 所示。

$$\begin{cases}\dot{\boldsymbol{x}}=\begin{bmatrix}0 & 1 & 0\\0 & 0 & 1\\0 & -10 & -7\end{bmatrix}\boldsymbol{x}+\begin{bmatrix}0\\0\\1\end{bmatrix}\boldsymbol{u}\\ \boldsymbol{y}=\begin{bmatrix}4 & 0 & 10 & 0\end{bmatrix}\boldsymbol{x}\end{cases} \tag{4.1.11}$$

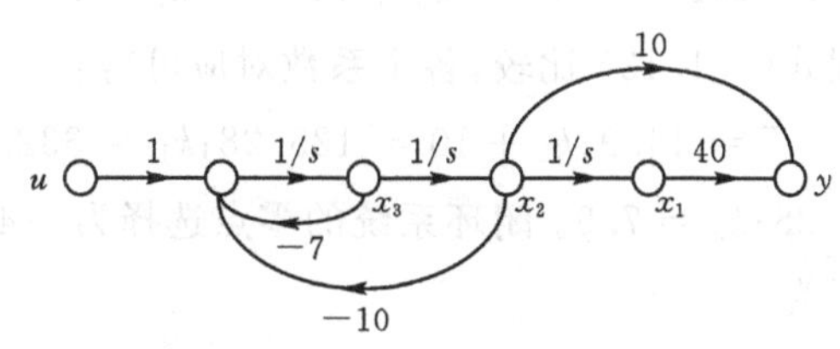

图 4.1.2　未补偿系统信号流图

根据题设要求，参看第 1 章式(1.2.1) ～ 式(1.2.3)，根据系统瞬态响应的超调量和过渡时间要求，可计算出系统的主导极点应该位于 $-5.4\pm j7.2$ 处。所给的系统是三阶，所以还要确定系统第三个极点的位置。因为闭环系统有一个零点在 -4 处(也是开环系统的零点)，我们可以选择系统第三个极点也位于 -4 处，这样可以令闭环系统的零极点对消。此处为了说明系统第三个极点的效应，也为了完整介绍设计过程，我们选择第三个极点位于 -4.1 处。这样的话期望系统特征方程为

$$(s+5.4+j7.2)(s+5.4-j7.2)(s+4.1)=0 \tag{4.1.12}$$

多项式因式展开为

$$s^3+14.9s^2+125.28s+332.1=0 \tag{4.1.13}$$

引入状态向量反馈补偿校正系统，如图 4.1.3 所示补偿后的信号流图。

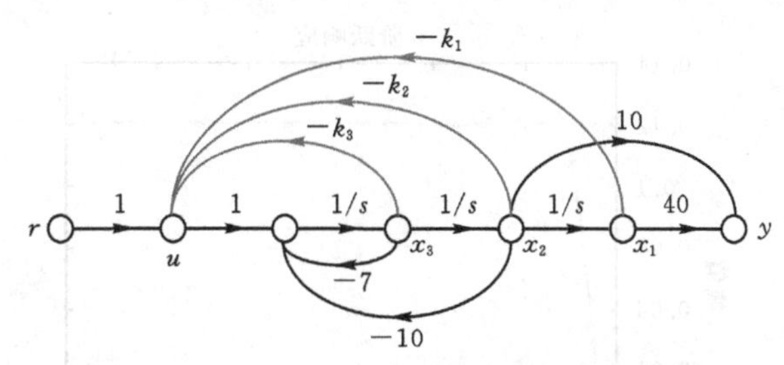

图 4.1.3　状态反馈补偿后系统的信号流图

根据上图，可写出系统的状态方程为

$$
\begin{cases}
\dot{\boldsymbol{x}} = \begin{bmatrix} 0 & 1 & 0 \\ 0 & 0 & 1 \\ -k_1 & -(k_2+10) & -(k_3+7) \end{bmatrix}\boldsymbol{x} + \begin{bmatrix} 0 \\ 0 \\ 1 \end{bmatrix}\boldsymbol{u} \\
\boldsymbol{y} = [40 \quad 10 \quad 0]\boldsymbol{x}
\end{cases}
\tag{4.1.14}
$$

则闭环系统矩阵($\boldsymbol{A}-\boldsymbol{BK}$)为

$$
\boldsymbol{A}-\boldsymbol{BK} = \begin{bmatrix} 0 & 1 & 0 \\ 0 & 0 & 1 \\ -k_1 & -(k_2+10) & -(k_3+7) \end{bmatrix}
\tag{4.1.15}
$$

闭环系统特征方程为

$$
\det(s\boldsymbol{I}-(\boldsymbol{A}-\boldsymbol{BK})) = s^3+(k_3+7)s^2+(k_2+10)s+k_1=0
\tag{4.1.16}
$$

上式与所期望的特征方程式(4.1.13)比较,各个系数对应可得:

$$
k_3+7=14.9;k_2+10=125.28;k_1=332.1
\tag{4.1.17}
$$

即:$k_1=332.1$;$k_2=115.28$;$k_3=7.9$。闭环系统的零点选择为-4,与开环零点一致。至此可写出闭环系统状态方程为

$$
\begin{cases}
\dot{\boldsymbol{x}} = \begin{bmatrix} 0 & 1 & 0 \\ 0 & 0 & 1 \\ 332.1 & -125.28 & -14.9 \end{bmatrix}\boldsymbol{x} + \begin{bmatrix} 0 \\ 0 \\ 1 \end{bmatrix}\boldsymbol{u} \\
\boldsymbol{y} = [40 \quad 10 \quad 0]\boldsymbol{x}
\end{cases}
\tag{4.1.18}
$$

闭环系统的传递函数为

$$
T(s) = \frac{10(s+4)}{s^3+14.9s^2+125.28s+332.1}
\tag{4.1.19}
$$

如图 4.1.4 是补偿后系统的单位阶跃响应计算机仿真曲线,系统具有 10.9% 的超调量和 0.8 s 的过渡时间,基本满足系统的设计要求。如果将闭环系统第三个极点设置为-4,与系统零点对消,则系统响应的超调量和过渡时间性能指标都会满足题设要求。系统稳态响应近似为 0.12 而不是单位值 1,所以系统存在较大的稳态误差。减小稳态误差的方法将在 4.4 节讨论。

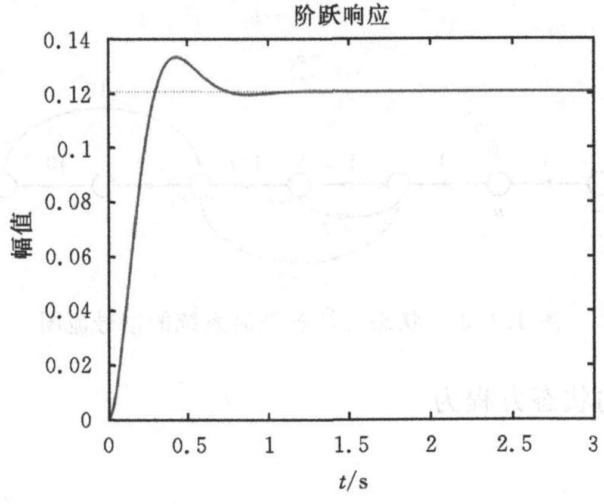

图 4.1.4 仿真计算系统响应

我们再来看一个串联型状态空间表达的设计实例。

【例题 4.1.2】 给定系统的传递函数如下：

$$\frac{Y(s)}{U(s)}=\frac{5}{(s+1)(s+2)} \tag{4.1.20}$$

设计状态反馈控制器，使系统响应具有 15% 的超调量和 0.5 s 的过渡时间。

【解答】 题设系统为二阶系统，根据式(1.2.1)和式(1.2.2)计算二阶系统的阻尼比 ζ 和无阻尼自由振荡频率 ω_n 这两个参数。按照系统要求的性能指标，超调量 $\%OS=15\%$，可计算出 $\zeta=0.517$；再根据过渡时间 $T_s=0.5$，可计算 $\omega_n=15.476$。故根据典型二阶系统的表达式，可写出系统所期望的特征方程为

$$s^2+16s+239.5=0 \tag{4.1.21}$$

原系统是串联型表达，画出系统的信号流图如图 4.1.5(a) 所示，图(b)是添加了系统状态反馈后的信号流图。

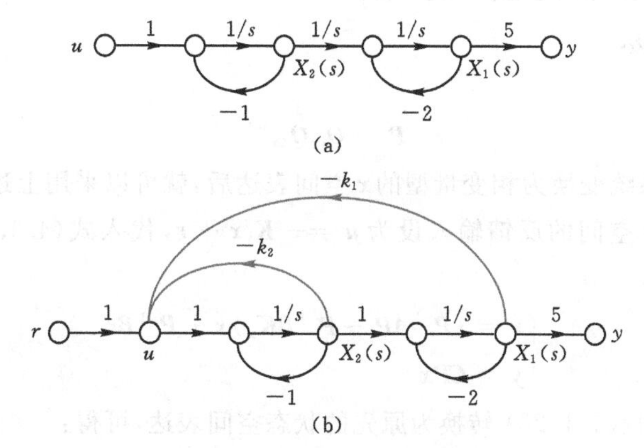

图 4.1.5　系统状态反馈设计

根据添加系统状态反馈后的信号流图，写出系统状态方程为

$$\begin{cases}\dot{\boldsymbol{x}}=\begin{bmatrix}-2 & -1\\ -k_1 & -(k_2+1)\end{bmatrix}\boldsymbol{x}+\begin{bmatrix}0\\1\end{bmatrix}r\\ \boldsymbol{y}=[5\quad 0]\boldsymbol{x}\end{cases} \tag{4.1.22}$$

则系统的特征方程为

$$s^2+(k_2+3)s+(2k_2+k_1+2)=0 \tag{4.1.23}$$

匹配(4.1.23)与(4.1.21)方程左侧多项式的系数，即可得：

$$k_2=13,k_1=211.5 \tag{4.1.24}$$

在状态空间中调整系统极点时，一般都是采用相变量型或控制器规范型的状态空间表达，因为这两种矩阵形式可以对增益 $\boldsymbol{K}$ 的调节进行直接评估。如果是非相变量型表达的系统，那么在计算反馈增益时就比较烦琐，特别是对高阶非相变量型系统而言。所以一般在设计时，先将所给系统转换为相变量型表达，算得系统反馈增益后，再将补偿后系统转换为原来的状态空间表达形式。

设非相变量型的系统状态空间表达为

$$\begin{cases}\dot{z} = Az + Bu \\ y = Cz\end{cases} \tag{4.1.25}$$

其可控性矩阵为

$$Q_{cz} = [B;AB;A^2B;\cdots;A^{n-1}B] \tag{4.1.26}$$

引入矩阵 P 可将系统转换为相变量 x 的状态空间表达：

$$z = Px \tag{4.1.27}$$

代入式(4.1.25)，可得：

$$\begin{cases}\dot{x} = P^{-1}APx + P^{-1}Bu \\ y = CPx\end{cases} \tag{4.1.28}$$

x 状态空间的可控性矩阵为

$$\begin{aligned}Q_{cx} &= [P^{-1}B;(P^{-1}AP)(P^{-1}B);(P^{-1}AP)^2(P^{-1}B);\cdots;(P^{-1}AP)^{n-1}(P^{-1}B)] \\ &= P^{-1}[B;AB;A^2B;\cdots;A^{n-1}B] \\ &= P^{-1}Q_{cz}\end{aligned} \tag{4.1.29}$$

由上式可解出

$$P = Q_{cz}Q_{cx}^{-1} \tag{4.1.30}$$

利用转换矩阵 P 将系统变换为相变量型的 x 空间表达后，就可以采用上述系数匹配法计算状态反馈的增益。在 x 空间的反馈输入设为 $u = -K_x x + r$，代入式(4.1.28)，写出闭环系统表达：

$$\begin{cases}\dot{x} = (P^{-1}AP - P^{-1}BK_x)x + P^{-1}Br \\ y = CPx\end{cases} \tag{4.1.31}$$

利用 $x = P^{-1}z$ 将方程(4.1.28) 转换为原先的状态空间表达，可得：

$$\begin{cases}\dot{z} = Az - BK_xP^{-1}z + Br = (A - BK_xP^{-1})z + Br \\ y = Cz\end{cases} \tag{4.1.32}$$

将上式与标准闭环表达式(4.1.2) 比较可知：

$$K_z = K_xP^{-1} \tag{4.1.33}$$

注意状态方程(4.1.32) 与状态方程(4.1.31) 表达的是同一个闭环系统，传递函数都是一样的，所以在补偿设计前后系统的零点保持不变。

【例题 4.1.3】系统传递函数为

$$G(s) = \frac{s+6}{(s+1)(s+2)(s+4)} \tag{4.1.34}$$

设计系统状态反馈控制器，使系统具有 20.8% 的超调量和 4 s 的调整时间。

【解答】根据原有系统的传递函数，可画出系统的串联型信号流图如图 4.1.6 所示。

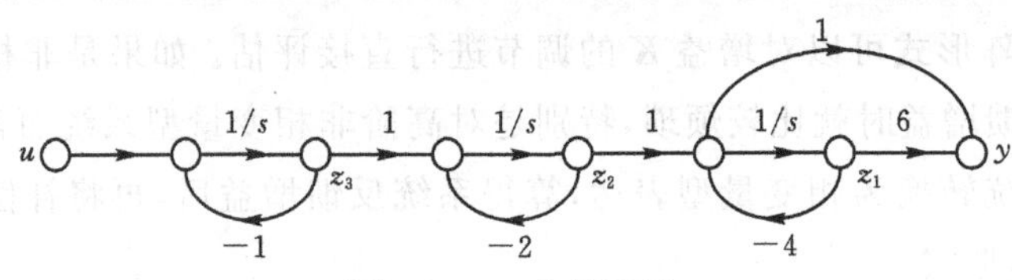

图 4.1.6　信号流图

据此写出系统状态方程和可控性矩阵为

$$\begin{cases}\dot{z}=A_zz+B_zu=\begin{bmatrix}-4 & 1 & 0\\0 & -2 & 1\\0 & 0 & -1\end{bmatrix}z+\begin{bmatrix}0\\0\\1\end{bmatrix}u\\ y=C_zz=[6\quad 1\quad 0]z\end{cases}\tag{4.1.35}$$

$$Q_{Cz}=[B_z\quad A_zB_z\quad A_z^{\ 2}B_z]=\begin{bmatrix}0 & 0 & 1\\0 & 1 & -3\\1 & -1 & 1\end{bmatrix}\tag{4.1.36}$$

可控性矩阵 Q_{Cz} 的行列式 $\det(Q_{Cz})=-1$,系统可控。写出系统的特征方程为

$$\det(sI-A_z)=s^3+7s^2+14s+8=0\tag{4.1.37}$$

根据特征方程的系数可写出系统的相变量型状态空间表达为

$$\begin{cases}\dot{x}=A_xx+B_xu=\begin{bmatrix}0 & 1 & 0\\0 & 0 & 1\\-8 & -14 & -7\end{bmatrix}x+\begin{bmatrix}0\\0\\1\end{bmatrix}u\\ y=[6\quad 1\quad 0]x\end{cases}\tag{4.1.38}$$

此状态空间表达的输出方程是根据题设传递函数的分子多项式系数而定的,因为这两种状态空间表达是对应同一个传递函数。相变量型状态空间表达的可控性矩阵 Q_{Mx} 为

$$Q_{Cx}=[B_x\quad A_xB_x\quad A_x^{\ 2}B_x]=\begin{bmatrix}0 & 0 & 1\\0 & 1 & -7\\1 & -7 & 35\end{bmatrix}\tag{4.1.39}$$

则系统在两个状态空间表达的转换矩阵为

$$P=Q_{Cz}Q_{Cx}^{\ -1}=\begin{bmatrix}1 & 0 & 0\\4 & 1 & 0\\8 & 6 & 1\end{bmatrix}\tag{4.1.40}$$

题设给出的是三阶系统,要求响应具有20.8%的超调量和4 s的调整时间,根据式(1.2.1)~式(1.2.3)可算得系统的 $\zeta=0.4471$,$\omega_n=2.2367$;系统二阶主导极点 $s_{1,2}=-\zeta\omega_n\pm \mathrm{j}\omega_n\sqrt{1-\zeta^2}=-1\pm \mathrm{j}2$。因此调整后的系统特征多项式中应含有因子 s^2+2s+5。在校正补偿前后,系统的零点 $s=-6$ 保持不变,我们不妨设置补偿后系统的第三个极点也在 -6 处对消掉零点。所以闭环系统的特征方程应为

$$D(s)=(s+6)(s^2+2s+5)=s^3+8s^2+17s+30=0\tag{4.1.41}$$

而添加状态反馈后的系统相变量型状态空间表达为

$$\begin{cases}\dot{x}=(A_x-B_xK_x)x=\begin{bmatrix}0 & 1 & 0\\0 & 0 & 1\\-(8+k_{1x}) & -(14+k_{2x}) & -(7+k_{3x})\end{bmatrix}x\\ y=[6\quad 1\quad 0]x\end{cases}\tag{4.1.42}$$

系统的特征方程为

$$\det(s\boldsymbol{I}-(\boldsymbol{A}_x-\boldsymbol{B}_x\boldsymbol{K}_x))=s^3+(7+k_{3x})s^2+(14+k_{2x})s+(8+k_{1x})=0 \tag{4.1.43}$$

方程(4.1.43)与方程(4.1.41)比对,可知

$$7+k_{3x}=8 \quad 14+k_{2x}=17 \quad 8+k_{1x}=30 \tag{4.1.44}$$

计算出状态变量 x 的反馈增益 $\boldsymbol{K}_x$ 为

$$\boldsymbol{K}_x=[k_{1x} \quad k_{2x} \quad k_{3x}]=[22 \quad 3 \quad 1] \tag{4.1.45}$$

根据公式 $\boldsymbol{K}_z=\boldsymbol{K}_x\boldsymbol{P}^{-1}$,以及式(4.1.40)计算出的 $\boldsymbol{P}$ 值,将 $\boldsymbol{K}_x$ 转换回原状态空间表达中的状态变量反馈增益 $\boldsymbol{K}_z$:

$$\boldsymbol{K}_z=\boldsymbol{K}_x\boldsymbol{P}^{-1}=[26 \quad -3 \quad 1] \tag{4.1.46}$$

最终添加了状态向量反馈后的闭环系统信号流图如图 4.1.7 所示。

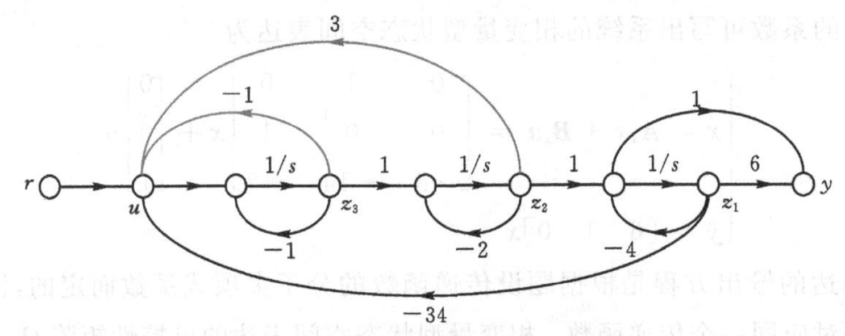

图 4.1.7　状态反馈系统信号流图

据信号流图写出闭环系统的状态方程为

$$\begin{cases}\dot{\boldsymbol{z}}=(\boldsymbol{A}_z-\boldsymbol{B}_z\boldsymbol{K}_z)\boldsymbol{z}+\boldsymbol{B}_z\boldsymbol{r}=\begin{bmatrix}-4 & 1 & 0\\0 & -2 & 1\\-34 & 3 & -2\end{bmatrix}\boldsymbol{z}+\begin{bmatrix}0\\0\\1\end{bmatrix}\boldsymbol{r}\\ y=[2 \quad 1 \quad 0]\boldsymbol{z}\end{cases} \tag{4.1.47}$$

闭环传递函数为

$$T(s)=\frac{s+6}{s^3+8s^2+17s+30}=\frac{s+6}{(s^2+2s+5)(s+6)}=\frac{1}{s^2+2s+5} \tag{4.1.48}$$

需要说明的是,随着状态反馈的引入,系统的状态矩阵发生了变化,所以系统的可控性、可观测性、稳定性、响应特性等均会受到影响。

4.2　状态观测器设计

4.2.1　系统观测器存在性定理

在第 2 章我们研究系统状态空间的各种表达形式时,介绍了"观测器规范型"表达。在第 3 章给出了系统观测器的定义,并讨论了系统可观测性的判定方法。简单地说,在真实控制系统的各状态变量无法直接测量得到的情况下,如果系统是"可观测"的,那么可以设计构造一个动态方程,利用原系统的输入和输出信息来估计系统各状态变量的取值。用以估计状

态变量的动态方程称为“状态观测器(state observer/estimator)”。如果状态观测器所估计的状态变量，是原系统所有的状态向量，就称为全维状态观测器(full-dimensional state observer)；如果估计的只是原系统状态变量中的一部分，称为降维观测器(reduced-order observer)。

对于真实控制系统：

$$\begin{cases}\dot{\boldsymbol{x}} = \boldsymbol{A}\boldsymbol{x} + \boldsymbol{B}\boldsymbol{u} \\ \boldsymbol{y} = \boldsymbol{C}\boldsymbol{x}\end{cases} \tag{4.2.1}$$

构造状态观测器最直接的方案，就是采用原系统的 $\boldsymbol{A},\boldsymbol{B},\boldsymbol{C},\boldsymbol{u}$ 等参数构成动态方程；再将原系统的激励信号输入到观测器中计算出各状态变量的数值就构成了估计值。即：

$$\begin{cases}\dot{\hat{\boldsymbol{x}}} = \boldsymbol{A}\hat{\boldsymbol{x}} + \boldsymbol{B}\boldsymbol{u} \\ \hat{\boldsymbol{y}} = \boldsymbol{C}\hat{\boldsymbol{x}}\end{cases} \tag{4.2.2}$$

这里 $\hat{\boldsymbol{x}}$ 和 $\hat{\boldsymbol{y}}$ 就是观测器的状态变量和输出。这种观测器称为“开环状态观测器”，如图 4.2.1 所示。

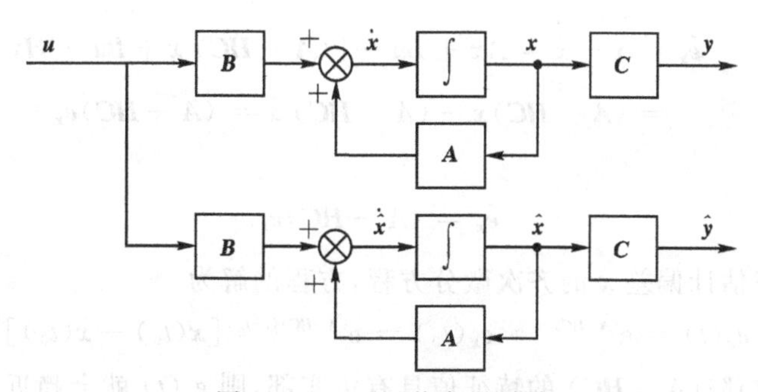

图 4.2.1　开环状态观测器

遗憾的是“开环观测器”在工程中并不实用。原因是数学模型只是现实动态系统的模拟，是一种理想化的、简化的描述；系统在实际运行中还会混入各种干扰和噪声；系统参数也会发生变化；系统的初始状态一般也很难给出一致的描述。所以将激励信号简单代入数学模型中计算出的数值，往往与实际情况有很大的偏差。但我们可以利用这个偏差，对开环观测器的结构进行修正，以期获得良好的估计效果。

真实系统的输出信号与观测器的输出信号之间的偏差为

$$\boldsymbol{y} - \hat{\boldsymbol{y}} = \boldsymbol{C}[\boldsymbol{x} - \hat{\boldsymbol{x}}] \tag{4.2.3}$$

我们构造一个矩阵 $\boldsymbol{H}$，利用偏差值 $(\boldsymbol{y} - \hat{\boldsymbol{y}})$ 对开环状态观测器进行修正，观测器的状态方程变成：

$$\dot{\hat{\boldsymbol{x}}} = \boldsymbol{A}\hat{\boldsymbol{x}} + \boldsymbol{B}\boldsymbol{u} + \boldsymbol{H}(\boldsymbol{y} - \hat{\boldsymbol{y}}) \tag{4.2.4}$$

将 $\hat{\boldsymbol{y}} = \boldsymbol{C}\hat{\boldsymbol{x}}$ 代入可得观测器的状态空间表达为

$$\begin{cases}\dot{\hat{\boldsymbol{x}}} = \boldsymbol{A}\hat{\boldsymbol{x}} + \boldsymbol{B}\boldsymbol{u} + \boldsymbol{H}(\boldsymbol{y} - \hat{\boldsymbol{y}}) = (\boldsymbol{A} - \boldsymbol{H}\boldsymbol{C})\hat{\boldsymbol{x}} + \boldsymbol{B}\boldsymbol{u} + \boldsymbol{H}\boldsymbol{y} \\ \hat{\boldsymbol{y}} = \boldsymbol{C}\hat{\boldsymbol{x}}\end{cases} \tag{4.2.5}$$

就构成了一个修正后的闭环状态观测器。由于从状态观测器得到的 $\hat{\boldsymbol{x}}$ 与原系统状态变量 $\boldsymbol{x}$

的维数相同，所以通常称为全维状态观测器，如图 4.2.2 所示。

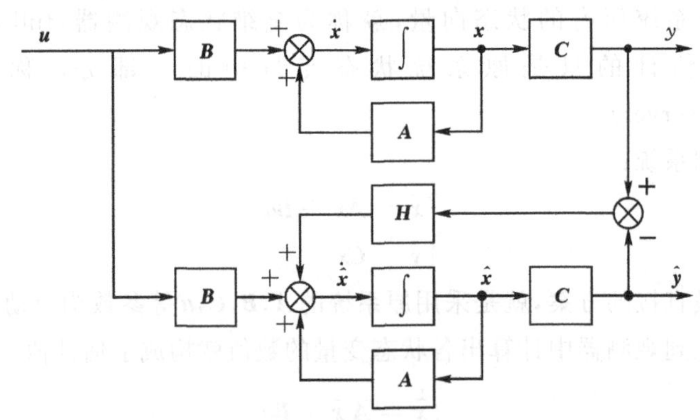

图 4.2.2 全维状态观测器

从式(4.2.5)可以看出，全维状态观测器有两个输入 $\boldsymbol{u}(t)$ 和 $\boldsymbol{y}(t)$，一个输出，为状态估计值$\hat{\boldsymbol{x}}(t)$。我们引入系统状态变量的实际值与观测值之间的偏差 $\boldsymbol{e}_x = \boldsymbol{x} - \hat{\boldsymbol{x}}$，则有：

$$\begin{aligned}\dot{\boldsymbol{e}}_x &= \dot{\boldsymbol{x}} - \dot{\hat{\boldsymbol{x}}} = \boldsymbol{A}\boldsymbol{x} + \boldsymbol{B}\boldsymbol{u} - [(\boldsymbol{A} - \boldsymbol{H}\boldsymbol{C})\hat{\boldsymbol{x}} + \boldsymbol{B}\boldsymbol{u} + \boldsymbol{H}\boldsymbol{y}] \\ &= (\boldsymbol{A} - \boldsymbol{H}\boldsymbol{C})\boldsymbol{x} - (\boldsymbol{A} - \boldsymbol{H}\boldsymbol{C})\hat{\boldsymbol{x}} = (\boldsymbol{A} - \boldsymbol{H}\boldsymbol{C})\boldsymbol{e}_x\end{aligned} \tag{4.2.6}$$

即：

$$\dot{\boldsymbol{e}}_x = (\boldsymbol{A} - \boldsymbol{H}\boldsymbol{C})\boldsymbol{e}_x \tag{4.2.7}$$

这是一个关于状态估计偏差 $\tilde{\boldsymbol{x}}$ 的齐次微分方程，方程的解为

$$\boldsymbol{e}_x(t) = \mathrm{e}^{(\boldsymbol{A}-\boldsymbol{H}\boldsymbol{C})(t-t_0)}\boldsymbol{e}_x(t_0) = \mathrm{e}^{(\boldsymbol{A}-\boldsymbol{H}\boldsymbol{C})(t-t_0)}[\boldsymbol{x}(t_0) - \hat{\boldsymbol{x}}(t_0)] \tag{4.2.8}$$

由上式可知，只要矩阵$(\boldsymbol{A} - \boldsymbol{H}\boldsymbol{C})$ 的特征值具有负实部，则 $\boldsymbol{e}_x(t)$ 就会趋近于零。即使两个初值 $\boldsymbol{x}(t_0)$ 与 $\hat{\boldsymbol{x}}(t_0)$ 存在偏差，观测器算得的状态估计值，也会趋近于系统的真实状态。

也可用系统状态变量的实际值与观测值之间的偏差 $\boldsymbol{e}_x = \boldsymbol{x} - \hat{\boldsymbol{x}}$ 作为状态变量来表述观测器：

$$\begin{cases}\dot{\boldsymbol{e}}_x = (\boldsymbol{A} - \boldsymbol{H}\boldsymbol{C})\boldsymbol{e}_x \\ \boldsymbol{y} - \hat{\boldsymbol{y}} = \boldsymbol{C}\boldsymbol{e}_x\end{cases} \tag{4.2.9}$$

注意这种表述不涉及系统输入信号，更能关注系统本身的结构性能。

能否找到矩阵 $\boldsymbol{H}$，使矩阵$(\boldsymbol{A}-\boldsymbol{H}\boldsymbol{C})$ 的特征值具有负实部，是系统是否存在闭环观测器的条件。为此有如下两个定理：

【定理一】 如果式(4.2.1)表述的系统 $\Sigma(\boldsymbol{A},\boldsymbol{B},\boldsymbol{C})$ 是部分可观测系统，且系统不可观测子系统是渐近稳定的，则系统状态观测器一定存在。（证明略）

【定理二】 如果式(4.2.1)表述的系统 $\Sigma(\boldsymbol{A},\boldsymbol{B},\boldsymbol{C})$ 是可观测系统，则一定存在矩阵 $\boldsymbol{H}$，使矩阵$(\boldsymbol{A} - \boldsymbol{H}\boldsymbol{C})$ 的特征值可以任意配置。

定理二可以采用对偶原理来证明。如果系统 $\Sigma(\boldsymbol{A},\boldsymbol{B},\boldsymbol{C})$ 是完全可观测的系统，则其对偶系统 $\Sigma'(\boldsymbol{A}^{\mathrm{T}},\boldsymbol{C}^{\mathrm{T}},\boldsymbol{B}^{\mathrm{T}})$ 就是完全可控的系统。向 Σ' 添加状态反馈，反馈增益向量 $\boldsymbol{K} = [k_1, k_2, \cdots, k_n]^{\mathrm{T}}$，则闭环系统的特征多项式为

$$\det[s\boldsymbol{I}-(\boldsymbol{A}^{\mathrm{T}}-\boldsymbol{C}^{\mathrm{T}}\boldsymbol{K})]=\det[(s\boldsymbol{I}-(\boldsymbol{A}^{\mathrm{T}}-\boldsymbol{C}^{\mathrm{T}}\boldsymbol{K}))^{\mathrm{T}}]=\det[s\boldsymbol{I}-(\boldsymbol{A}-\boldsymbol{K}^{\mathrm{T}}\boldsymbol{C})] \tag{4.2.10}$$

因为 $\boldsymbol{K}$ 的选择并无限制，所以矩阵 $(\boldsymbol{A}-\boldsymbol{K}^{\mathrm{T}}\boldsymbol{C})$ 的特征值可以任意配置。向原可观测系统 $\Sigma(\boldsymbol{A},\boldsymbol{B},\boldsymbol{C})$ 添加观测器(见式(4.2.6))，并令反馈矩阵 $\boldsymbol{H}=\boldsymbol{K}^{\mathrm{T}}$，则观测器的系统矩阵 $(\boldsymbol{A}-\boldsymbol{HC})$ 的特征值就可以任意配置。只要将特征值配置成具有负实部，观测器就可以成立。

构建系统观测器的目的，是为了实现原系统的状态反馈控制。观测器本身也是一个控制系统，其响应速度应该快于实际被控系统，这样被反馈到真实系统的才能是即时信息，为控制器调节系统所用。类似于控制器设计中确定反馈向量 $\boldsymbol{K}$ 的数值，观测器的设计也要确定反馈向量 $\boldsymbol{H}$ 的数值，使观测器的瞬态响应速度快于控制系统回路的响应速度，及时更新状态向量的估测值。确定矩阵 $\boldsymbol{H}$ 有很多方法，这里我们介绍匹配系数法和观测器标准型转换法。

4.2.2 匹配系数法

系数匹配法是将行列式 $\det(s\boldsymbol{I}-(\boldsymbol{A}-\boldsymbol{HC}))$ 的表达式系数，与期望的特征多项式系数匹配。这种方法简单明了，但用于高阶系统时计算稍显烦琐。我们用一个例子来说明。

【例题 4.2.1】系统传递函数如下：

$$G(s)=\frac{40(s+2)}{(s+3)(s+4)} \tag{4.2.11}$$

设计系统状态观测器，取观测器主导参数 $\zeta=0.7,\omega_n=10$。

【解答】改写传递函数形式：

$$G(s)=\frac{40(s+2)}{(s+3)(s+4)}=\frac{40s+80}{s^2+7s+12} \tag{4.2.12}$$

据此写出系统的相变量型状态空间表达：

$$\boldsymbol{A}=\begin{bmatrix}0 & 1\\ -12 & -7\end{bmatrix}\quad \boldsymbol{B}=\begin{bmatrix}0\\ 1\end{bmatrix}\quad \boldsymbol{C}=[80\quad 40] \tag{4.2.13}$$

系统信号流图如图 4.2.3 所示。

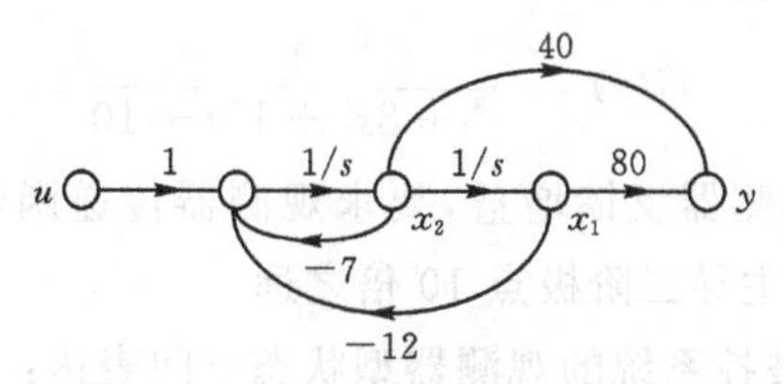

图 4.2.3 真实系统信号流图

系统可观测性判定矩阵

$$\boldsymbol{Q}_{\mathrm{o}}=\begin{bmatrix}\boldsymbol{C}\\ \boldsymbol{CA}\end{bmatrix}=\begin{bmatrix}80 & 40\\ -480 & -200\end{bmatrix} \tag{4.2.14}$$

$\boldsymbol{Q}_{\mathrm{o}}$ 矩阵的秩 $\mathrm{rank}(\boldsymbol{Q}_{\mathrm{o}})=2$，系统状态观测器存在。引入输出信号反馈增益 $\boldsymbol{H}=[h_1\quad h_2]^{\mathrm{T}}$，写出观测器状态矩阵为

$$\boldsymbol{A}-\boldsymbol{HC}=\begin{bmatrix}0 & 1\\ -12 & -7\end{bmatrix}-\begin{bmatrix}h_1\\ h_2\end{bmatrix}\begin{bmatrix}80 & 40\end{bmatrix}=\begin{bmatrix}-80h_1 & 1-40h_1\\ -12-80h_2 & -7-40h_2\end{bmatrix}\tag{4.2.15}$$

矩阵的特征多项式为

$$\begin{aligned}\det[s\boldsymbol{I}-(\boldsymbol{A}-\boldsymbol{HC})]&=\begin{bmatrix}s+80h_1 & -1+40h_1\\ 12+80h_2 & s+7+40h_2\end{bmatrix}\\ &=s^2+(80h_1+40h_2+7)s+(80h_1+80h_2+12)\end{aligned}\tag{4.2.16}$$

根据题设要求 $\zeta=0.7,\omega_n=10$，写出观测器的期望特征多项式为

$$f(s)=s^2+14s+100\tag{4.2.17}$$

比较观测器特征多项式表达式与期望式的各变量系数，可知 $h_1=-0.925,h_2=2.025$。系统状态观测器为

$$\boldsymbol{A}=\begin{bmatrix}0 & 1\\ -12 & -7\end{bmatrix}\quad \boldsymbol{B}=\begin{bmatrix}0\\ 1\end{bmatrix}\quad \boldsymbol{C}=\begin{bmatrix}80 & 40\end{bmatrix}\quad \boldsymbol{H}=\begin{bmatrix}-0.925\\ 2.025\end{bmatrix}\tag{4.2.18}$$

如图 4.2.4 所示是观测器设计完成后的观测器信号流图。

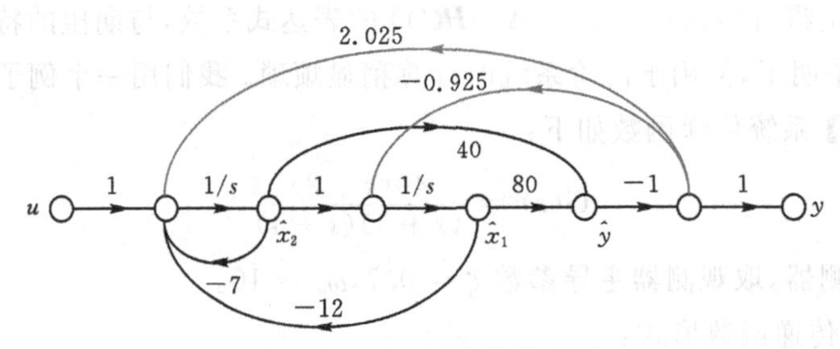

图 4.2.4　观测器信号流图

4.2.3　观测器规范型设计

如果真实系统的状态空间表达是观测器规范型，那么确定观测器的反馈增益 $\boldsymbol{H}$ 就比较方便，如下例。

【例题 4.2.2】被控系统传递函数为

$$G(s)=\frac{1}{s^3+8s^2+17s+10}\tag{4.2.19}$$

设计实际系统的状态观测器反馈增益，要求观测器传递函数的主导二阶极点为 $s_{1,2}=-10\pm j20$，第三个极点远离主导二阶极点 10 倍之远。

【解答】根据题设写出被控系统的观测器型状态空间表达：

$$\begin{cases}\dot{\boldsymbol{x}}=\boldsymbol{Ax}+\boldsymbol{Bu}=\begin{bmatrix}-8 & 1 & 0\\ -17 & 0 & 1\\ -10 & 0 & 0\end{bmatrix}\boldsymbol{x}+\begin{bmatrix}0\\ 0\\ 1\end{bmatrix}u\\ y=\boldsymbol{Cx}=\begin{bmatrix}1 & 0 & 0\end{bmatrix}\boldsymbol{x}\end{cases}\tag{4.2.20}$$

绘制被控系统(观测器规范型)信号流图如图 4.2.5 所示。

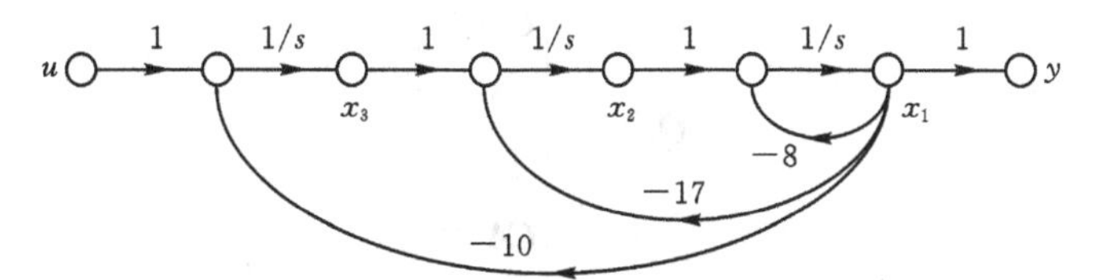

图 4.2.5　被控系统信号流图

系统开环观测器的形式与被控系统一致，只是将真实状态 x_i 改为估测状态$\hat{x}_i$ 而已。引入系统真实输出与估测输出之间的偏差 $y-\hat{y}$，将其反馈到各状态变量的导数处，就形成了全维状态观测器。令反馈矩阵 $\boldsymbol{H}_x=[h_{x1}\ h_{x2}\ h_{x3}]^{\mathrm{T}}$，可绘制全维状态观测器的信号流图，如图 4.2.6 所示。

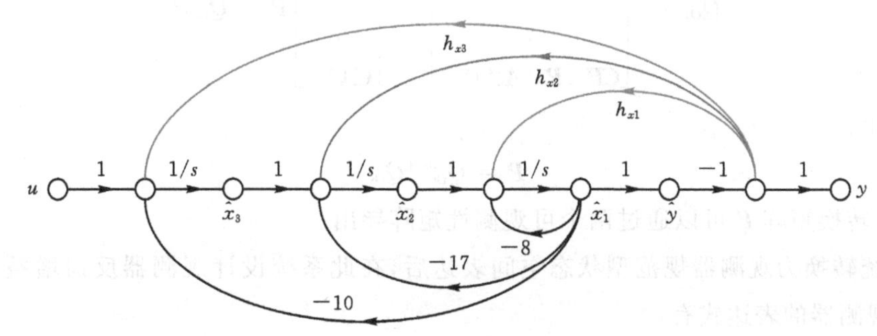

图 4.2.6　全维状态观测器信号流图

据此写出观测器的状态矩阵：

$$\boldsymbol{A}-\boldsymbol{H}_x\boldsymbol{C}=\begin{bmatrix}-8 & 1 & 0\\-17 & 0 & 1\\-10 & 0 & 0\end{bmatrix}-\begin{bmatrix}h_{x1}\\h_{x2}\\h_{x3}\end{bmatrix}\begin{bmatrix}1 & 0 & 0\end{bmatrix}=\begin{bmatrix}-(8+h_{x1}) & 1 & 0\\-(17+h_{x2}) & 0 & 1\\-(10+h_{x3}) & 0 & 0\end{bmatrix}\quad(4.2.21)$$

则观测器系统的特征多项式为

$$\det[s\boldsymbol{I}-(\boldsymbol{A}-\boldsymbol{H}_x\boldsymbol{C})]=s^3+(8+h_{x1})s^2+(17+h_{x2})s+(10+h_{x3})\quad(4.2.22)$$

再根据题设要求，观测器传递函数的主导二阶极点为 $s_{1,2}=-10\pm\mathrm{j}20$，第三个极点要远离主导二阶极点 10 倍远。可设定观测器期望特征多项式为

$$(s+100)(s+10+\mathrm{j}20)(s+10-\mathrm{j}20)=s^3+120s^2+2500s+50000\quad(4.2.23)$$

比较以上两个特征多项式的系数，可得：

$$h_{x1}=112,h_{x2}=2483,h_{x3}=49990\quad(4.2.24)$$

如果真实系统是非控制器规范型，可转换为观测器规范型，待完成系统状态观测器设计以后，再转换回原有的空间表达形式。

设真实系统的状态空间表达(非观测器型)为

$$\begin{cases}\dot{\boldsymbol{z}}=\boldsymbol{A}\boldsymbol{z}+\boldsymbol{B}u\\ y=\boldsymbol{C}\boldsymbol{z}\end{cases}\quad(4.2.25)$$

可观测性判定矩阵

$$Q_{Ox}=\begin{bmatrix}C\\CA\\\vdots\\CA^{n-1}\end{bmatrix}\tag{4.2.26}$$

引入转换矩阵 $\boldsymbol{P}$,令 $z=Px$,将系统转换为观测器标准型的状态空间表达：

$$\begin{cases}\dot{x}=P^{-1}APx+P^{-1}Bu\\y=CPx\end{cases}\tag{4.2.27}$$

其可观测性判定矩阵为

$$Q_{Oz}=\begin{bmatrix}CP\\CP(P^{-1}AP)\\\vdots\\CP\,(P^{-1}AP)^{n-1}\end{bmatrix}=\begin{bmatrix}C\\CA\\\vdots\\CA^{n-1}\end{bmatrix}P=Q_{Ox}P\tag{4.2.28}$$

上式可解出：

$$P=Q_{Ox}{}^{-1}Q_{Oz}\tag{4.2.29}$$

也就是说,转换矩阵 $\boldsymbol{P}$ 可以通过两个可观测性矩阵导出。

原系统转换为观测器规范型状态空间表达后,在此系统设计观测器反馈增益 H_x,根据(4.2.9)观测器的表达式有：

$$\begin{cases}\dot{e}_x=(P^{-1}AP-H_xCP)e_x\\y-\hat{y}=CPe_x\end{cases}\tag{4.2.30}$$

因为 $x=P^{-1}z,\hat{x}=P^{-1}\hat{z}$,所以 $e_x=x-\hat{x}=P^{-1}e_z$。将 $e_x=P^{-1}e_z$ 代入上式可将其转换回原来的状态空间表达：

$$\begin{cases}\dot{e}_z=(A-PH_xC)e_z\\y-\hat{y}=Ce_z\end{cases}\tag{4.2.31}$$

且有：

$$H_z=PH_x\tag{4.2.32}$$

【例题 4.2.3】被控系统传递函数为

$$G(s)=\frac{1}{(s+1)(s+2)(s+5)}\tag{4.2.33}$$

设计系统闭环状态观测器,使观测器状态矩阵的特征方程为 $f(s)=s^3+120s^2+2500s+50000$。

【解答】我们将被控系统写成串联型状态空间表达：

$$\begin{cases}\dot{z}=Az+Bu=\begin{bmatrix}-5&1&0\\0&-2&1\\0&0&-1\end{bmatrix}z+\begin{bmatrix}0\\0\\1\end{bmatrix}u\\y=Cz=[1\quad0\quad0]z\end{cases}\tag{4.2.34}$$

在此空间表达中的可观测性矩阵 Q_{Oz} 为

$$Q_{ox}=\begin{bmatrix}C\\CA\\CA^2\end{bmatrix}=\begin{bmatrix}1&0&0\\-5&1&0\\25&-7&1\end{bmatrix}\tag{4.2.35}$$

$\det(Q_{ox})=1$,故系统可观测。被控系统的特征多项式为

$$\det(sI-A)=(s+1)(s+2)(s+5)=s^3+8s^2+17s+10\tag{4.2.36}$$

由此特征多项式系数可以写出原被控系统的观测器规范型状态空间表达：

$$\begin{cases}\dot{x}=A_xx+B_xu=\begin{bmatrix}-8&1&0\\-17&0&1\\-10&0&0\end{bmatrix}x+\begin{bmatrix}0\\0\\1\end{bmatrix}u\\y=C_xx=\begin{bmatrix}1&0&0\end{bmatrix}x\end{cases}\tag{4.2.37}$$

在此空间表达的系统可观测性矩阵为

$$Q_{ox}=\begin{bmatrix}C_x\\C_xA_x\\C_xA_x^{\ 2}\end{bmatrix}=\begin{bmatrix}1&0&0\\-8&1&0\\47&-8&1\end{bmatrix}\tag{4.2.38}$$

现在就可以在此观测器规范型状态空间来设计观测器。令反馈矩阵 $H_x=[h_{x1}\ h_{x2}\ h_{x3}]^T$,写出观测器状态矩阵$(A_x-H_xC_x)$的表达式：

$$A_x-H_xC_x=\begin{bmatrix}-8&1&0\\-17&0&1\\-10&0&0\end{bmatrix}-\begin{bmatrix}h_{x1}\\h_{x2}\\h_{x3}\end{bmatrix}\begin{bmatrix}1&0&0\end{bmatrix}=\begin{bmatrix}-(8+h_{x1})&1&0\\-(17+h_{x2})&0&1\\-(10+h_{x3})&0&0\end{bmatrix}\tag{4.2.39}$$

特征多项式表达为

$$\det[sI-(A_x-H_xC_x)]=s^3+(8+h_{x1})s^2+(17+h_{x2})s+(10+h_{x3})\tag{4.2.40}$$

而题设给出的期望观测器特征多项式为

$$f(s)=s^3+120s^2+2500s+50000\tag{4.2.41}$$

上两式各阶变量前的系数比对,可求出反馈增益系数向量为

$$H_x=[112\quad 2483\quad 49990]^T\tag{4.2.42}$$

将此设计结果再转换回原来系统的状态空间表达。根据式(4.2.29)可得：

$$P=Q_{ox}^{\ -1}Q_{ox}=\begin{bmatrix}1&0&0\\-3&1&0\\1&-1&1\end{bmatrix}\tag{4.2.43}$$

利用转换矩阵 P 再将 H_x 转换到原状态空间表达 $H_z=[h_{z1}\ h_{z2}\ h_{z3}]^T$：

$$H_z=PH_x=[112\quad 2147\quad 47619]^T\tag{4.2.44}$$

最终的设计结果如图 4.2.7 所示。

【例题 4.2.2】与【例题 4.2.3】是同一个被控系统,可对比下二者设计全维观测器方案的异同。

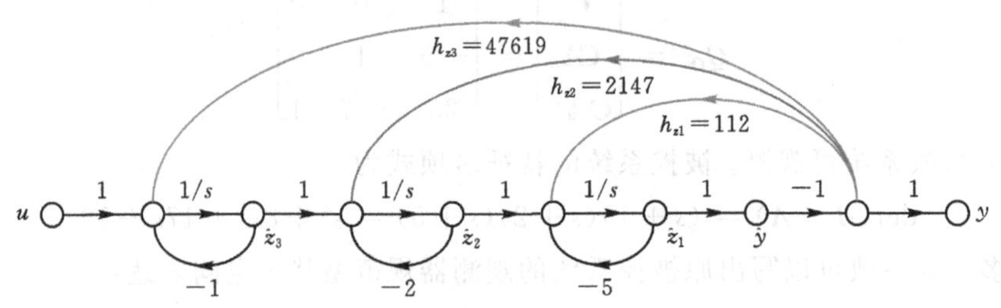

图 4.2.7　全维状态观测器信号流图

4.3　带有观测器的状态反馈

在状态空间中设计闭环控制系统时，如果系统各状态变量的信息来源于观测器，就是带有观测器的状态反馈设计，如图 4.3.1 所示的系统结构图。被控系统显然既要具有可控性，还要具有可观测性。

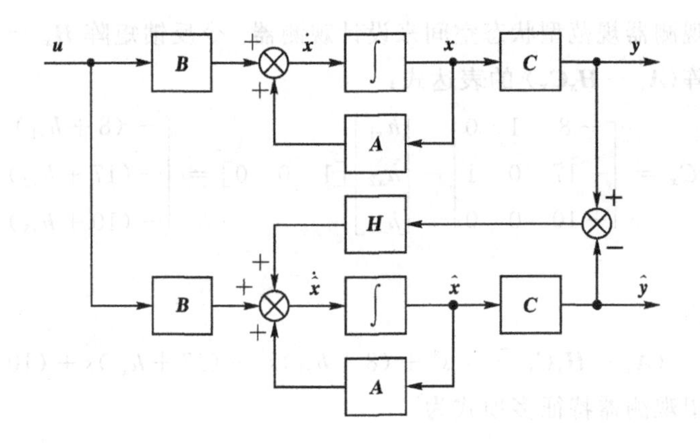

图 4.3.1　系统结构示意图

被控系统状态空间表达为

$$\begin{cases}\dot{\boldsymbol{x}}=\boldsymbol{A}\boldsymbol{x}+\boldsymbol{B}\boldsymbol{u}\\ \boldsymbol{y}=\boldsymbol{C}\boldsymbol{x}\end{cases}\tag{4.3.1}$$

全维状态观测器状态空间表达：

$$\begin{cases}\dot{\hat{\boldsymbol{x}}}=(\boldsymbol{A}-\boldsymbol{H}\boldsymbol{C})\hat{\boldsymbol{x}}+\boldsymbol{B}\boldsymbol{u}+\boldsymbol{H}\boldsymbol{y}\\ \hat{\boldsymbol{y}}=\boldsymbol{C}\hat{\boldsymbol{x}}\end{cases}\tag{4.3.2}$$

系统状态反馈：

$$\boldsymbol{u}=\boldsymbol{r}-\boldsymbol{K}\hat{\boldsymbol{x}}\tag{4.3.3}$$

如果原系统是 n 维控制系统，那么加入观测器和控制器后的闭环系统就是 $2n$ 维控制系统 $\Sigma(\boldsymbol{A},\boldsymbol{B},\boldsymbol{C},\boldsymbol{H},\boldsymbol{K})$，也可写成状态空间表达形式：

$$\Sigma(A,B,C,H,K):\begin{cases}\begin{bmatrix}\dot{x}\\ \dot{\hat{x}}\end{bmatrix}=\begin{bmatrix}A & -BK\\ HC & (A-HC-BK)\end{bmatrix}\begin{bmatrix}x\\ \hat{x}\end{bmatrix}+\begin{bmatrix}B\\ B\end{bmatrix}r\\ y=\begin{bmatrix}C & 0\end{bmatrix}\begin{bmatrix}x\\ \hat{x}\end{bmatrix}\end{cases}\tag{4.3.4}$$

引入状态变量 $e_x = x - \hat{x}$，即：

$$\begin{bmatrix}x\\ \hat{x}\end{bmatrix}=\begin{bmatrix}I & 0\\ I & -I\end{bmatrix}\begin{bmatrix}x\\ e_x\end{bmatrix}=P\begin{bmatrix}x\\ e_x\end{bmatrix}\tag{4.3.5}$$

利用非奇异矩阵 P 将系统 $\Sigma(A,B,C,H,K)$ 变换为

$$\Sigma'(A,B,C,H,K):\begin{cases}\begin{bmatrix}\dot{x}\\ \dot{e}_x\end{bmatrix}=\begin{bmatrix}A-BK & BK\\ 0 & (A-HC)\end{bmatrix}\begin{bmatrix}x\\ e_x\end{bmatrix}+\begin{bmatrix}B\\ 0\end{bmatrix}r\\ y=\begin{bmatrix}C & 0\end{bmatrix}\begin{bmatrix}x\\ e_x\end{bmatrix}\end{cases}\tag{4.3.6}$$

因为是相似系统变换，所以 Σ' 系统与 Σ 系统具有相同的特征多项式：

$$\begin{aligned}\det\left(\lambda I-\begin{bmatrix}A-BK & BK\\ 0 & (A-HC)\end{bmatrix}\right)&=\det\left(\begin{bmatrix}\lambda I-(A-BK) & -BK\\ 0 & \lambda I-(A-HC)\end{bmatrix}\right)\\ &=\det[\lambda I-(A-BK)]\cdot\det[\lambda I-(A-HC)]\end{aligned}\tag{4.3.7}$$

上式说明，闭环系统特征多项式，是矩阵$(A-BK)$的特征多项式与矩阵$(A-HC)$的特征多项式乘积；所以整个闭环系统极点，由状态反馈极点与系统观测器极点组成，且两部分相互独立。由此可知，系统的观测器与控制器可以分开设计，互不影响。在设计观测器时，可令矩阵$(A-HC)$的特征值负实部，取为矩阵$(A-BK)$特征值的 2～5 倍，加快观测器的响应速度。

还可以通过矩阵变换来证明，带有观测器的状态反馈控制闭环系统的系统传递函数，与直接状态反馈控制闭环系统的传递函数，二者等同。传递函数表征了系统输出与输入之间的关系，这说明观测器的引入，并不改变原系统本身的特性。

【例题 4.3.1】系统开环传递函数为

$$G(s)=\frac{1}{(s+2)(s+5)}\tag{4.3.8}$$

设计一个带全维状态观测器的闭环控制系统，要求状态反馈系统的特征值为 $-3\pm j6$，观测器系统的极点为 $-10,-10$。

【解答】被控系统状态空间表达：

$$\begin{cases}\dot{x}=Ax+B=\begin{bmatrix}-2 & 1\\ 0 & -5\end{bmatrix}x+\begin{bmatrix}0\\ 1\end{bmatrix}u\\ y=Cx=\begin{bmatrix}1 & 0\end{bmatrix}x\end{cases}\tag{4.3.9}$$

系统可控性矩阵 Q_c，可观测性矩阵 Q_o 分别为

$$Q_c=\begin{bmatrix}B & AB\end{bmatrix}=\begin{bmatrix}0 & 1\\ 1 & -5\end{bmatrix}\tag{4.3.10}$$

$$Q_o = \begin{bmatrix} C \\ CA \end{bmatrix} = \begin{bmatrix} 1 & 0 \\ -2 & 1 \end{bmatrix} \tag{4.3.11}$$

Q_c,Q_o 均为满秩,所以系统可控可观测。

(1) 设状态反馈增益 $K = [k_1 \quad k_2]$,写出闭环系统的特征多项式为

$$\det(sI - (A - BK)) = s^2 + (k_2 + 7)s + (k_1 + 2k_2 + 10) \tag{4.3.12}$$

题设期望的特征多项式为

$$(s + 3 + j6)(s + 3 - j6) = s^2 + 6s + 45 \tag{4.3.13}$$

匹配系数,可得 $k_1 = 37, k_2 = -1$。

(2) 设观测器反馈增益 $H = [h_1 \quad h_2]^T$,写出观测器系统的特征多项式为

$$\det(sI - (A - HC)) = s^2 + (h_1 + 7)s + (5h_1 + h_2 + 10) \tag{4.3.14}$$

题设期望的观测器特征多项式为

$$(s + 10)(s + 10) = s^2 + 20s + 100 \tag{4.3.15}$$

匹配系数,可得:

$$h_1 = 13, h_2 = 25 \tag{4.3.16}$$

设计完成后的闭环系统信号流图如图 4.3.2 所示。

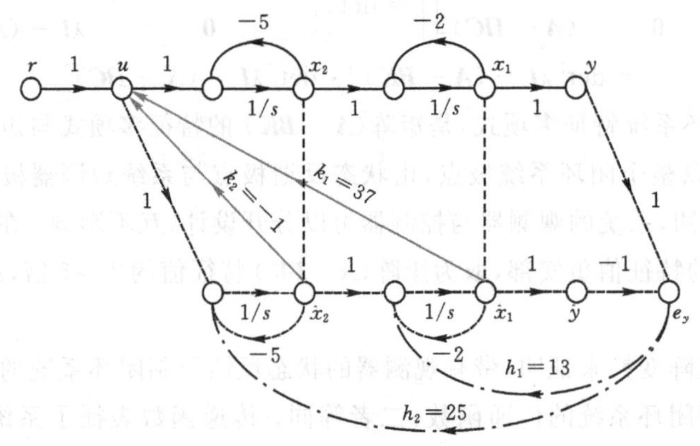

图 4.3.2 闭环系统信号流图

4.4 加入积分器降低系统稳态误差

在传递函数领域中设计系统补偿器,通常是加入一个积分环节以降低系统的稳态误差。我们介绍在状态空间中的设计方法。

如图 4.4.1 所示的系统结构示意图,假设系统控制器已经设计好,瞬态响应性能指标满足了设计要求。从输出端引出的反馈信号构成偏差信号 e,再通过一个积分器送入被控对象。积分器升高了系统型次,可以将系统原有的稳态误差降为零。

如图 4.4.1 所示,在偏差积分器的输出端引出一个新的状态变量 x_n,系统偏差 e 是这个新变量的导数,可知:

$$\dot{x}_n = e = r - y = r - Cx \tag{4.4.1}$$

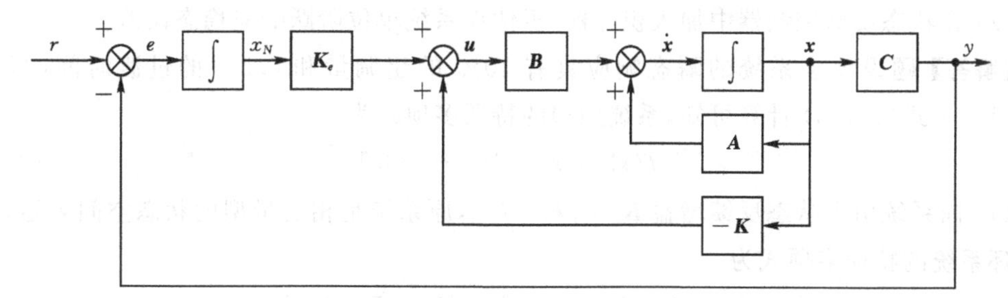

图 4.4.1　积分补偿控制降低系统稳态误差

则系统状态方程可写为

$$\begin{cases}\dot{\boldsymbol{x}} = \boldsymbol{Ax} + \boldsymbol{Bu} \\ \dot{x}_n = -\boldsymbol{Cx} + r \\ y = \boldsymbol{Cx}\end{cases} \tag{4.4.2}$$

可写成增广矩阵的形式：

$$\begin{cases}\begin{bmatrix}\dot{\boldsymbol{x}} \\ \dot{x}_n\end{bmatrix} = \begin{bmatrix}\boldsymbol{A} & 0 \\ -\boldsymbol{C} & 0\end{bmatrix}\begin{bmatrix}\boldsymbol{x} \\ x_n\end{bmatrix} + \begin{bmatrix}\boldsymbol{B} \\ 0\end{bmatrix}\boldsymbol{u} + \begin{bmatrix}0 \\ 1\end{bmatrix}r \\ y = [\boldsymbol{C} \quad 0]\begin{bmatrix}\boldsymbol{x} \\ x_n\end{bmatrix}\end{cases} \tag{4.4.3}$$

作用信号 u 为

$$u = -\boldsymbol{K}x + \boldsymbol{K}_e x_n = -[\boldsymbol{K} \quad -\boldsymbol{K}_e]\begin{bmatrix}\boldsymbol{x} \\ x_n\end{bmatrix} \tag{4.4.4}$$

将 u 的表达式代入闭环系统矩阵并化简可得：

$$\begin{cases}\begin{bmatrix}\dot{\boldsymbol{x}} \\ \dot{x}_n\end{bmatrix} = \begin{bmatrix}\boldsymbol{A}-\boldsymbol{BK} & \boldsymbol{BK}_e \\ -\boldsymbol{C} & 0\end{bmatrix}\begin{bmatrix}\boldsymbol{x} \\ x_n\end{bmatrix} + \begin{bmatrix}0 \\ 1\end{bmatrix}r \\ y = [\boldsymbol{C} \quad 0]\begin{bmatrix}\boldsymbol{x} \\ x_n\end{bmatrix}\end{cases} \tag{4.4.5}$$

我们可以根据式(4.4.5)表达的闭环系统的特征方程来设计 $\boldsymbol{K}$ 和 $\boldsymbol{K}_e$ 的值，使系统满足瞬态响应性能指标要求。

闭环系统增加积分环节实际上是增加了一个极点，但闭环的零点对系统瞬态响应的影响也不能忽略。如果闭环系统具有与开环同样的零点，在设计时可将系统的高阶极点安置在系统零点处，使零极点对消。

【例题 4.4.1】 被控系统的状态空间表达为

$$\begin{cases}\dot{\boldsymbol{x}} = \begin{bmatrix}0 & 1 \\ -4 & -5\end{bmatrix}\boldsymbol{x} + \begin{bmatrix}0 \\ 1\end{bmatrix}u \\ \boldsymbol{y} = [1 \quad 0]\boldsymbol{x}\end{cases} \tag{4.4.6}$$

(1) 设计一个状态反馈控制器，使系统具有 10% 的超调量和 0.5 s 的过渡时间。估算系统对单位阶跃输入信号响应的稳态误差。

(2) 在状态反馈控制器中加入积分器，再估算系统单位阶跃响应稳态误差。

【解答】题设要求系统的瞬态响应具有 10% 的超调量和 0.5 s 的过渡时间，根据式(1.2.1) ~ 式(1.2.3) 计算可知，系统期望的特征多项式为

$$f(s) = s^2 + 16s + 183.1 \tag{4.4.7}$$

(1) 向系统引入状态反馈增益 $\boldsymbol{K} = [k_1 \quad k_2]$，原系统是相变量型的状态空间表达，可写出闭环系统的特征多项式为

$$\det(s\boldsymbol{I} - (\boldsymbol{A} - \boldsymbol{BK})) = s^2 + (k_2 + 5)s + (k_1 + 4) \tag{4.4.8}$$

上式与期望多项式匹配系数，可求出 $\boldsymbol{K} = [179.1 \quad 11]$。写出添加状态反馈后的闭环系统状态空间表达为

$$\begin{cases} \dot{\boldsymbol{x}} = (\boldsymbol{A} - \boldsymbol{BK})\boldsymbol{x} + \boldsymbol{B}r = \begin{bmatrix} 0 & 1 \\ -183.1 & -16 \end{bmatrix}\boldsymbol{x} + \begin{bmatrix} 0 \\ 1 \end{bmatrix}u \\ \boldsymbol{y} = [1 \quad 0]\boldsymbol{x} \end{cases} \tag{4.4.9}$$

闭环系统单位阶跃响应的稳态误差为(参见 3.3 节式(3.3.15) 系统阶跃响应稳态误差公式)：

$$e(\infty) = 1 + \boldsymbol{C}(\boldsymbol{A} - \boldsymbol{BK})^{-1}\boldsymbol{B} = 1 + [1 \quad 0]\begin{bmatrix} 0 & 1 \\ -183.1 & -16 \end{bmatrix}^{-1}\begin{bmatrix} 0 \\ 1 \end{bmatrix} = 0.9945 \tag{4.4.10}$$

设计完成后的系统稳态误差是 0.9945。

(2) 在状态反馈控制器中加入积分器，根据式(4.4.5) 写出闭环系统状态空间表达：

$$\begin{bmatrix} \dot{x}_1 \\ \dot{x}_2 \\ \dot{x}_n \end{bmatrix} = \begin{bmatrix} \left(\begin{bmatrix} 0 & 1 \\ -4 & -5 \end{bmatrix} - \begin{bmatrix} 0 \\ 1 \end{bmatrix}[k_1 k_2]\right) & \begin{bmatrix} 0 \\ 1 \end{bmatrix}K_e \\ -[1 \quad 0] & 0 \end{bmatrix}\begin{bmatrix} x_1 \\ x_2 \\ x_n \end{bmatrix}u + \begin{bmatrix} 0 \\ 0 \\ 1 \end{bmatrix}r$$

$$= \begin{bmatrix} 0 & 1 & 0 \\ -(4 + k_1) & -(5 + k_2) & K_e \\ -1 & 0 & 0 \end{bmatrix}\begin{bmatrix} x_1 \\ x_2 \\ x_n \end{bmatrix} + \begin{bmatrix} 0 \\ 0 \\ 1 \end{bmatrix}r$$

$$y = [1 \quad 0 \quad 0]\begin{bmatrix} x_1 \\ x_2 \\ x_n \end{bmatrix} \tag{4.4.11}$$

根据闭环系统状态矩阵写出系统的特征多项式：

$$\det(s\boldsymbol{I} - \boldsymbol{A}) = s^3 + (k_2 + 5)s^2 + (k_1 + 4)s + K_e \tag{4.4.12}$$

由题设可知原系统的传递函数为 $G(s) = 1/(s^2 + 5s + 4)$，而期望设计后的闭环系统特征多项式为式(4.4.7)。原被控系统无零点，我们假定添加积分器后的系统也无零点，只是对式(4.4.7) 添加一个极点 $(s + 100)$，这个极点的位置 5 倍远于期望的二阶主导极点位置。则期望的三阶闭环系统特征多项式为

$$f(s) = (s + 100)(s^2 + 16s + 183.1) = s^3 + 116s^2 + 1783.1s + 18310 \tag{4.4.13}$$

比较式(4.4.12) 与式(4.4.13) 中各变量的系数，可得：

$$k_1 = 1779.1;\quad k_2 = 111;\quad K_e = 18310 \tag{4.4.14}$$

设计完成后的闭环系统状态空间表达为

$$\begin{bmatrix}\dot{x}_1\\ \dot{x}_2\\ \dot{x}_n\end{bmatrix} = \begin{bmatrix}0 & 1 & 0\\ -1783.1 & -116 & 18310\\ -1 & 0 & 0\end{bmatrix}\begin{bmatrix}x_1\\ x_2\\ x_n\end{bmatrix}u + \begin{bmatrix}0\\0\\1\end{bmatrix}r$$

$$y = \begin{bmatrix}1 & 0 & 0\end{bmatrix}\begin{bmatrix}x_1\\ x_2\\ x_n\end{bmatrix} \tag{4.4.15}$$

系统传递函数为(参见 2.3 节的公式 $G(s) = \boldsymbol{C}(s\boldsymbol{I} - \boldsymbol{A})^{-1}\boldsymbol{B} + \boldsymbol{D}$)：

$$G(s) = \frac{18310}{s^3 + 116s^2 + 1783.1s + 18310} \tag{4.4.16}$$

可知设计完成后的系统无零点，而且系统的瞬态响应性能指标满足要求。再计算出系统对单位阶跃响应的稳态误差为

$$e(\infty) = 1 + \begin{bmatrix}1 & 0 & 0\end{bmatrix}\begin{bmatrix}0 & 1 & 0\\ -1783.1 & -116 & 18310\\ -1 & 0 & 0\end{bmatrix}^{-1}\begin{bmatrix}0\\0\\1\end{bmatrix} = 0 \tag{4.4.17}$$

闭环系统加入积分器后，阶跃响应稳态误差为 0，相当于一个 I 型系统。

练习题

1. 系统传递函数如下式所示，在串联型状态空间设计系统状态反馈控制器，要求系统具有 0.5 s 过渡时间，15% 的相对超调量。

$$G(s) = \frac{8}{(s+1)(s+2)}$$

2. 控制系统状态空间表达如下：

$$\dot{\boldsymbol{x}} = \begin{bmatrix}1 & 1 & 1\\ 1 & 2 & -1\\ 0 & 1 & 0\end{bmatrix}\boldsymbol{x} + \begin{bmatrix}0\\1\\0\end{bmatrix}u \qquad y = \begin{bmatrix}1 & 0 & 0\end{bmatrix}\boldsymbol{x}$$

设计系统状态观测器，观测器极点为 1，−1 和 −2。

3. 控制系统状态空间表达如下：

$$\dot{\boldsymbol{x}} = \begin{bmatrix}0 & 1 & 0\\ 0 & 0 & 1\\ 0 & -36 & -15\end{bmatrix}\boldsymbol{x} + \begin{bmatrix}0\\0\\1\end{bmatrix}u \qquad y = \begin{bmatrix}1 & 0 & 0\end{bmatrix}\boldsymbol{x}$$

(1) 设计一个相变量状态反馈控制器，要求系统响应具有 0.3 s 的峰值时间，以及 5% 的相对超调量。

(2) 设计系统状态观测器，使观测器的响应速度 10 倍于控制器。

4. 控制系统传递函数如下式所示：

$$G(s)=\frac{s+4}{s^3+9s^2+23s+15}$$

(1) 设计一个相变量状态反馈控制器，要求系统响应具有 4 s 的过渡时间，以及 20% 的相对超调量。

(2) 设计系统状态观测器，使观测器的响应速度 10 倍于控制器。

5. 系统状态方程和输出方程如下：

$$\dot{x}=\begin{bmatrix}0 & 1\\ -3 & -5\end{bmatrix}x+\begin{bmatrix}0\\ 1\end{bmatrix}u \qquad y=\begin{bmatrix}1 & 0\end{bmatrix}x$$

(1) 设计系统状态反馈控制器，使系统响应的超调量为 10%，过渡时间为 5 s；计算系统对单位阶跃输入信号响应的稳态误差。

(2) 采用积分控制设计控制器，并计算系统对单位阶跃输入信号响应的稳态误差。

最优控制

第5章

5.1　基本概念与术语

1950年之后，空天技术的发展对自动控制品质提出了更高的要求，一批数学家用优化理论来描述动力系统的控制问题，逐步形成了最优控制(optimal control)理论。最优控制理论通常是将实际的工程控制问题转化为严格的数学描述后再求解，用到了很多现代数学的概念和术语。

1. 算子(operator)

从一个函数空间到另一个函数空间的映射称为算子。

2. 泛函(functional)

如果对于函数集合$\{y(t)\}$中的每个函数$y(t)$，映射为实数集(或复数集)中的某个点J，则称J为$y(t)$的泛函，记为$J=J[y(t)]$，$J=J[y(\cdot)]$或$J=J[y]$。

在最优控制理论中用到的泛函，就是从任意的向量空间到标量的映射，是从函数空间到数域的映射。

初等代数中的函数运算，是从定义域集合中的元素映射到值域集合中的元素，着眼于点到点的映射；而泛函这种映射，定义域集合是一个函数集合。泛函是函数概念的推广，是函数的函数。

【例题5.1.1】如图5.1.1所示，点$A(t_0,y_0)$和点$B(t_1,y_1)$可以通过曲线$y(t)$联接，这些曲线就构成了一个函数集合$\{y(t)\}$。设函数$y(t)$连续可导，写出曲线弧长的泛函。

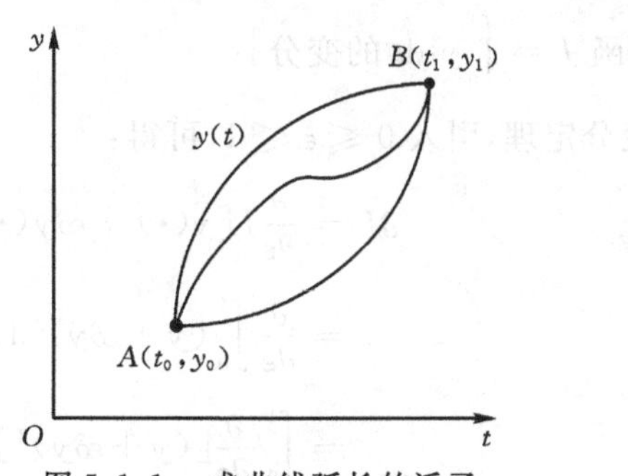

图5.1.1　求曲线弧长的泛函

【解答】根据高等数学知识可写出曲线的长度为

$$S=\int_{t_0}^{t_1}\sqrt{1+y'^2}\,\mathrm{d}t \tag{5.1.1}$$

不同的 $y(t)$ 曲线对应不同的 S 值，函数 $y(t)$ 映射成为数值标量 S。所以求曲线弧长的定积分运算 S 即为泛函。

泛函 $J[y(t)]$ 中的函数 $y(t)$ 称为泛函 J 的宗量，也称为泛函变量、宗量函数或变函数。令泛函 $J[y(t)]$ 有意义的所有 $y(t)$ 组成的集合 $\{y(t)\}$，称为泛函 J 的定义域。加在宗量函数上的条件称为容许条件；满足容许条件的宗量函数称为容许函数。

最优控制要用到求泛函极值的运算，即在容许函数中，求取一个函数 $\hat{y}(\cdot)$，满足 $S[\hat{y}(\cdot)]\geqslant S[y(\cdot)]$（极大值）或 $S[\hat{y}(\cdot)]\leqslant S[y(\cdot)]$（极小值）。借鉴微分法求函数极值的思路，求泛函的极值采用的是“变分法”。

3. 泛函变分（calculus of variations）

宗量 $y(t)$ 的变化（增量）称为宗量的变分，记作 $\delta y(\cdot)$：

$$\delta y(\cdot)=y(t)-y_0(t) \tag{5.1.2}$$

变分 $\delta y(\cdot)$ 表示数学空间中点 $y(t)$ 与 $y_0(t)$ 之间的差。$\delta y(\cdot)$ 必然引致泛函数值 $J[y(\cdot)]$ 也随之变化，其变化（增量）$\Delta J[y(\cdot)]$ 可表示为

$$\Delta J[y(\cdot)]=J[y(\cdot)+\delta y(\cdot)]-J[y(\cdot)] \tag{5.1.3}$$

将上式等号右边的泛函组成各项，重新分类组合后写成为两部分：

$$\Delta J[y(\cdot)]=L[y(\cdot),\delta y(\cdot)]+r[y(\cdot),\delta y(\cdot)] \tag{5.1.4}$$

上式右边第一部分 $L[y(\cdot),\delta y(\cdot)]$ 是关于 $\delta y(\cdot)$ 的连续线性泛函；第二部分 $r[y(\cdot),\delta y(\cdot)]$ 是关于 $\delta y(\cdot)$ 的高阶无穷小。我们称 L 为泛函 $J[y(\cdot)]$ 的变分，记为

$$\delta J=L[y(\cdot),\delta y(\cdot)] \tag{5.1.5}$$

可知泛函的变分 δJ 是泛函增量的线性主部。当一个泛函具有变分时，也称该泛函可微。

4. 泛函变分定理

设线性连续泛函 $J[y(\cdot)]$ 在 $y=y_0$ 处可微，则其变分：

$$\delta J(y_0,\delta y)=\frac{\partial}{\partial\varepsilon}J[y_0,\varepsilon\delta y(\cdot)]\bigg|_{\varepsilon=0}\quad(0\leqslant\varepsilon\leqslant1) \tag{5.1.6}$$

（证明略。）

【例题 5.1.2】 求泛函 $J=\int_0^1 y^2\,\mathrm{d}t$ 的变分。

【解答】 根据泛函变分定理，引入 $0\leqslant\varepsilon\leqslant1$，可得：

$$\begin{aligned}\delta J&=\frac{\partial}{\partial\varepsilon}J[y(\cdot)+\varepsilon\delta y(\cdot)]\bigg|_{\varepsilon=0}\\&=\frac{\partial}{\partial\varepsilon}\int_0^1(y+\varepsilon\delta y)^2\,\mathrm{d}x\bigg|_{\varepsilon=0}\\&=\int_0^1\frac{\partial}{\partial\varepsilon}[(y+\varepsilon\delta y)^2]\,\mathrm{d}x\bigg|_{\varepsilon=0}\\&=2\int_0^1 y(\cdot)\delta y(\cdot)\,\mathrm{d}x\end{aligned}$$

5. 泛函极值定理

若泛函 $J[y(\cdot)]$ 在 $\hat{y}(\cdot)$ 处达到极值(极大值或极小值),则必有:

$$\delta J(\hat{y},\delta y)=0 \tag{5.1.7}$$

(证明略。)可知变分为零是泛函取得极值的必要条件。

6. 价值泛函

函数 $F(t,y(t),y'(t))$ 是关于三个独立变量 $t,y(t),y'(t)$ 在区间 $[t_0,t_1]$ 上的函数,且二阶连续可微,其中 $y(t)$ 和 $y'(t)$ 是 t 的未知函数;则泛函

$$J[y(t)]=\int_{t_0}^{t_1}F(t,y(t),y'(t))\mathrm{d}t \tag{5.1.8}$$

称为最简积分泛函,也称为价值泛函。被积函数 $F(t,y(t),y'(t))$ 称为泛函的核或拉格朗日函数。根据泛函的变分定理,价值泛函 $J[y(t)]$ 的变分 δJ 为

$$\begin{aligned}\delta J&=\frac{\partial}{\partial\varepsilon}J[y+\varepsilon\delta y]\bigg|_{\varepsilon=0}\\&=\int_{t_0}^{t_1}\frac{\partial}{\partial\varepsilon}F(x,y+\varepsilon\delta y,y'+\varepsilon\delta y')\mathrm{d}t\\&=\int_{t_0}^{t_1}\left(\frac{\partial F}{\partial y}\delta y+\frac{\partial F}{\partial y'}\delta y'\right)\mathrm{d}t\end{aligned} \tag{5.1.9}$$

式中的 $\delta y'=\dfrac{\mathrm{d}}{\mathrm{d}t}\delta y(t)$。

7. 欧拉(Euler)方程定理

对于式(5.1.8)定义的价值泛函 $J[y(t)]$,设其宗量 $y(t)$ 是定义在区间 $[t_0,t_1]$ 上的函数,且两端固定,即

$$y(t_0)=y_0,\quad y(t_1)=y_1 \tag{5.1.10}$$

求价值泛函的极值 $\hat{y}(\cdot)$,根据泛函极值定理,必须在 $\hat{y}(\cdot)$ 上满足变分 $\delta J=0$ 的必要条件。

泛函 $J[y(t)]$ 的变分 δJ 参见式(5.1.9),对其第二项进行分部积分运算,可得:

$$\int_{t_0}^{t_1}\left(\frac{\partial F}{\partial y'}\delta y'\right)\mathrm{d}t=\frac{\partial F}{\partial y'}\delta y\bigg|_{t_0}^{t_1}-\int_{t_0}^{t_1}\left[\delta y\frac{\mathrm{d}}{\mathrm{d}t}\frac{\partial F}{\partial y'}\right]\mathrm{d}t \tag{5.1.11}$$

代入式(5.1.9),可得

$$\begin{aligned}\delta J&=\int_{t_0}^{t_1}\left(\frac{\partial F}{\partial y}\delta y+\frac{\partial F}{\partial y'}\delta y'\right)\mathrm{d}t\\&=\int_{t_0}^{t_1}\left[\left(\frac{\partial F}{\partial y}-\frac{\mathrm{d}}{\mathrm{d}x}\frac{\partial F}{\partial y'}\right)\delta y\right]\mathrm{d}t+\frac{\partial F}{\partial y'}\delta y\bigg|_{t_0}^{t_1}\end{aligned} \tag{5.1.12}$$

因为式(5.1.10)给出的是固定边界条件,所有的曲线都要通过这两个常数端点,所以在这两个点的变分为零,即:

$$\delta y(t_0)=0,\qquad \delta y(t_1)=0 \tag{5.1.13}$$

可推出式(5.1.12)的第二项为零:

$$\delta y\bigg|_{t_0}^{t_1}=0 \tag{5.1.14}$$

故有：

$$\delta J = \int_{t_0}^{t_1} \left[\left(\frac{\partial F}{\partial y} - \frac{\mathrm{d}}{\mathrm{d}t} \frac{\partial F}{\partial y'} \right) \delta y \right] \mathrm{d}t = 0 \tag{5.1.15}$$

由于 δy 的任意性，根据变分法原理可知，要使价值泛函 $J[y(x)]$ 在 $\hat{y}(\cdot)$ 处取极值，必有

$$\frac{\partial F}{\partial y} - \frac{\mathrm{d}}{\mathrm{d}t} \frac{\partial F}{\partial y'} = 0 \tag{5.1.16}$$

此即端点固定的欧拉方程（也称为欧拉-拉格朗日方程）。此定理的作用是将求价值泛函式(5.1.8)的极值问题，转化为了求取欧拉方程(5.1.16)在满足边界条件式(5.1.13)下的定解问题。

需要说明，欧拉方程是求泛函极值的必要条件，判断是极大值还是极小值，还要用到充分条件，需要求取泛函二次变分来判断。不过在工程实际中，一般从物理原理就可以判断是极大还是极小，可以不需要充分条件。

【例题 5.1.3】 如图 5.1.1 所示，求取联接固定点 $A(t_0, y_0)$ 和点 $B(t_1, y_1)$ 的最短长度曲线。

【解答】 由例 5.1.1 可知曲线弧长的泛函为

$$S = \int_{t_0}^{t_1} \sqrt{1 + y'^2}\, \mathrm{d}t \tag{5.1.17}$$

故可知

$$F(t, y(t), y'(t)) = \sqrt{1 + y'^2} \tag{5.1.18}$$

欧拉方程为

$$\frac{\partial F}{\partial y} - \frac{\mathrm{d}}{\mathrm{d}t} \frac{\partial F}{\partial y'} = -\frac{\mathrm{d}}{\mathrm{d}t} \frac{y'}{\sqrt{1 + y'^2}} = 0 \tag{5.1.19}$$

可知方程的解为

$$\frac{y'}{\sqrt{1 + y'^2}} = c(\text{常数}) \tag{5.1.20}$$

可推知 $y' = k$(常数)，写出 $y(x) = kx + b$。所以令泛函取极值的函数 $y(\cdot)$ 是一条直线。即联接两固定点的最短的曲线是直线。进而可根据固定点 $A(t_0, y_0)$ 和点 $B(t_1, y_1)$ 这些边界条件确定直线参数 k, b 的值。

8. 可动边界变分与横截条件

价值泛函 $J[y(t)]$，其积分限 $[t_0, t_1]$ 对应曲线 $y(t)$ 的两个端点。一元连续函数 $y(t)$ 曲线的端点就是容许函数的边界条件。如图 5.1.2 所示，在研究泛函极值问题时，如果 $y(t)$ 曲线的起始端（左端点）固定，终末端（右端点）在一条给定的约束曲线上变动，即为终末端可动边界变分问题。

设价值泛函 $J[y(t)] = \int_{t_0}^{t_1} F(t, y, y')\mathrm{d}x$ 的极值曲线 $y = \hat{y}(t)$ 左端点固定，右端点在约束曲线 $y = \varphi(t)$ 上待定，则在右端点 t_1 处必满足：

$$\left[F + (\varphi' - y') \frac{\partial F}{\partial y'} \right] \Bigg|_{t = t_1} = 0 \tag{5.1.21}$$

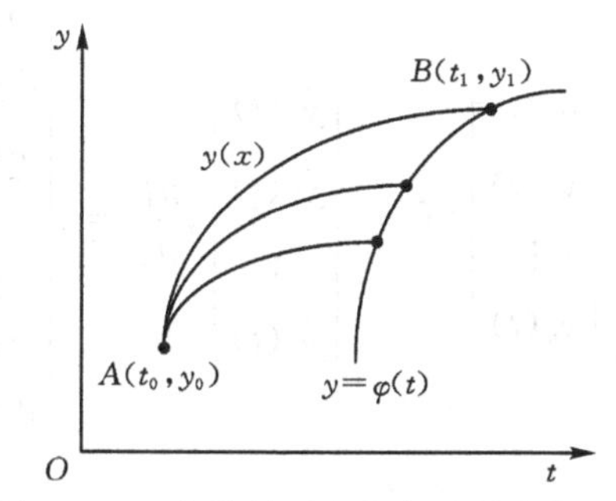

图 5.1.2 起始端固定终末端沿曲线变动

（证明略。）

式(5.1.21) 建立了泛函极值曲线 $y=\hat{y}(t)$ 和约束曲线 $y=\varphi(t)$ 在交点处的斜率 $\hat{y}'$ 与斜率 φ' 二者之间的关系，称为横截条件(transversal condition)。注意这是起始端固定终末端在约束曲线 $y=\varphi(t)$ 上变动的横截条件。横截条件与欧拉方程结合用以求取系统极值曲线。

根据两端点情况的不一样，横截条件也不一样，总结如下。

(1) 起始端和终末端都是固定点

$$\delta y(t_0)=0,\quad \delta y(t_1)=0 \tag{5.1.22}$$

(2) 起始端是固定点，终末端在约束曲线 $y=\varphi(t)$ 上变动

$$\left[F+(\varphi'-y')\frac{\partial F}{\partial y'}\right]\bigg|_{t=t_1}=0 \tag{5.1.23}$$

(3) 起始端在约束曲线 $y=\psi(t)$ 上变动，终末端在约束曲线 $y=\varphi(t)$ 上变动

$$\left[F+(\psi'-y')\frac{\partial F}{\partial y'}\right]\bigg|_{t=t_0}=0,\quad \left[F+(\varphi'-y')\frac{\partial F}{\partial y'}\right]\bigg|_{t=t_1}=0 \tag{5.1.24}$$

(4) 端点 t_0,t_1 自由取值，端点函数值 $y(t_0),y(t_1)$ 取值固定

$$\left[F-y'\frac{\partial F}{\partial y'}\right]\bigg|_{t=t_0}=0,\quad \left[F-y'\frac{\partial F}{\partial y'}\right]\bigg|_{t=t_1}=0 \tag{5.1.25}$$

(5) 端点 t_0,t_1 取值固定，端点函数值 $y(t_0),y(t_1)$ 自由取值

$$\frac{\partial F}{\partial y'}\bigg|_{t=t_0}=0,\quad \frac{\partial F}{\partial y'}\bigg|_{t=t_1}=0 \tag{5.1.26}$$

9. 含有多个函数的泛函求极值

设 $y_1(t),y_2(t),\cdots,y_n(t)$ 是 n 个二阶连续可微函数，含有这些函数的价值泛函为

$$J(y_1,y_2,\cdots,y_n)=\int_{t_0}^{t_1}F(t;y_1,y_2,\cdots,y_n;y_1',y_2',\cdots,y_n')\mathrm{d}t \tag{5.1.27}$$

求此泛函的极值，可仿照高等数学中多元函数求极值的方法。如对两端固定的边界条件，每个 $y_i(t)$ 代入式(5.1.16) 的定端点欧拉方程得到一个微分方程：

$$\frac{\partial F}{\partial y_i}-\frac{\mathrm{d}}{\mathrm{d}t}\frac{\partial F}{\partial y_i'}=0 \tag{5.1.28}$$

再根据边界条件即可解出 $\hat{y}_i$。对一端固定一端移动的边界条件，也可仿此处理。

此类问题可写成向量的形式。令

$$\boldsymbol{y}=\begin{bmatrix} y_1(t) \\ y_2(t) \\ \vdots \\ y_n(t) \end{bmatrix},\dot{\boldsymbol{y}}=\begin{bmatrix} \dot{y}_1(t) \\ \dot{y}_2(t) \\ \vdots \\ \dot{y}_n(t) \end{bmatrix},\frac{\partial F}{\partial \dot{\boldsymbol{y}}}=\begin{bmatrix} \frac{\partial F}{\partial \dot{y}_1} \\ \frac{\partial F}{\partial \dot{y}_2} \\ \vdots \\ \frac{\partial F}{\partial \dot{y}_n} \end{bmatrix}$$

固定端点的欧拉方程可写为

$$\frac{\partial F}{\partial \boldsymbol{y}}-\frac{\mathrm{d}}{\mathrm{d}t}\frac{\partial F}{\partial \dot{\boldsymbol{y}}}=\boldsymbol{0} \tag{5.1.29}$$

要解决工程实际中的控制问题，首先要将问题转换为数学语言描述。结合泛函和变分的数学概念和术语，一般最优控制问题的描述如下。

1. 状态方程

控制系统的动态性能可用状态空间这种数学描述来表达。在研究最优控制问题时，将系统各状态变量方程、系统输入信号、控制信号、初始条件等概念进行整合，重新定义系统“状态方程”来描述系统的动态性能。状态方程的一般形式为

$$\begin{cases} \dot{\boldsymbol{x}}(t)=\boldsymbol{f}(\boldsymbol{x}(t),\boldsymbol{u}(t),t) \\ \boldsymbol{x}(t)\big|_{t=t_0}=\boldsymbol{x}_0 \end{cases} \tag{5.1.30}$$

式中，$\boldsymbol{x}(t)$ 为 n 维系统状态向量；$\boldsymbol{u}(t)$ 为 m 维控制向量，$\boldsymbol{f}(\boldsymbol{x}(t),\boldsymbol{u}(t),t)$ 为 n 维向量函数。

2. 容许控制

在实际工程中，受物理状态和客观条件的限制，控制向量 $\boldsymbol{u}(t)$ 只能在一定范围取值。满足约束条件的 $\boldsymbol{u}(t)$ 函数集合称为控制域；在时间段 $[t_0,t_f]$ 上有定义，且在控制域内取值的每一个控制函数均称为容许控制。

3. 目标集

控制系统从初始时间 t_0 的状态 $\boldsymbol{x}_0$ 演变为终末时刻 t_f 的状态 $\boldsymbol{x}_f$，这个 $\boldsymbol{x}_f$ 所能取值的范围就是目标集 $\boldsymbol{\Phi}$。如果限定了 $\boldsymbol{x}_f$ 只能取某个有限定值（常数），就是固定端问题；否则就是状态受限问题或自由端问题。目标集可表示为

$$\boldsymbol{\Phi}(\boldsymbol{x}(t_f),t_f)=\boldsymbol{0} \tag{5.1.31}$$

式中，$\boldsymbol{\Phi}\in \boldsymbol{R}^r,r\leqslant n$。

4. 性能指标

系统从 $\boldsymbol{x}_0$ 演变到 $\boldsymbol{x}_f$，可以通过不同的控制律 $\boldsymbol{u}(t)$ 来实现。为了评价这些 $\boldsymbol{u}(t)$ 的优劣，首先需要一种性能评价指标，如控制时间最短，燃料消耗最小，综合成本最低等。这个指标可用泛函来描述，也称为“优化目标”“目标函数”或“目标泛函”等。在最优控制理论中，一般选用如下三种泛函来表征系统的性能指标。

(1)Bolza 型

$$J[\boldsymbol{u}(\cdot)]=\varphi(\boldsymbol{x}_f,t_f)+\int_{t_0}^{t_f}F(\boldsymbol{x}(t),\boldsymbol{u}(t),t)\mathrm{d}t \tag{5.1.32}$$

也称为综合型性能指标。上式中的标量函数 $\varphi(\cdot)$ 连续且二次可导，表征了对系统终末状态的要求，如控制系统的稳态误差；第二项是对标量函数 $F(\cdot)$ 积分，表征了对控制系统的状态和过渡过程的性能指标要求，如瞬态响应误差，能量消耗等。通常 $F(\boldsymbol{x},\boldsymbol{u},t)$ 连续且二次可导。

(2)Lagrange 型

$$J[\boldsymbol{u}(\cdot)] = \int_{t_0}^{t_f} F(\boldsymbol{x}(t),\boldsymbol{u}(t),t)\mathrm{d}t \tag{5.1.33}$$

(3)Mager 型

$$J[\boldsymbol{u}(\cdot)] = \varphi(\boldsymbol{x}_f,t_f) \tag{5.1.34}$$

显然，Lagrange 型强调了系统控制过程的性能，Mager 型强调了系统终末状态的性能。

综上，最优控制问题一般描述如下：对于式(5.1.30)描述的动态系统，在容许控制中选取控制函数 $\boldsymbol{u}(t)$，在时间间隔 $[t_0,t_f]$ 内将系统从初始状态 $\boldsymbol{x}_0$ 转移到目标集 $\boldsymbol{\Phi}$ 中的某个终末状态 $\boldsymbol{x}_f$，并使性能指标有极值(极大或极小)。满足上述要求的控制函数 $\hat{\boldsymbol{u}}(t)$ 称为最优控制，对应的系统状态变化轨迹 $\hat{\boldsymbol{x}}(t)$ 称为最优轨迹。

显然，我们将控制问题的性能指标定义为数学上的泛函描述，然后通过泛函求极值等方法，就可以确定最优控制函数 $\hat{\boldsymbol{u}}(t)$。一般把最优控制问题写成如下的形式：

$$\begin{cases}\min\limits_{u(t)}\boldsymbol{J}(\cdot) = \varphi[\boldsymbol{x}(t_f)] + \int_{t_0}^{t_f} F(\boldsymbol{x}(t),\boldsymbol{u}(t),t)\mathrm{d}t \\ s.t.\quad \boldsymbol{f}(\boldsymbol{x}(t),\boldsymbol{u}(t),t) - \dot{\boldsymbol{x}}(t) = \boldsymbol{0}, \boldsymbol{x}(t)\big|_{t=t_0} = \boldsymbol{x}_0; \\ \boldsymbol{\Phi}(\boldsymbol{x}(t_f),t_f) = \boldsymbol{0}\end{cases} \tag{5.1.35}$$

控制系统的最优解问题，从数学来看是一个有约束条件的泛函求极值问题。借鉴高等数学中“有约束条件的函数求极值”的求解方法，我们引入拉格朗日(Lagrange)算子 $\boldsymbol{\lambda}(t)$，将系统状态方程也引入到泛函求极值的算式中，就将有约束问题转化为了无约束问题。

引入 n 维拉格朗日算子 $\boldsymbol{\lambda}(t) = (\lambda_1(t),\lambda_2(t),\cdots,\lambda_n(t))^{\mathrm{T}}$，对式(5.1.32)泛函进行改造，新构成的广义泛函为

$$J_a[\cdot] = \varphi(\boldsymbol{x}_f,t_f) + \int_{t_0}^{t_f}\{F(\boldsymbol{x}(t),\boldsymbol{u}(t),t) + \boldsymbol{\lambda}^{\mathrm{T}}(t)\cdot[\boldsymbol{f}(\boldsymbol{x}(t),\boldsymbol{u}(t),t) - \dot{\boldsymbol{x}}(t)]\}\mathrm{d}t \tag{5.1.36}$$

对此广义泛函，利用多元函数求极值的欧拉方程定理，即可解出 $\hat{\boldsymbol{u}}(t)$ 和 $\hat{\boldsymbol{x}}(t)$ 等。

【例题 5.1.4】无摩擦转动刚体，转动惯量为 1，输入力矩 $u(t)$，$\theta(t)$ 为系统角位置。系统初始角位置 $\theta(0) = 1$，初始角速度 $\dot{\theta}(0) = 1$。确定输入力矩 $u(t)$，使系统在 2 s 后的角位置 $\theta(2) = 0$，角速度 $\dot{\theta}(2) = 0$；这期间要求如下的性能指标 J 取得最小值。

$$J = \frac{1}{2}\int_{t_0}^{t_f}[\ddot{\theta}(t)]^2\mathrm{d}t \tag{5.1.37}$$

【解答】题目给出的性能指标 $J[\cdot]$ 就是一个泛函，采用泛函求极值方法来确定 $u(t)$。令 $x_1 = \theta(t)$，$x_2 = \dot{\theta}(t)$，根据牛顿力学原理，建立系统的状态方程：

$$\begin{cases}\dot{x}_1(t) = x_2(t) \\ \dot{x}_2(t) = u(t)\end{cases} \tag{5.1.38}$$

将其写成泛函求极值的约束条件形式：

$$\begin{cases}\dot{x}_1(t)-x_2(t)=0\\ \dot{x}_2(t)-u(t)=0\end{cases}\tag{5.1.39}$$

边界条件：

$$x_1(0)=1,x_2(0)=1,x_1(2)=0,x_2(2)=0\tag{5.1.40}$$

题目要求的性能指标 $J[\cdot]$ 为泛函：

$$J[\cdot]=\frac{1}{2}\int_{t_0}^{t_f}\ddot{\theta}(t)\mathrm{d}t=\int_0^2\left(\frac{1}{2}u^2(t)\right)\mathrm{d}t\tag{5.1.41}$$

引入拉格朗日算子：

$$\boldsymbol{\lambda}(t)=(\lambda_1(t),\lambda_2(t))^{\mathrm{T}}\tag{5.1.42}$$

构造广义泛函的核函数(拉格朗日函数)：

$$\hat{F}=\frac{1}{2}u^2+\lambda_1(\dot{x}_1-x_2)+\lambda_2(\dot{x}_2(t)-u(t))\tag{5.1.43}$$

将 x_1，x_2 和 u 视为相互独立变量，根据欧拉方程定理，写出

$$\begin{cases}\dfrac{\partial\hat{F}}{\partial x_1}-\dfrac{\mathrm{d}}{\mathrm{d}t}\dfrac{\partial\hat{F}}{\partial\dot{x}_1}=-\dot{\lambda}_1(t)=0\\ \dfrac{\partial\hat{F}}{\partial x_2}-\dfrac{\mathrm{d}}{\mathrm{d}t}\dfrac{\partial\hat{F}}{\partial\dot{x}_2}=-\lambda_1(t)-\dot{\lambda}_2(t)=0\\ \dfrac{\partial\hat{F}}{\partial u}-\dfrac{\mathrm{d}}{\mathrm{d}t}\dfrac{\partial\hat{F}}{\partial\dot{u}}=u(t)-\lambda_2(t)=0\end{cases}\tag{5.1.44}$$

解此微分方程(组)，可知：

$$\lambda_1(t)=a;\lambda_2(t)=u(t)=-at+b\tag{5.1.45}$$

将 $u(t)$ 代入约束方程(系统状态方程)，解出：

$$\begin{cases}x_1(t)=-\dfrac{1}{6}at^3+\dfrac{1}{2}bt^2+ct+d\\ x_2(t)=-\dfrac{1}{2}at^2+bt+c\end{cases}\tag{5.1.46}$$

再利用边界条件式(5.1.39)，确定：

$$a=-3,\quad b=-\frac{7}{2},\quad c=1,\quad d=1\tag{5.1.47}$$

最终得到的最优控制律 $\hat{u}(t)$ 和最优状态变化曲线为

$$\begin{cases}\hat{u}(t)=3t-\dfrac{7}{2}\\ \hat{x}_1(t)=\dfrac{1}{2}t^3-\dfrac{7}{4}t^2+t+1\\ \hat{x}_2(t)=\dfrac{3}{2}t^2-\dfrac{7}{2}t+1\end{cases}\tag{5.1.48}$$

如果系统的最优控制问题比较简单，可以应用“有约束条件的泛函求极值”这种数学方法直接求解。注意这种方法中的控制变量 $\boldsymbol{u}(t)$ 默认是可以任意取值设定。在实际工程中，由

于系统状态、供能、成本等各种极限条件的限制，控制向量 $\boldsymbol{u}(t)$ 一般都是限定在容许控制集中选取。不仅控制变量 $\boldsymbol{u}(t)$ 有一定的范围，目标集 $\boldsymbol{\Phi}$ 也会有限定要求，而且性能指标一般都是复合泛函，所以在实际工程中求解最优控制曲线 $\hat{\boldsymbol{u}}(t)$ 并非易事。

常见的解析解法有经典变分法，庞特里亚金最大(最小)值原理，贝尔曼(Bellman)动态规划，线性二次型最优控制等。在解析解法不适用时，就要采用计算机数值计算法求解。

5.2 经典变分法

经典变分法求解最优控制问题，就是将泛函条件极值问题，通过拉格朗日算子转化为无约束条件的泛函求极值问题，引入汉密尔顿(Hamilton)函数概念，再用变分定理得出最优解的必要条件和充分条件。这种方法要求控制函数 $\boldsymbol{u}(t)$ 连续可微，且取值范围不受限。

不失一般性，假设给定控制系统的初始状态 $\boldsymbol{x}(t_0)=\boldsymbol{x}_0$(固定点)，根据被控系统对终末时刻 t_f 是否有要求，可分为两类情况：第一类是终末时刻 t_f 固定，第二类是终末时刻 t_f 不受限。每类下面再根据系统终末状态的不同分为三种情况：$\boldsymbol{x}(t_f)$ 受曲线约束、$\boldsymbol{x}(t_f)$ 完全自由和 $\boldsymbol{x}(t_f)$ 固定。

1. 终末时刻 t_f 固定

终末时刻 t_f 固定的最优控制问题描述为

$$\begin{cases}\min\limits_{\boldsymbol{u}(t)} J(\cdot)=\varphi[\boldsymbol{x}(t_f)]+\int_{t_0}^{t_f}F(\boldsymbol{x}(t),\boldsymbol{u}(t),t)\mathrm{d}t \\ s.t.\ \boldsymbol{f}(\boldsymbol{x}(t),\boldsymbol{u}(t),t)-\dot{\boldsymbol{x}}(t)=\boldsymbol{0},\boldsymbol{x}(t)|_{t=t_0}=\boldsymbol{x}_0; \\ \boldsymbol{\Phi}[\boldsymbol{x}(t_f)]=\boldsymbol{0}\end{cases} \tag{5.2.1}$$

式中，$\boldsymbol{x}$ 为 n 维向量；$\boldsymbol{u}$ 为 m 维向量；$\boldsymbol{\Phi}$ 为 r 维向量，$\boldsymbol{f}$ 为 n 维向量函数；φ 和 F 为标量函数。

再根据系统终末状态的不同，分三种情况讨论。

(1) 终末时刻 t_f 的系统状态 $\boldsymbol{x}(t_f)$ 受曲线 $\boldsymbol{\Phi}[\boldsymbol{x}(t_f)]=\boldsymbol{0}$ 约束。

引入两个拉格朗日算子 $\boldsymbol{\lambda}(t)=(\lambda_1(t),\lambda_2(t),\cdots,\lambda_n(t))^{\mathrm{T}}$，$\boldsymbol{\gamma}(t)=(\gamma_1(t),\gamma_2(t),\cdots,\gamma_r(t))^{\mathrm{T}}$，构造广义泛函 $J_a(\cdot)$：

$$J_a[\cdot]=\varphi[\boldsymbol{x}(t_f)]+\boldsymbol{\gamma}^{\mathrm{T}}(t)\boldsymbol{\Phi}[\boldsymbol{x}(t_f)]+\int_{t_0}^{t_f}\{F(\boldsymbol{x}(t),\boldsymbol{u}(t),t)+\boldsymbol{\lambda}^{\mathrm{T}}(t)\cdot[\boldsymbol{f}(\boldsymbol{x}(t),\boldsymbol{u}(t),t)-\dot{\boldsymbol{x}}(t)]\}\mathrm{d}t \tag{5.2.2}$$

可以证明，$J(\cdot)$ 与 $J_a[\cdot]$ 的变分是等价的，所以最优控制问题转化为求取广义泛函 $J_a(\cdot)$ 无条件极值问题。

引入汉密尔顿函数：

$$H(\boldsymbol{x}(t),\boldsymbol{u}(t),\boldsymbol{\lambda}^{\mathrm{T}}(t),t)=F(\boldsymbol{x},\boldsymbol{u},t)+\boldsymbol{\lambda}^{\mathrm{T}}\boldsymbol{f}(\boldsymbol{x},\boldsymbol{u},t) \tag{5.2.3}$$

将 $J_a[\cdot]$ 改写为

$$J_a[\cdot]=\varphi[\boldsymbol{x}(t_f)]+\boldsymbol{\gamma}^{\mathrm{T}}(t)\boldsymbol{\Phi}[\boldsymbol{x}(t_f)]+\int_{t_0}^{t_f}\{H(\boldsymbol{x}(t),\boldsymbol{u}(t),\boldsymbol{\lambda}^{\mathrm{T}}(t),t)-\boldsymbol{\lambda}^{\mathrm{T}}(t)\dot{\boldsymbol{x}}(t)\}\mathrm{d}t \tag{5.2.4}$$

对上式第三项中的 $\boldsymbol{\lambda}^{\mathrm{T}}(t)\dot{\boldsymbol{x}}(t)$ 应用分部积分法积分，可得：

$$\int_{t_0}^{t_f}\boldsymbol{\lambda}^{\mathrm{T}}(t)\,\dot{\boldsymbol{x}}(t)\mathrm{d}t=\boldsymbol{\lambda}^{\mathrm{T}}(t)\boldsymbol{x}(t)\Big|_{t_0}^{t_f}-\int_{t_0}^{t_f}\dot{\boldsymbol{\lambda}}^{\mathrm{T}}(t)\boldsymbol{x}(t)\mathrm{d}t \tag{5.2.5}$$

则有：

$$\begin{aligned}J_a[\cdot]=&\varphi[\boldsymbol{x}(t_f)]+\boldsymbol{\gamma}^{\mathrm{T}}(t)\boldsymbol{\Phi}[\boldsymbol{x}(t_f)]-\boldsymbol{\lambda}^{\mathrm{T}}(t_f)\boldsymbol{x}(t_f)+\boldsymbol{\lambda}^{\mathrm{T}}(t_0)\boldsymbol{x}(t_0)+\\&\int_{t_0}^{t_f}[H(\boldsymbol{x}(t),\boldsymbol{u}(t),\boldsymbol{\lambda}^{\mathrm{T}}(t),t)+\dot{\boldsymbol{\lambda}}^{\mathrm{T}}(t)\boldsymbol{x}(t)]\mathrm{d}t\end{aligned} \tag{5.2.6}$$

对 $J_a[\cdot]$ 取变分 $\delta J_a[\cdot]$，注意待定算子 $\boldsymbol{\lambda}(t)$ 和 $\boldsymbol{\gamma}(t)$ 不变分，$\delta\boldsymbol{x}(t_0)=\boldsymbol{0}$，可得：

$$\begin{aligned}\delta J_a[\cdot]=&\delta\boldsymbol{x}^{\mathrm{T}}(t_f)\left[\frac{\partial\varphi}{\partial\boldsymbol{x}(t_f)}+\frac{\partial\boldsymbol{\Phi}^{\mathrm{T}}}{\partial\boldsymbol{x}(t_f)}\boldsymbol{\gamma}(t_f)-\boldsymbol{\lambda}(t_f)\right]+\\&\int_{t_0}^{t_f}\left[(\delta\boldsymbol{x})^{\mathrm{T}}\left(\frac{\partial H}{\partial\boldsymbol{x}}+\dot{\boldsymbol{\lambda}}\right)+(\delta\boldsymbol{u})^{\mathrm{T}}\frac{\partial H}{\partial\boldsymbol{u}}\right]\mathrm{d}t\end{aligned} \tag{5.2.7}$$

（注意在推导公式时，$\boldsymbol{\lambda}^{\mathrm{T}}(t)\boldsymbol{x}(t)=\boldsymbol{x}^{\mathrm{T}}(t)\boldsymbol{\lambda}(t)$）

根据泛函极值存在的必要条件，令 $\delta J_a[\cdot]=0$，考虑到宗量变分 $\delta\boldsymbol{x}(t)$，$\delta\boldsymbol{u}(t)$ 和 $\delta\boldsymbol{x}(t_f)$ 的任意性，以及 5.1 节中的欧拉方程定理等，则泛函极值存在的必要条件就转化为如下几个方程：

$$\begin{cases}\boldsymbol{\lambda}(t_f)=\dfrac{\partial\varphi}{\partial\boldsymbol{x}(t_f)}+\dfrac{\partial\boldsymbol{\Phi}^{\mathrm{T}}}{\partial\boldsymbol{x}(t_f)}\boldsymbol{\gamma}(t_f) & \text{（横截条件）}\\[2mm]\dfrac{\partial H}{\partial\boldsymbol{u}}=\boldsymbol{0} & \text{（耦合方程）}\\[2mm]\dot{\boldsymbol{\lambda}}(t)=-\dfrac{\partial H}{\partial\boldsymbol{x}} & \text{（协态方程）}\\[2mm]\dfrac{\partial H}{\partial\boldsymbol{\lambda}}=\boldsymbol{f}(\boldsymbol{x}(t),\boldsymbol{u}(t),t)\text{，即}\dfrac{\partial H}{\partial\boldsymbol{\lambda}}=\dot{\boldsymbol{x}};\boldsymbol{x}(t_0)=\boldsymbol{x}_0 & \text{（状态方程）}\end{cases} \tag{5.2.8}$$

上式中，协态方程和状态方程的等式右边都是汉密尔顿函数的偏导数形式，统称为正则（规范）方程。正则方程由 $2n$ 个一阶微分方程组成，而系统初始条件和横截条件一共可以提供 $2n$ 个边界条件，所以正则方程可以唯一确定系统状态 $\boldsymbol{x}(t)$ 和协态向量 $\boldsymbol{\lambda}(t)$。对于确定的 $\boldsymbol{x}(t)$ 和 $\boldsymbol{\lambda}(t)$，汉密尔顿函数就是关于 $\boldsymbol{u}(t)$ 的函数。根据泛函求极值的必要条件 $(\partial H/\partial\boldsymbol{u})=\boldsymbol{0}$，可求出最优控制律 $\hat{\boldsymbol{u}}(t)$，状态向量 $\hat{\boldsymbol{x}}(t)$ 和协态向量 $\hat{\boldsymbol{\lambda}}(t)$。

正则方程通过极值条件 $(\partial H/\partial\boldsymbol{u})=\boldsymbol{0}$ 成为变量相互耦合的方程，所以极值条件也称为耦合方程。

对式(5.2.3)定义的汉密尔顿函数，求取对时间 t 的全导数：

$$\frac{\mathrm{d}H}{\mathrm{d}t}=\left(\frac{\partial H}{\partial\boldsymbol{x}}\right)^{\mathrm{T}}\dot{\boldsymbol{x}}(t)+\left(\frac{\partial H}{\partial\boldsymbol{u}}\right)^{\mathrm{T}}\dot{\boldsymbol{u}}(t)+\left(\frac{\partial H}{\partial\boldsymbol{\lambda}}\right)^{\mathrm{T}}\dot{\boldsymbol{\lambda}}(t)+\frac{\partial H}{\partial t} \tag{5.2.9}$$

在最优控制轨迹曲线 $(\boldsymbol{u}=\hat{\boldsymbol{u}},\boldsymbol{x}=\hat{\boldsymbol{x}},\boldsymbol{\lambda}=\hat{\boldsymbol{\lambda}})$ 上，根据式(5.2.8)，可知各变量之间的关系：

$$\dot{\boldsymbol{x}}=\frac{\partial H}{\partial\boldsymbol{\lambda}},\frac{\partial H}{\partial\boldsymbol{u}}=\boldsymbol{0},\dot{\boldsymbol{\lambda}}(t)=-\frac{\partial H}{\partial\boldsymbol{x}}$$

代入可得：

$$\frac{\mathrm{d}H(t)}{\mathrm{d}t} = \frac{\partial H(t)}{\partial t} \tag{5.2.10}$$

所以在最优轨迹曲线上,汉密尔顿函数对时间的全导数与对时间的偏导数相等。若函数 $\boldsymbol{H}$ 中不显含时间变量t,则$\boldsymbol{H}$沿系统最优轨迹曲线变化时呈现常数,即$\boldsymbol{H}$值与时间t无关。这是汉密尔顿函数的重要性质。

以上推导的式(5.2.8)是终末时刻t_f固定,终末状态受$\boldsymbol{\Phi}[\boldsymbol{x}(t_f)]=\boldsymbol{0}$约束的情况。还有终末状态自由、终末状态固定两种情况如下。

(2) 终末时刻 t_f 固定,终末状态 $\boldsymbol{x}(t_f)$ 完全自由。

这种情况下泛函极值存在的必要条件为

$$\begin{cases} \boldsymbol{\lambda}(t_f) = \dfrac{\partial \varphi}{\partial \boldsymbol{x}(t_f)} & \text{(横截条件)} \\ \dfrac{\partial H}{\partial \boldsymbol{u}} = \boldsymbol{0} & \text{(耦合方程)} \\ \dot{\boldsymbol{\lambda}}(t) = -\dfrac{\partial H}{\partial \boldsymbol{x}} & \text{(协态方程)} \\ \dfrac{\partial H}{\partial \boldsymbol{\lambda}} = \boldsymbol{f}(\boldsymbol{x}(t),\boldsymbol{u}(t),t),\text{即}\dfrac{\partial H}{\partial \boldsymbol{\lambda}} = \dot{\boldsymbol{x}};\boldsymbol{x}(t_0) = \boldsymbol{x}_0 & \text{(状态方程)} \end{cases} \tag{5.2.11}$$

(3) 终末时刻 t_f 固定,终末状态 $\boldsymbol{x}(t_f)$ 也固定,$\boldsymbol{x}(t_f) = \boldsymbol{x}_f$。

这种情况下,性能指标泛函中就不必考虑终末状态,直接采用式(5.1.31)Lagrange 型。这种情况下要求系统完全可控才能求出最优解。在对广义泛函 $J_a(\cdot)$ 求变分时,有 $\delta\boldsymbol{x}(t_f)=\boldsymbol{0}$,可得:

$$\delta J_a[\cdot] = \int_{t_0}^{t_f}\left[(\delta\boldsymbol{x})^{\mathrm{T}}\left(\frac{\partial H}{\partial \boldsymbol{x}} + \dot{\boldsymbol{\lambda}}\right) + (\delta\boldsymbol{u})^{\mathrm{T}}\frac{\partial H}{\partial \boldsymbol{u}}\right]\mathrm{d}t \tag{5.2.12}$$

令 $\delta J_a[\cdot] = 0$,可得泛函极值的必要条件:

$$\begin{cases} \dfrac{\partial H}{\partial \boldsymbol{u}} = \boldsymbol{0} & \text{(耦合方程)} \\ \dot{\boldsymbol{\lambda}}(t) = -\dfrac{\partial H}{\partial \boldsymbol{x}} & \text{(协态方程)} \\ \dot{\boldsymbol{x}} = \dfrac{\partial H}{\partial \boldsymbol{\lambda}};\boldsymbol{x}(t_0) = \boldsymbol{x}_0,\boldsymbol{x}(t_f) = \boldsymbol{x}_f & \text{(状态方程)} \end{cases} \tag{5.2.13}$$

解之可得 $\hat{\boldsymbol{u}}(t)$ 和$\hat{\boldsymbol{x}}(t)$。

2. 终末时刻 t_f 自由

工程中的很多控制问题是给定系统初始状态,要求在最少时间内抵达某个理想终末状态。这种情况下终末时刻 t_f 就是可变的,而且 t_f 成为性能指标的一部分。此类问题就是"终末时刻自由问题"。解题思路仍然是将"有约束条件泛函求极值" 转化为"无约束条件泛函求极值"。

终末时刻 t_f 可变的最优控制问题描述为

$$\begin{cases} \min\limits_{\boldsymbol{u}(t)} J(\cdot) = \varphi[\boldsymbol{x}(t_f), t_f] + \int_{t_0}^{t_f} F(\boldsymbol{x}(t), \boldsymbol{u}(t), t)\mathrm{d}t \\ \text{s. t. } \boldsymbol{f}(\boldsymbol{x}(t), \boldsymbol{u}(t), t) - \dot{\boldsymbol{x}}(t) = \boldsymbol{0}, \boldsymbol{x}(t)\big|_{t=t_0} = \boldsymbol{x}_0; \\ \boldsymbol{\Phi}[\boldsymbol{x}(t_f), t_f] = \boldsymbol{0} \end{cases} \tag{5.2.14}$$

式中,$\boldsymbol{x}$ 为 n 维向量;$\boldsymbol{u}$ 为 m 维向量;$\boldsymbol{\Phi}$ 为 r 维向量;$\boldsymbol{f}$ 为 n 维向量函数;φ 和 F 为标量函数。

参照式(5.2.4),写出泛函表达式,如下,注意此时式中的 t_f 是变量:

$$J_a[\cdot] = \varphi[\boldsymbol{x}(t_f), t_f] + \boldsymbol{\gamma}^{\mathrm{T}}(t)\boldsymbol{\Phi}[\boldsymbol{x}(t_f), t_f] + \int_{t_0}^{t_f} \{H(\boldsymbol{x}, \boldsymbol{u}, \boldsymbol{\lambda}, t) - \boldsymbol{\lambda}^{\mathrm{T}}(t)\dot{\boldsymbol{x}}(t)\}\mathrm{d}t \tag{5.2.15}$$

根据变分原理可求得:

$$\delta J_a[\cdot] = \delta t_f\left[\frac{\partial\varphi}{\partial t_f} + \frac{\partial\boldsymbol{\Phi}^{\mathrm{T}}}{\partial t_f}\boldsymbol{\gamma}(t_f) + H(t_f)\right] + \delta\boldsymbol{x}_f^{\mathrm{T}}\left[\frac{\partial\varphi}{\partial\boldsymbol{x}(t_f)} + \frac{\partial\boldsymbol{\Phi}^{\mathrm{T}}}{\partial\boldsymbol{x}(t_f)}\boldsymbol{\gamma}(t_f) - \boldsymbol{\lambda}(t_f)\right] + \int_{t_0}^{t_f}\left[(\delta\boldsymbol{x})^{\mathrm{T}}\left(\frac{\partial H}{\partial\boldsymbol{x}} + \dot{\boldsymbol{\lambda}}\right) + (\delta\boldsymbol{u})^{\mathrm{T}}\frac{\partial H}{\partial\boldsymbol{u}}\right]\mathrm{d}t \tag{5.2.16}$$

(注意在求取变分时,用到了关系式 $\delta\boldsymbol{x}(t_f) = \delta\boldsymbol{x}_f - \dot{\boldsymbol{x}}(t_f)\delta t_f$)。

令 $\delta J_a[\cdot] = 0$,即可得到不同终末状态情况的最优解。

(1) 终末时刻 t_f 不受限,终末状态受 $\boldsymbol{\Phi}[\boldsymbol{x}(t_f)] = \boldsymbol{0}$ 约束。

此时 $\delta J_a[\cdot]$ 中各微小变量 $\delta t_f, \delta\boldsymbol{x}_f, \delta\boldsymbol{x}, \delta\boldsymbol{u}$ 均为任意取值,且不为零。最优解的必要条件为:

$$\begin{cases} \boldsymbol{\lambda}(t_f) = \dfrac{\partial\varphi}{\partial\boldsymbol{x}(t_f)} + \dfrac{\partial\boldsymbol{\Phi}^{\mathrm{T}}}{\partial\boldsymbol{x}(t_f)}\boldsymbol{\gamma}(t_f) & \text{(横截条件)} \\ \dfrac{\partial H}{\partial\boldsymbol{u}} = \boldsymbol{0} & \text{(耦合方程)} \\ \dot{\boldsymbol{\lambda}}(t) = -\dfrac{\partial H}{\partial\boldsymbol{x}} & \text{(协态方程)} \\ \dot{\boldsymbol{x}} = \dfrac{\partial H}{\partial\boldsymbol{\lambda}}; \boldsymbol{x}(t_0) = \boldsymbol{x}_0 & \text{(状态方程)} \end{cases} \tag{5.2.17}$$

且汉密尔顿函数在最优轨线末端要满足:

$$H(t_f) = -\frac{\partial\varphi}{\partial t_f} - \frac{\partial\boldsymbol{\Phi}^{\mathrm{T}}}{\partial t_f}\boldsymbol{\gamma}(t_f) \tag{5.2.18}$$

(2) 终末时刻 t_f 不受限,终末状态完全自由。

此时 $\delta J_a[\cdot]$ 中不再出现 $\boldsymbol{\Phi}[\boldsymbol{x}(t_f), t_f]$ 这一项,各微小变量 $\delta t_f, \delta\boldsymbol{x}_f, \delta\boldsymbol{x}, \delta\boldsymbol{u}$ 均为任意取值,且不为零。最优解的必要条件为

$$\begin{cases} \boldsymbol{\lambda}(t_f) = \dfrac{\partial\varphi}{\partial\boldsymbol{x}(t_f)} & \text{(横截条件)} \\ \dfrac{\partial H}{\partial\boldsymbol{u}} = \boldsymbol{0} & \text{(耦合方程)} \\ \dot{\boldsymbol{\lambda}}(t) = -\dfrac{\partial H}{\partial\boldsymbol{x}} & \text{(协态方程)} \\ \dot{\boldsymbol{x}} = \dfrac{\partial H}{\partial\boldsymbol{\lambda}}; \boldsymbol{x}(t_0) = \boldsymbol{x}_0 & \text{(状态方程)} \end{cases} \tag{5.2.19}$$

且汉密尔顿函数在最优轨线末端要满足：

$$H(t_f) = -\frac{\partial \varphi}{\partial t_f} \tag{5.2.20}$$

(3) 终末时刻 t_f 不受限，终末状态 $\boldsymbol{x}(t_f) = \boldsymbol{x}_f$ 固定。

此时 $\delta J_a[\cdot]$ 中不再出现 $\boldsymbol{\Phi}[\boldsymbol{x}(t_f), t_f]$ 这一项，各微小变量 $\delta t_f, \delta \boldsymbol{x}_f, \delta \boldsymbol{x}, \delta \boldsymbol{u}$ 均为任意取值，且不为零。最优解的必要条件为

$$\begin{cases} \dfrac{\partial H}{\partial \boldsymbol{u}} = \boldsymbol{0} & \text{（耦合方程）} \\ \dot{\boldsymbol{\lambda}}(t) = -\dfrac{\partial H}{\partial \boldsymbol{x}} & \text{（协态方程）} \\ \dot{\boldsymbol{x}} = \dfrac{\partial H}{\partial \boldsymbol{\lambda}}; \boldsymbol{x}(t_0) = \boldsymbol{x}_0, \boldsymbol{x}(t_f) = \boldsymbol{x}_f & \text{（状态方程）} \end{cases} \tag{5.2.21}$$

且汉密尔顿函数在最优轨线末端要满足：

$$H(t_f) = -\frac{\partial \varphi}{\partial t_f} \tag{5.2.22}$$

【例 5.2.1】 如图 5.2.1 所示坐标系，轮船在水面上行驶，方向和速度都受到水流的影响，轮船的实际位置 $\boldsymbol{p}(x, y)$ 和速度 $\dot{\boldsymbol{p}}(\dot{x}, \dot{y})$ 是水流速度与自身速度（相对于水面的速度）合成作用的结果。

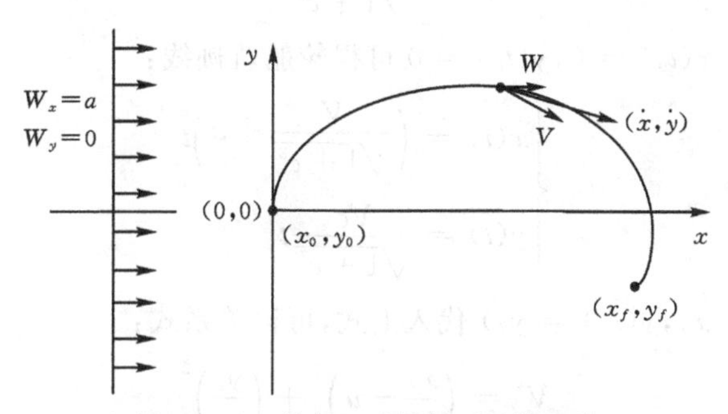

图 5.2.1 轮船运动最短时间轨迹线

已知轮船自身速率 V 不变，方向 θ 任意可调；水流在 x 正方向上流动，速度为 a。要求在最短时间内轮船从起点位置 $(x(t_0) = 0, y(t_0) = 0)$ 行驶到终点位置 $(x(t_f) = x_f, y(t_f) = y_f)$ 处，θ 应如何调节？

【解答】 设轮船行驶过程中的位置坐标 $\boldsymbol{p} = (x, y)^{\mathrm{T}}$ 为系统状态向量，控制变量为行驶方向 θ。由题设可知轮船运动的状态方程 $\dot{\boldsymbol{p}} = \boldsymbol{f}(\boldsymbol{p}, \boldsymbol{W}, \theta)$ 为

$$\begin{cases} \dot{x} = V\cos\theta + W_x = V\cos\theta + a \\ \dot{y} = V\sin\theta \end{cases} \tag{5.2.23}$$

依题意，此最优控制问题的性能指标泛函取为积分型：

$$J[\cdot] = \int_{t_0}^{t_f} \mathrm{d}t = t_f - t_0 \tag{5.2.24}$$

此题属于终末时刻 t_f 可变，终末状态 $\boldsymbol{p}(t_f) = (x_f, y_f)^{\mathrm{T}}$ 固定的情况。应用变分求极值的方法，引入拉格朗日算子 $\boldsymbol{\lambda}(t) = (\lambda_x, \lambda_y)^{\mathrm{T}}$，令汉密尔顿函数为

$$H = 1 + \boldsymbol{\lambda}^{\mathrm{T}}(t)\boldsymbol{p} = 1 + \lambda_x(V\cos\theta + a) + \lambda_y V\sin\theta \tag{5.2.25}$$

根据协态方程 $\dot{\boldsymbol{\lambda}}(t) = -(\partial H/\partial \boldsymbol{p})$，可得：

$$\begin{cases} \dot{\lambda}_x = -\dfrac{\partial H}{\partial x} = 0 \\ \dot{\lambda}_y = -\dfrac{\partial H}{\partial y} = 0 \end{cases} \tag{5.2.26}$$

由上式可知，λ_x 和λ_y 均为常数待定。

根据极值条件（耦合方程）$(\partial H/\partial\theta) = 0$ 有：

$$\frac{\partial H}{\partial \theta} = -\lambda_x V\sin\theta + \lambda_y V\cos\theta = 0 \quad \Rightarrow \quad \tan\theta = \frac{\lambda_y}{\lambda_x} \tag{5.2.27}$$

因为 λ_x 和 λ_y 均为常数，可令 $\tan\theta = c$（待定常数），得到关系式：

$$\cos\theta = \frac{1}{\sqrt{1+c^2}} \qquad \sin\theta = \frac{c}{\sqrt{1+c^2}} \tag{5.2.28}$$

代入到系统状态方程，可得

$$\begin{cases} \dot{x} = \dfrac{V}{\sqrt{1+c^2}} + a \\ \dot{y} = \dfrac{Vc}{\sqrt{1+c^2}} \end{cases} \tag{5.2.29}$$

并根据系统初始条件 $x(t_0) = 0, y(t_0) = 0$ 可得轮船轨迹线：

$$\begin{cases} x(t) = \left(\dfrac{V}{\sqrt{1+c^2}} + a\right)t \\ y(t) = \dfrac{Vc}{\sqrt{1+c^2}}t \end{cases} \tag{5.2.30}$$

将边界条件 $(x(t_f) = x_f, y(t_f) = y_f)$ 代入上式，可得关系式：

$$V^2 = \left(\frac{x_f}{t_f} - a\right)^2 + \left(\frac{y_f}{t_f}\right)^2 \tag{5.2.31}$$

由上式即可解出$\hat{t}_f$。

轨迹线方程(5.2.30) 消去 V，再将$\hat{t}_f$ 回代，可得

$$c = \frac{y_f}{x_f - a\hat{t}_f} = \tan\theta \tag{5.2.32}$$

求解上式可得控制量 θ 的最优轨线$\hat{\theta}(t)$ 为

$$\hat{\theta} = \arctan\left(\frac{y_f}{x_f - a\hat{t}_f}\right) \tag{5.2.33}$$

5.3 极小值原理

古典变分法求解最优控制问题，要求控制量 $\boldsymbol{u}(t)$ 连续可微且取值不受限。在工程实际中，控制量总要受到某些条件的限制，容许控制限定在一个范围。这时古典变分法就不适用

了。20世纪60年代苏联学者庞特里亚金等人在总结变分法的基础上，提出了庞特里亚金极大值原理(Pontryagin's maximum principle)，对于控制量受限制的最优化问题给出了一种解题方法。此原理最早应用于最大化火箭的终端速度求解，后来常用于性能指标最小化问题的求解，因此通常称为庞特里亚金极小化原理(Pontryagin's minimum principle)。原理描述如下：

对于最优控制问题

$$\begin{cases}\min\limits_{\boldsymbol{u}(t)}\boldsymbol{J}(\cdot)=\varphi[\boldsymbol{x}(t_f)]+\int_{t_0}^{t_f}F(\boldsymbol{x}(t),\boldsymbol{u}(t),t)dt \\ \text{s. t. } \boldsymbol{f}(\boldsymbol{x}(t),\boldsymbol{u}(t),t)-\dot{\boldsymbol{x}}(t)=\boldsymbol{0},\boldsymbol{x}(t)\big|_{t=t_0}=\boldsymbol{x}_0;\end{cases} \tag{5.3.1}$$

式中，$\boldsymbol{x}$ 为 n 维向量；$\boldsymbol{u}$ 为 m 维向量；$\boldsymbol{f}$ 为 n 维向量函数；φ 和 F 为标量函数。函数 $\boldsymbol{f},\varphi,F$ 一阶连续可微，$\boldsymbol{u}(t)$ 连续或分段连续。引入 n 维拉格朗日算子 $\boldsymbol{\lambda}(t)$ 构造汉密尔顿函数：

$$H(\boldsymbol{x}(t),\boldsymbol{u}(t),\boldsymbol{\lambda}^{\mathrm{T}}(t),t)=F(\boldsymbol{x},\boldsymbol{u},t)+\boldsymbol{\lambda}^{\mathrm{T}}\boldsymbol{f}(\boldsymbol{x},\boldsymbol{u},t) \tag{5.3.2}$$

则泛函极值存在的必要条件为

$$\begin{cases}\dot{\boldsymbol{\lambda}}(t)=-\dfrac{\partial H}{\partial \boldsymbol{x}} & \text{(协态方程)} \\ \dot{\boldsymbol{x}}=\dfrac{\partial H}{\partial \boldsymbol{\lambda}}=\boldsymbol{f}(\boldsymbol{x},\boldsymbol{u},t);\boldsymbol{x}(t_0)=\boldsymbol{x}_0 & \text{(状态方程)}\end{cases} \tag{5.3.3}$$

且系统取得极值的控制量 $\hat{\boldsymbol{u}}(t)$ 和相应的状态轨线 $\hat{\boldsymbol{x}}(t)$，$\hat{\boldsymbol{\lambda}}(t)$ 满足关系式：

$$H(\hat{\boldsymbol{x}}(t),\hat{\boldsymbol{u}}(t),\hat{\boldsymbol{\lambda}}(t),t)\leqslant H(\hat{\boldsymbol{x}}(t),\boldsymbol{u}(t),\hat{\boldsymbol{\lambda}}(t),t) \tag{5.3.4}$$

也就是说，当控制量 $\boldsymbol{u}(t)$ 在容许控制集中取值时，只有 $\hat{\boldsymbol{u}}(t)$ 使汉密尔顿函数最小。此即庞特里亚金极小值原理。原理的证明可参阅相关的数学文献，此处从略。

【例5.3.1】 质点 m 受力 $f(t)$ 作用在水平面上做无阻尼平移运动，设质点的位置和速度为系统状态变量 $x_1(t)$，$x_2(t)$；质点加速度为控制量 $u(t)$，且 $u(t)\in[-a,+a]$；在 $[0,t_f]$ 时间段内，质点从初始状态 $[s_0,v_0]$ 转移到终末状态 $[s_f,v_f]$。求控制量 $\hat{u}(t)$，要求时间最短。

【解题】 依题意可知 $u(t)=f(t)/m$，建立系统的状态方程

$$\begin{cases}\dot{x}_1(t)=x_2(t) \\ \dot{x}_2(t)=u(t)\end{cases} \tag{5.3.5}$$

要求转移时间最短，可设优化目标泛函为

$$\min_{\boldsymbol{u}(t)}J(\cdot)=\int_0^{t_f}\mathrm{d}t \tag{5.3.6}$$

引入拉格朗日算子 $\boldsymbol{\lambda}(t)=(\lambda_1(t),\lambda_2(t))^{\mathrm{T}}$ 构造汉密尔顿函数：

$$H(\boldsymbol{x}(t),\boldsymbol{u}(t),\boldsymbol{\lambda}^{\mathrm{T}}(t),t)=1+\lambda_1(t)x_2(t)+\lambda_2(t)u(t) \tag{5.3.7}$$

根据式(5.3.3)中的协态方程可得：

$$\begin{cases}\dot{\lambda}_1(t)=-\dfrac{\partial H}{\partial x_1}=0 \\ \dot{\lambda}_2(t)=-\dfrac{\partial H}{\partial x_2}=\lambda_1(t)\end{cases}\Rightarrow\begin{cases}\lambda_1(t)=c_1 \\ \lambda_2(t)=c_2-c_1t\end{cases} \tag{5.3.8}$$

c_1，c_2 是待定常数。根据庞特里亚金最优解存在的必要条件式(5.3.4)，若 $\hat{\boldsymbol{u}}(t)$ 是最优控制，

则在 $u(t) \in [-a_{\max}, +a_{\max}]$ 内必有

$$1+\hat{\lambda}_1(t)\hat{x}_2(t)+\hat{\lambda}_2(t)\hat{u}(t) \leqslant 1+\hat{\lambda}_1(t)\hat{x}_2(t)+\hat{\lambda}_2(t)u(t)$$
$$\Rightarrow \hat{\lambda}_2(t)\hat{u}(t) \leqslant \hat{\lambda}_2(t)u(t) \tag{5.3.9}$$

为保证 $H(\hat{\boldsymbol{x}}(t),\hat{\boldsymbol{u}}(t),\hat{\boldsymbol{\lambda}}(t),t)$ 函数值全局最小，在$\lambda_2(t)>0$时，取$\hat{u}(t)=-a$；在$\lambda_2(t)<0$时，取$\hat{u}(t)=a$。当$\lambda_2(t)=0$时，$u(t)$在容许控制集中取任意值，不等式(5.3.9)都成立，我们取$\hat{u}(t)=0$。由此得到最优控制：

$$\hat{u}(t)=-a\cdot \operatorname{sign}\{\hat{\lambda}_2(t)\}=\begin{cases}+a, & \hat{\lambda}_2(t)<0\\ 0 & \hat{\lambda}_2(t)=0\\ -a, & \hat{\lambda}_2(t)>0\end{cases} \tag{5.3.10}$$

显然，最优控制的$|\hat{u}(t)|\equiv a$，也就是说，总是处于满加速或满减速控制。这种控制律通常称为“bang-bang”控制。而且，因为$\hat{\lambda}_2(t)$是一个线性函数，所以控制量$\hat{u}(t)$从$-a$切换到$+a$，或者从$+a$切换到$-a$，至多一次。

将$\hat{u}(t)$代入系统状态方程(5.3.5)，并利用初始条件解方程。起始$\hat{u}(t)$的取值要看系统初始状态而定。不妨设起始$\hat{u}(t)=+a$，系统初始状态为$[s_0,v_0]$，解得系统在$\hat{u}(t)$切换前的运动方程为

$$\begin{cases}\hat{x}_1(t)=\dfrac{1}{2}at^2+s_0t+v_0\\ \hat{x}_2(t)=at+s_0\end{cases} \tag{5.3.11}$$

当$t=\tau$时刻，切换$\hat{u}(t)=-a$，此时系统状态为$[s_\tau,v_\tau]$：

$$\begin{cases}s_\tau=\dfrac{1}{2}a\tau^2+s_0\tau+v_0\\ v_\tau=a\tau+s_0\end{cases} \tag{5.3.12}$$

注意上式的τ是待求参数。写出$\tau<t<t_f$时间段的运动方程为

$$\begin{cases}\hat{x}_1(t)=-\dfrac{1}{2}a(t-\tau)^2+s_\tau(t-\tau)+v_\tau\\ \hat{x}_2(t)=-a(t-\tau)+s_\tau\end{cases} \tag{5.3.13}$$

代入终末时刻t_f的状态值$[s_f,v_f]$，可得：

$$\begin{cases}s_f=-\dfrac{1}{2}a(t_f-\tau)^2+s_\tau(t_f-\tau)+v_\tau\\ v_f=-a(t_f-\tau)+s_\tau\end{cases} \tag{5.3.14}$$

解此二元方程组，即可得到τ和t_f的值。

如图5.3.1所示，在相空间中，式(5.3.11)和式(5.3.12)表达了抛物线曲线的一部分。抛物线的中心轴恰好就是x_1轴。正加速度对应抛物线开口向右，状态变化是沿着曲线向上；负加速度对应抛物线开口向左，状态变化沿着曲线向下。两段抛物线形成一段连续曲线，系统终止于终末状态(s_f,v_f)，将相空间分割为左右两个部分。

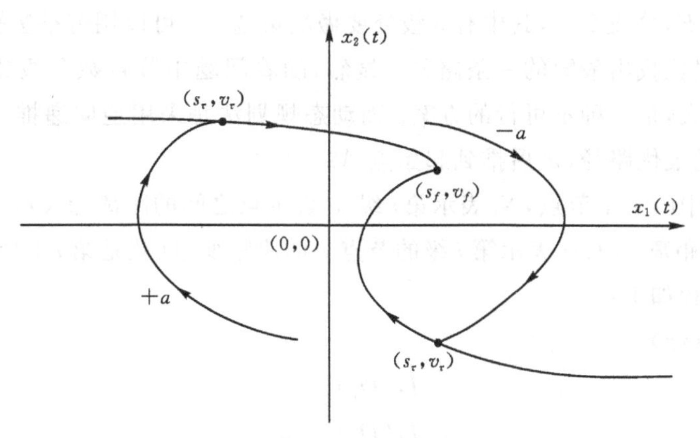

图 5.3.1　最优控制轨线

5.4　动态规划

动态规划(dynamic programming)是求解多级决策过程最优化的一种数学方法,最早由美国数学家贝尔曼在20世纪50年代提出。多级决策是指把一个控制过程分成多个阶段,每个阶段都做出决策,最终使得整个过程取得最优。该方法在经济学和运筹学领域的应用较为广泛,可用于解决离散控制系统和连续控制系统的最优控制问题。

动态规划本质上是一种非线性规划方法,核心是贝尔曼最优性原理。其基本原理是建立一个基本递推关系式,从终端向始端逆向递推,使得决策过程连续转移,将最优控制问题分解为多个一步最优问题。

5.4.1　最短路径问题

最短路径问题是理解动态规划思路的经典案例。如图5.4.1所示,从初始节点A到终末节点F,有不同的路径可以抵达,但整个过程必须是分级抵达:从A点先到B级,从B级再到C级,从C级再到D级,最后从D级到终点F。注意节点之间的距离不同,标在箭头线旁;而且同级中各节点能够抵达的下一节点并不一致。求经过的总距离最短的路径。

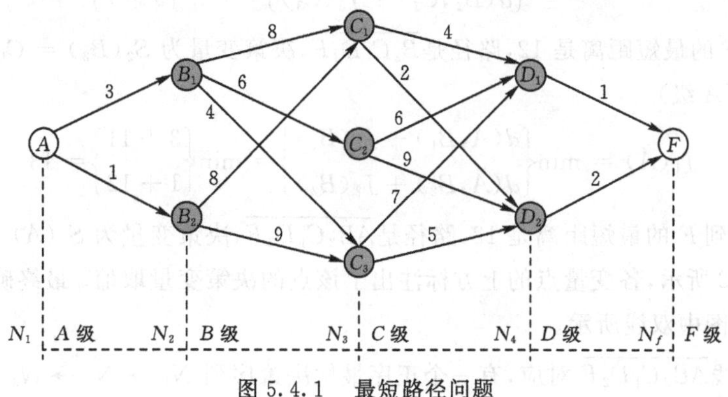

图 5.4.1　最短路径问题

从点 A 到点 F，分成 5 级，其中有 3 级处要做决策选择。可以用穷举法解题，列出所有的可能路径，然后对比找出最短的一条路径。显然，随着问题中节点数和级数的增加，穷举法的计算量会非常大，是一种不可行的方案。而动态规划法是采用逆向递推，从终末点逐级回推，找出每一级的最优路径，最后推到起始点 A。

设 x 为路径中的某个节点，N_i 表示第 i 级，d 表示点之间的距离，$J_i(x)$ 表示第 i 级的点 x 到终点 F 的最短距离，$S_i(x)$ 表示第 i 级的节点 x 的决策变量（就是第 $i+1$ 级中的某点）。具体的分级决策过程如下：

(1) N_4 级（D 级）

$$J_4(D_1) = 1$$

$$J_4(D_2) = 2$$

(2) N_3 级（C 级）

$$J_3(C_1) = \min\begin{Bmatrix} d(C_1, D_1) + J_4(D_1) \\ d(C_1, D_2) + J_4(D_2) \end{Bmatrix} = \min\begin{Bmatrix} 4+1 \\ 2+2 \end{Bmatrix} = 4$$

说明点 C_1 到 F 的最短距离是 4，路径是$\overline{C_1D_2F}$，决策变量为 $S_3(C_1) = D_2$；

$$J_3(C_2) = \min\begin{Bmatrix} d(C_2, D_1) + J_4(D_1) \\ d(C_2, D_2) + J_4(D_2) \end{Bmatrix} = \min\begin{Bmatrix} 6+1 \\ 9+2 \end{Bmatrix} = 7$$

说明点 C_2 到 F 的最短距离是 7，路径是$\overline{C_2D_1F}$，决策变量为 $S_3(C_2) = D_1$；

$$J_3(C_3) = \min\begin{Bmatrix} d(C_3, D_1) + J_4(D_1) \\ d(C_3, D_2) + J_4(D_2) \end{Bmatrix} = \min\begin{Bmatrix} 7+1 \\ 5+2 \end{Bmatrix} = 7$$

说明点 C_3 到 F 的最短距离是 7，路径是$\overline{C_3D_2F}$，决策变量为 $S_3(C_3) = D_2$；

(3) N_2 级（B 级）

$$J_2(B_1) = \min\begin{Bmatrix} d(B_1, C_1) + J_3(C_1) \\ d(B_1, C_2) + J_3(C_2) \\ d(B_1, C_3) + J_3(C_3) \end{Bmatrix} = \min\begin{Bmatrix} 8+4 \\ 6+7 \\ 4+7 \end{Bmatrix} = 11$$

说明点 B_1 到 F 的最短距离是 11，路径是$\overline{B_1C_3D_2F}$，决策变量为 $S_2(B_1) = C_3$；

$$J_2(B_2) = \min\begin{Bmatrix} d(B_2, C_1) + J_3(C_1) \\ d(B_2, C_3) + J_3(C_3) \end{Bmatrix} = \min\begin{Bmatrix} 8+4 \\ 9+7 \end{Bmatrix} = 12$$

说明点 B_2 到 F 的最短距离是 12，路径是$\overline{B_2C_1D_2F}$，决策变量为 $S_2(B_2) = C_1$；

(4) N_1 级（A 级）

$$J_1(A) = \min\begin{Bmatrix} d(A, B_1) + J_2(B_1) \\ d(A, B_2) + J_2(B_2) \end{Bmatrix} = \min\begin{Bmatrix} 3+11 \\ 1+12 \end{Bmatrix} = 13$$

说明点 A 到 F 的最短距离是 13，路径是$\overline{AB_2C_1D_2F}$，决策变量为 $S_1(A) = B_2$。

如图 5.4.2 所示，各变量点的上方标注出了该点的决策变量取值。最终确定的最短路径为$\overline{AB_2C_1D_2F}$，图中双线所示。

与最优路线$\overline{AB_2C_1D_2F}$ 对应，有一个正序最优决策序列 $N_1 \to N_2 \to N_3 \to N_4$。

由图 5.4.2 可知，$\overline{AB_2C_1D_2F}$ 的子路径$\overline{B_2C_1D_2F}$，也是从 B_2 点到 F 点的最优路径；子路

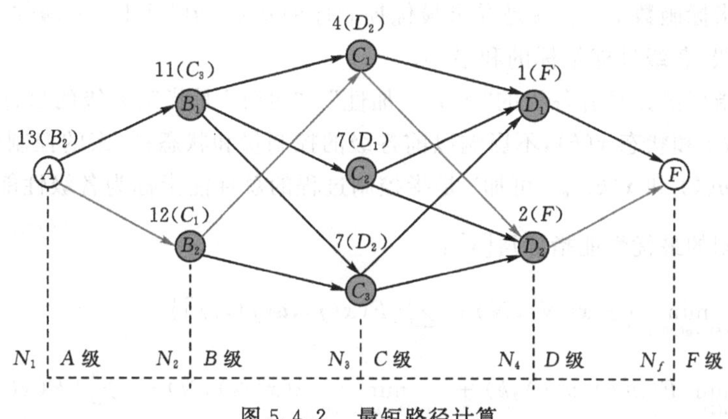

图 5.4.2 最短路径计算

径$\overline{C_1D_2F}$,也是从C_1点到F点的最优路径。对多级决策问题而言,最优路径和决策顺序具有的这种性质,就是贝尔曼提出的最优性原理。

贝尔曼最优性原理:多级决策过程中,不论初始状态和初始决策如何,当把其中的任何一级和状态再作为初始级和初始状态时,其余的决策对此必定也是一个最优策略。也就是说,对于一个N级决策系统,初始状态为$\boldsymbol{x}(0)$,最优策略是$\{\hat{u}(0),\hat{u}(1),\cdots,\hat{u}(N-1)\}$,那么对于一个以$\boldsymbol{x}(k)(0\leqslant k\leqslant N-1)$为初始状态的$N-k$级决策系统而言,策略$\{\hat{u}(k),\hat{u}(k+1),\cdots,\hat{u}(N-1)\}$也必定是最优策略。从最优状态轨线的角度可以表述为——最优曲线的一部分必为最优曲线。(证明略)

注意从计算顺序来看,$N_4\rightarrow N_3\rightarrow N_2\rightarrow N_1$,是倒序计算确定每个点到终点的最短路径。在求解$N_1$时,用到了$N_1$的状态和$N_2$的结果,可表述为$N_1=f(x_1,N_2)$;在求解$N_2$时,用到了$N_2$的状态和$N_3$的结果,可表述为$N_2=f(x_2,n_3)$;依此类推,直至终末点$n_f$。整个过程可以表述为$f(x_1,f(x_2,f(\cdots f(x_{N-1},N_f))\cdots)$。这就是所谓的“嵌套原理”,把给定问题嵌入到一系列相似的但易于求解的问题中,化“多级最优控制问题”为“一系列单级决策问题”。

5.4.2 离散系统动态规划

给定n阶离散系统状态方程

$$\boldsymbol{x}(i+1)=\boldsymbol{f}[\boldsymbol{x}(i),\boldsymbol{u}(i),i],\quad \boldsymbol{x}(0)=\boldsymbol{x}_0 \tag{5.4.1}$$

系统性能指标:

$$J[\cdot]=\varphi[\boldsymbol{x}(N),N]+\sum_{i=0}^{N-1}[F(x(i),\boldsymbol{u}(i),i)] \tag{5.4.2}$$

系统从$\boldsymbol{u}(0)\sim\boldsymbol{u}(N-1)$要进行$N$级控制。求最优控制$\hat{\boldsymbol{u}}(0)$、$\hat{\boldsymbol{u}}(1)$、$\cdots$、$\hat{\boldsymbol{u}}(N-1)$,使性能指标$J[\cdot]$达到最小(或最大)值。

离散系统的状态方程(5.4.1)是一个递推式,系统历经了N级控制。系统在$(k+1)$时刻(级)的状态$\boldsymbol{x}(k+1)$,由前一级的状态$\boldsymbol{x}(k)$和控制量$\boldsymbol{u}(k)$决定;而当前的决策控制$\boldsymbol{u}(k+1)$,不影响已经过去的状态$\boldsymbol{x}(k)$、$\boldsymbol{x}(k-1)$、$\cdots$、$\boldsymbol{x}(0)$。如此可将离散系统最优控制问题写为

$$\begin{cases}\min\limits_{\boldsymbol{u}(j)}J[\cdot]=\varphi[\boldsymbol{x}(N),N]+\sum\limits_{j=k}^{N-1}[F(\boldsymbol{x}(j),\boldsymbol{u}(j),j)]\\ s.t.\ \ \boldsymbol{x}(j+1)=f(\boldsymbol{x}(j),\boldsymbol{u}(j),j),\boldsymbol{x}(k)=\boldsymbol{x}_0\end{cases} \tag{5.4.3}$$

优化性能指标函数 $J[\cdot]$，就是寻求最优控制序列 $\boldsymbol{u}(k)$、$\boldsymbol{u}(k+1)$、…、$\boldsymbol{u}(N-1)$，使得从 k 级起到 $N-1$ 级，各级性能指标的和最小。

这种性能指标函数具有各级的“可分可加性”。“可分”是指第 k 级的目标函数只决定本级的控制量 $\boldsymbol{u}(k)$ 和状态 $\boldsymbol{x}(k)$，不影响以前各级的控制量和状态；将来的控制量 $\boldsymbol{u}(k+1)$ 也不影响当前的 $\boldsymbol{u}(k)$ 和 $\boldsymbol{x}(k)$ 。“可加”是指控制过程的总性能指标为各级性能目标之和。

拆解 k 时刻的最优性能指标 $\hat{J}_k[\cdot]$：

$$\begin{aligned}\hat{J}_k[\cdot] &= \min_{\boldsymbol{u}(k)\sim\boldsymbol{u}(N-1)}\left\{\varphi(\boldsymbol{x}(N),N)+\sum_{j=k}^{N-1}[F(\boldsymbol{x}(j),\boldsymbol{u}(j),j)]\right\}\\ &= \min_{\boldsymbol{u}(k)}\left\{F(\boldsymbol{x}(k),\boldsymbol{u}(k),k)+\min_{\boldsymbol{u}(k+1)\sim\boldsymbol{u}(N-1)}\left\{\varphi(\boldsymbol{x}(N),N)+\sum_{j=k+1}^{N-1}[F(\boldsymbol{x}(j),\boldsymbol{u}(j),j)]\right\}\right\}\\ &= \min_{\boldsymbol{u}(k)}\{F(\boldsymbol{x}(k),\boldsymbol{u}(k),k)+\hat{J}_{k+1}[\cdot]\}\end{aligned} \tag{5.4.4}$$

可先求解 $\hat{J}_{k+1}[\cdot]$，再求解 $\hat{\boldsymbol{u}}(k)$，使得和式 $\{F(\boldsymbol{x}(k),\boldsymbol{u}(k),k)+\hat{J}_{k+1}[\cdot]\}$ 最小。这是一个递推式，最终可以推到

$$\hat{J}_{N-1}[\cdot] = \min_{\boldsymbol{u}(N-1)}\{\varphi(\boldsymbol{x}(N),N)+F(\boldsymbol{x}(N-1),\boldsymbol{u}(N-1),N-1)\} \tag{5.4.5}$$

这样就将多级决策控制问题转化为了单级优化问题。注意最优控制 $\hat{\boldsymbol{u}}$ 序列的求解是通过逆向递推而得的，即 $\hat{\boldsymbol{u}}(N-1)\to\hat{\boldsymbol{u}}(N-2)\to\cdots\to\hat{\boldsymbol{u}}(k)$。

式(5.4.4)称为动态规划的基本递推方程，也称为贝尔曼泛函方程。贝尔曼方程表明目标函数也具有递推性：欲使从 k 级到 N 级的目标函数总和最小，应先使从 $k+1$ 级到 N 级的目标函数总和最小。这也就是贝尔曼最优性原理的体现：不论当下状态和过去的决策如何，后续的决策对于当下状态而言，必然是最优决策。

【例 5.4.1】 离散系统状态方程：

$$x(k+1) = x(k)+u(k);\quad x(0)=1 \tag{5.4.6}$$

目标函数：

$$J[\cdot] = \sum_{k=0}^{4}[x^2(k)+u^2(k)] \tag{5.4.7}$$

求最优控制序列 $\{\hat{u}(k)\}$，使得 $J[\cdot]$ 最小。

【解答】 写出贝尔曼泛函方程：

$$\hat{J}_k[\cdot] = \min_{u(k)}\{[x^2(k)+u^2(k)]+\hat{J}_{k+1}[\cdot]\} \tag{5.4.8}$$

题目设定的总体目标函数 $J[\cdot]\geqslant 0$，故终端可令函数取最小值 $\hat{J}_5[\cdot]=0$，然后依次回推各级。

$$\hat{J}_4[\cdot] = \min_{u(4)}\{[x^2(4)+u^2(4)]+\hat{J}_5[\cdot]\} = \min_{u(4)}\{[x^2(4)+u^2(4)]\} \tag{5.4.9}$$

可得 $\hat{u}(4)=0$；且 $\hat{J}_4[\cdot]=x^2(4)=[x(3)+u(3)]^2$。

$$\begin{aligned}\hat{J}_3[\cdot] &= \min_{u(3)}\{[x^2(3)+u^2(3)]+\hat{J}_4[\cdot]\}\\ &= \min_{u(3)}\{x^2(3)+u^2(3)+[x(3)+u(3)]^2\}\end{aligned} \tag{5.4.10}$$

对于函数 $f(x,u)=x^2+u^2+(x+u)^2$，令 $(\partial f/\partial u)=0$，可得 $u=-0.5x$。故可知

$\hat{u}(3)=-0.5x(3)$，且 $\hat{J}_3[\cdot]=1.5x^2(3)$。

$$\begin{aligned}\hat{J}_2[\cdot]&=\min_{u(2)}\{[x^2(2)+u^2(2)]+\hat{J}_3[\cdot]\}\\&=\min_{u(2)}\{x^2(2)+u^2(2)+1.5[x(2)+u(2)]^2\}\end{aligned}\tag{5.4.11}$$

对于函数 $f(x,u)=x^2+u^2+1.5(x+u)^2$，令 $(\partial f/\partial u)=0$，可得 $u=-0.6x$。故可知 $\hat{u}(2)=-0.6x(2)$，且 $\hat{J}_2[\cdot]=1.6x^2(2)$。

$$\begin{aligned}\hat{J}_1[\cdot]&=\min_{u(1)}\{[x^2(1)+u^2(1)]+\hat{J}_2[\cdot]\}\\&=\min_{u(1)}\{x^2(1)+u^2(1)+1.6[x(1)+u(1)]^2\}\end{aligned}\tag{5.4.12}$$

对于函数 $f(x,u)=x^2+u^2+1.6(x+u)^2$，令$(\partial f/\partial u)=0$，可得 $u=-(8/13)x$。故可知$\hat{u}(1)=-(8/13)x(1)$，且$\hat{J}_1[\cdot]=(21/13)x^2(1)$。

$$\begin{aligned}\hat{J}_0[\cdot]&=\min_{u(0)}\{[x^2(0)+u^2(0)]+\hat{J}_1[\cdot]\}\\&=\min_{u(0)}\{x^2(0)+u^2(0)+(21/13)[x(0)+u(0)]^2\}\end{aligned}\tag{5.4.13}$$

对于函数 $f(x,u)=x^2+u^2+(21/13)(x+u)^2$，令$(\partial f/\partial u)=0$，可得 $u=-(21/34)x$。故可知$\hat{u}(0)=-(21/34)x(0)=-(21/34)$，且$\hat{J}_0[\cdot]=\hat{J}[\cdot]=(55/34)x^2(0)=(55/34)$。

将$\hat{u}(0)=-(21/34)$，$x(0)=1$ 依次代入，即可求出最优控制序列：

$$\{\hat{u}(k)\}=\left\{-\frac{21}{34}\quad-\frac{4}{17}\quad-\frac{3}{34}\quad 0\right\}\tag{5.4.14}$$

对应的系统最优轨迹点

$$\{\hat{x}(k)\}=\left\{1\quad\frac{13}{34}\quad\frac{5}{34}\quad\frac{1}{17}\quad\frac{1}{34}\right\}\tag{5.4.15}$$

由上例计算过程可知，用动态规划解题须进行两次搜索。第一次逆序递推，进行各级目标函数的计算，从$\hat{J}_5[\cdot]$到$\hat{J}_0[\cdot]$；第二次正序迭代，应用计算出的目标函数和系统状态方程，进行各级最优控制量和最优状态轨线的计算。

5.4.3 连续系统的动态规划

贝尔曼最优性原理表明，对于给定的系统性能指标，从状态空间的任一点 $\boldsymbol{x}(t_k)$ 出发，其选择的最优控制量$\hat{\boldsymbol{u}}(t_k)$，只与当前状态 $\boldsymbol{x}(t_k)$ 有关，而与如何到达 $\boldsymbol{x}(t_k)$ 的系统经历没有关系。可以将这种性质理解为马尔可夫特性(Markov property)。用动态规划的方法求解连续系统最优控制问题，得到的是连续形式的动态规划，称为汉密尔顿-雅可比(Hamilton-Jacobi)方程。

设连续系统状态方程为

$$\begin{cases}\dot{\boldsymbol{x}}(t)=\boldsymbol{f}(\boldsymbol{x}(t),\boldsymbol{u}(t),t)\\\boldsymbol{x}(t_0)=\boldsymbol{x}_0\end{cases}\tag{5.4.16}$$

目标泛函为

$$J[\cdot]=\varphi(\boldsymbol{x}(t_f),t_f)+\int_{t_0}^{t_f}F(\boldsymbol{x}(t),\boldsymbol{u}(t),t)\mathrm{d}t\tag{5.4.17}$$

要求在容许控制 $\boldsymbol{u}(t)$ 中寻求最优控制$\hat{\boldsymbol{u}}(t)$，使系统从初始状态 $\boldsymbol{x}_0$ 转移到终末状态 $\boldsymbol{x}(t_f)$ 时，

目标泛函最小。

连续系统最优性原理：若对于连续系统的初始状态 $\boldsymbol{x}(t_0)=\boldsymbol{x}_0$，终末状态 $\boldsymbol{x}(t_f)$，已知 $\hat{\boldsymbol{u}}(t)$ 和 $\hat{\boldsymbol{x}}(t)$ 是系统在 $(t_0\leqslant t\leqslant t_f)$ 的最优控制和相应的最优状态轨线；那么对于从任意时刻 $t_k(t_0<t_k<t_f)$ 开始的系统状态 $\boldsymbol{x}(t_k)$ 而言，$\hat{\boldsymbol{u}}(t)$ 和 $\hat{\boldsymbol{x}}(t)$ 仍然是系统在 $(t_k\leqslant t\leqslant t_f)$ 时间段内的最优控制和相应最优状态轨线。

设系统目标泛函 $J[\cdot]$ 连续，且对 $\boldsymbol{x}(t)$ 和 t 具二阶连续可微。系统最优性能指标 $\hat{J}[\cdot]$ 仅与初始时刻和初始状态有关，可以记为

$$\hat{J}[\cdot]=\hat{J}[\boldsymbol{x}_0,t_0]\triangleq J[\hat{\boldsymbol{x}}(t),\hat{\boldsymbol{u}}(t)]=\min_{\boldsymbol{u}(t)}\left\{\varphi(\boldsymbol{x}(t_f),t_f)+\int_{t_0}^{t_f}F(\hat{\boldsymbol{x}}(t),\hat{\boldsymbol{u}}(t),t)dt\right\} \tag{5.4.18}$$

不失一般性，我们研究时间段 $[t,t_f]$ 的系统优化状态。将 $[t,t_f]$ 段的最优过程分成两段，$[t,t+\Delta t]$ 以及 $[t+\Delta t,t_f]$，则最优目标泛函可表示为

$$\begin{aligned}\hat{J}[\boldsymbol{x}(t),t]&=\min_{\boldsymbol{u}(t)}\left\{\varphi(\boldsymbol{x}(t_f),t_f)+\int_{t}^{t_f}F(\hat{\boldsymbol{x}}(t),\hat{\boldsymbol{u}}(t),t)\mathrm{d}t\right\}\\&=\min_{\boldsymbol{u}(t)}\left\{\varphi(\boldsymbol{x}(t_f),t_f)+\int_{t}^{t+\Delta t}F(\boldsymbol{x}(\tau),\boldsymbol{u}(\tau),\tau)\mathrm{d}\tau+\int_{t+\Delta t}^{t_f}F(\boldsymbol{x}(\tau),\boldsymbol{u}(\tau),\tau)\mathrm{d}\tau\right\}\\&=\min_{\boldsymbol{u}(t)}\left\{\int_{t}^{t+\Delta t}F(\boldsymbol{x}(\tau),\boldsymbol{u}(\tau),\tau)\mathrm{d}\tau+\min_{\boldsymbol{u}(t+\Delta t)}\left\{\varphi(\boldsymbol{x}(t_f),t_f)+\int_{t+\Delta t}^{t_f}F(\boldsymbol{x}(\tau),\boldsymbol{u}(\tau),\tau)\mathrm{d}\tau\right\}\right\}\\&=\min_{\boldsymbol{u}(t)}\left\{\int_{t}^{t+\Delta t}F(\boldsymbol{x}(\tau),\boldsymbol{u}(\tau),\tau)\mathrm{d}\tau+\hat{J}[\boldsymbol{x}(t+\Delta t),t+\Delta t]\right\}\end{aligned} \tag{5.4.19}$$

对于上式右端第一项积分式，应用积分中值定理可得：

$$\int_{t}^{t+\Delta t}F(\boldsymbol{x}(\tau),\boldsymbol{u}(\tau),\tau)\mathrm{d}\tau=F[\boldsymbol{x}(t+\alpha\Delta t),\boldsymbol{u}(t+\alpha\Delta t),t+\alpha\Delta t]\Delta t \tag{5.4.20}$$

式中，$0<\alpha<1$。

对于第二项，应用泰勒级数在 $[\boldsymbol{x}(t),t]$ 点处将函数 $\hat{J}[\boldsymbol{x}(t+\Delta t),t+\Delta t]$ 展开为

$$\hat{J}[\boldsymbol{x}(t+\Delta t),t+\Delta t]=\hat{J}[\boldsymbol{x}(t),t]+\left(\frac{\partial\hat{J}[\boldsymbol{x}(t),t]}{\partial\boldsymbol{x}(t)}\right)^{\mathrm{T}}\frac{\mathrm{d}\boldsymbol{x}(t)}{\mathrm{d}t}\Delta t+\frac{\partial\hat{J}[\boldsymbol{x}(t),t]}{\partial t}\Delta t+O(\Delta t^2) \tag{5.4.21}$$

上式右边略去高阶无穷小 $O(\Delta t^2)$。再将上两式回代 $\hat{J}[\boldsymbol{x}(t),t]$ 的表达式(5.4.18)，等式两边消去 $\hat{J}[\boldsymbol{x}(t),t]$，则有：

$$\frac{\partial\hat{J}[\boldsymbol{x}(t),t]}{\partial t}=-\min_{\boldsymbol{u}(t)}\left\{F(\boldsymbol{x}(t),\boldsymbol{u}(t),t)+\left(\frac{\partial\hat{J}[\boldsymbol{x}(t),t]}{\partial\boldsymbol{x}(t)}\right)^{\mathrm{T}}\boldsymbol{f}(\boldsymbol{x}(t),\boldsymbol{u}(t),t)\right\} \tag{5.4.22}$$

由于 t 的任意性，上式是一个包含了函数和偏微分的方程式。此即连续动态规划解题的基本方程，称为汉密尔顿-雅可比方程，又称为汉密尔顿-雅可比-贝尔曼方程。解此方程以求得最优控制量 $\hat{\boldsymbol{u}}(t)$。这个方程是求解最优控制问题的充分条件，而非必要条件。

求解 $\hat{\boldsymbol{u}}(t)$ 时，可定义汉密尔顿函数：

$$H(\boldsymbol{x}(t),\boldsymbol{u}(t),\boldsymbol{\lambda}^{\mathrm{T}}(t),t)=F(\boldsymbol{x},\boldsymbol{u},t)+\boldsymbol{\lambda}^{\mathrm{T}}f(\boldsymbol{x},\boldsymbol{u},t) \tag{5.4.23}$$

式中的拉格朗日算子

$$\boldsymbol{\lambda}^{\mathrm{T}}(t)=\left(\frac{\partial\hat{J}[\boldsymbol{x}(t),t]}{\partial\boldsymbol{x}(t)}\right)^{\mathrm{T}} \tag{5.4.24}$$

可以证明，在各函数连续可微的条件下，$H(\boldsymbol{x}(t),\boldsymbol{u}(t),\boldsymbol{\lambda}^{\mathrm{T}}(t),t)$ 存在绝对极小值。如果控制量 $\boldsymbol{u}(t)$ 受限，只能用分析法来解题。在控制量 $\boldsymbol{u}(t)$ 不受限的情况下，令

$$\frac{\partial H}{\partial\boldsymbol{u}}=\frac{\partial F}{\partial\boldsymbol{u}}+\left(\frac{\partial\boldsymbol{f}^{\mathrm{T}}}{\partial\boldsymbol{u}}\right)\frac{\partial\hat{J}[\boldsymbol{x}(t),t]}{\partial\boldsymbol{x}}=\boldsymbol{0} \tag{5.4.25}$$

可解得最优控制量$\hat{\boldsymbol{u}}(t)$ 的隐式解$\hat{\boldsymbol{u}}'(t)$：

$$\hat{\boldsymbol{u}}'=\hat{\boldsymbol{u}}'\left[\boldsymbol{x},\frac{\partial\hat{J}}{\partial\boldsymbol{x}},t\right] \tag{5.4.26}$$

此时 $\hat{J}(\boldsymbol{x}(t),t)$ 尚未求出，所以是隐式解。

求最优性能指标时，将上式代入式(5.4.21) 汉密尔顿-雅可比方程可得：

$$\frac{\partial\hat{J}[\boldsymbol{x}(t),t]}{\partial t}=-\left\{F\left(\boldsymbol{x}(t),\hat{\boldsymbol{u}}'\left[\boldsymbol{x},\frac{\partial\hat{J}}{\partial\boldsymbol{x}},t\right],t\right)+\left(\frac{\partial\hat{J}}{\partial\boldsymbol{x}(t)}\right)^{\mathrm{T}}\boldsymbol{f}\left(\boldsymbol{x}(t),\hat{\boldsymbol{u}}'\left[\boldsymbol{x},\frac{\partial\hat{J}}{\partial\boldsymbol{x}},t\right],t\right)\right\} \tag{5.4.27}$$

这是一阶偏微分方程，再结合边界条件$\hat{J}[\boldsymbol{x}(t),t]=\varphi(\boldsymbol{x}(t_f),t_f)$，即可求得$\hat{J}[\boldsymbol{x}(t),t]$。

（备注：因为此处 t 还是个定值，所以严格写法，$\left(\dfrac{\partial\hat{J}[\boldsymbol{x}(t),t]}{\partial\boldsymbol{x}(t)}\right)^{T}\dfrac{\mathrm{d}\boldsymbol{x}(t)}{\mathrm{d}t}$ 应为 $\left(\dfrac{\partial\hat{J}[\boldsymbol{x}(\tau),\tau]}{\partial\boldsymbol{x}(\tau)}\right)^{\mathrm{T}}\dfrac{\mathrm{d}\boldsymbol{x}(\tau)}{\mathrm{d}\tau}\Bigg|_{\tau\to t}$；$\dfrac{\partial\hat{J}[\boldsymbol{x}(t),t]}{\partial t}$ 应为$\dfrac{\partial\hat{J}[\boldsymbol{x}(\tau),\tau]}{\partial t}\Bigg|_{\tau\to t}$；）

基于$\hat{J}[\boldsymbol{x}(t),t]$，计算$(\partial\hat{J}/\partial\boldsymbol{x})$，代入隐式解$\hat{\boldsymbol{u}}'(t)$，即可求得最优控制量的显式解$\hat{\boldsymbol{u}}(t)=\hat{\boldsymbol{u}}(\boldsymbol{x}(t),t)$。再将$\hat{\boldsymbol{u}}(t)$ 代入系统状态方程，结合初始条件，可计算得到最优状态轨线$\hat{\boldsymbol{x}}(t)$。

显然，求解偏微分方程(5.4.26) 是关键。但除了线性二次型问题，此方程的求解比较困难。

5.5 线性二次型最优控制

对于线性控制系统，如果设定性能指标是状态变量与控制变量的二次型函数，这类动态系统的最优控制问题，称为 LQ(linear quadratic) 问题。

设线性系统的状态方程为

$$\begin{cases}\dot{\boldsymbol{x}}(t)=\boldsymbol{A}(t)\boldsymbol{x}(t)+\boldsymbol{B}(t)\boldsymbol{u}(t), & \boldsymbol{x}(t_0)=\boldsymbol{x}_0\\ \boldsymbol{y}(t)=\boldsymbol{C}(t)\boldsymbol{x}(t)\end{cases} \tag{5.5.1}$$

式中，$\boldsymbol{x}(t)$ 为 n 维状态向量；$\boldsymbol{u}(t)$ 为 m 维状态向量；$\boldsymbol{y}(t)$ 为 r 维状态向量；$\boldsymbol{A}(t)$、$\boldsymbol{B}(t)$、$\boldsymbol{C}(t)$ 是时变矩阵，特殊情况下是常数矩阵。这里 $n\geqslant m\geqslant r\geqslant 0$，系统起于 t_0 时刻，终于 t_f 时刻，整个过程中控制量 $\boldsymbol{u}(t)$ 不受限。

如果给定系统一条理想输出曲线 $\boldsymbol{y}^{\circ}(t)$，则实际输出与理想输出之间的差值称为误差向量 $\boldsymbol{e}(t)$：

$$\boldsymbol{e}(t)=\boldsymbol{y}^{\circ}(t)-\boldsymbol{y}(t) \tag{5.5.2}$$

要求确定最优控制量 $\boldsymbol{u}(t)$，使如下的二次型性能指标函数 J 最小：

$$J=\frac{1}{2}\boldsymbol{e}^{\mathrm{T}}(t_f)\boldsymbol{F}\boldsymbol{e}(t_f)+\frac{1}{2}\int_{t_0}^{t_f}[\boldsymbol{e}^{\mathrm{T}}(t)\boldsymbol{Q}(t)\boldsymbol{e}(t)+\boldsymbol{u}^{\mathrm{T}}(t)\boldsymbol{R}(t)\boldsymbol{u}(t)]\mathrm{d}t \tag{5.5.3}$$

式中，$\boldsymbol{F}$ 是 $r\times r$ 维、半正定、对称的常数矩阵；$\boldsymbol{Q}(t)$ 是 $r\times r$ 维、半正定、对称的时变矩阵；$\boldsymbol{R}(t)$ 是 $m\times m$ 维、正定、对称的时变矩阵。$\boldsymbol{F}$、$\boldsymbol{Q}(t)$、$\boldsymbol{R}(t)$ 可根据工程实际情况灵活选取。

二次型指标函数 J 由一个末端值加权项和两个积分项构成，具有明确的物理意义指向。

确定末端值加权项中的向量 $\boldsymbol{F}$，就确定了系统终末态误差向量 $\boldsymbol{e}(t_f)$ 中各分量 $e_i(t_f)$ 的权重。这一项表征了对系统在终末时刻的跟踪误差的评价，也就是稳态误差的情况。

确定第一个积分项中的向量 $\boldsymbol{Q}(t)$，就确定了在系统运动过程中，动态跟踪误差的总度量。$\boldsymbol{Q}(t)$ 的作用就是给误差向量 $\boldsymbol{e}(t)$ 中的各分量 $e_i(t)$ 分配不同的权重。这一项表征了系统控制过程的品质好坏。

第二个积分项中的向量 $\boldsymbol{R}(t)>0$，构成了 $\boldsymbol{u}(t)$ 的加权平方和，反映了整个控制过程中控制量 $\boldsymbol{u}(t)$ 的能量消耗。

综上可知，最小化二次型指标函数 J 的物理意义是：系统在控制过程中的动态误差与能量消耗，以及控制结束时的系统稳态误差，综合最优。

根据 $\boldsymbol{y}^{\circ}(t)$ 的不同，各 $\boldsymbol{F}$、$\boldsymbol{Q}(t)$、$\boldsymbol{R}(t)$ 设置的不同，二次型性能指标可分为三类：

(1) 状态调节器：$\boldsymbol{y}^{\circ}(t)=\boldsymbol{0}$，$\boldsymbol{C}(t)=\boldsymbol{I}$；此时 $\boldsymbol{e}(t)=-\boldsymbol{y}(t)=-\boldsymbol{x}(t)$

(2) 输出调节器：$\boldsymbol{y}^{\circ}(t)=\boldsymbol{0}$；此时 $\boldsymbol{e}(t)=-\boldsymbol{y}(t)$

(3) 输出跟踪器：$\boldsymbol{y}^{\circ}(t)\neq\boldsymbol{0}$，$\boldsymbol{e}(t)=\boldsymbol{y}^{\circ}(t)-\boldsymbol{y}(t)$

第(1)类问题在工程控制中称为线性状态调节器 LQR(linear quadratic regulator)。当被控系统受到干扰偏离平衡位置时，需要对系统施加控制作用使其恢复到平衡状态。通常可将系统平衡状态转换成零状态，将干扰设为初始状态。当 t_f 固定时为“有限时间状态调节器”，当 t_f 不受限时为“无限时间状态调节器”，若被控系统是线性定常系统，就是“线性定常状态调节器”。工程生产中的恒温恒压调节，电网电压的控制等，都可以归于这类问题。

1. 有限时间状态调节器

写出有限状态调节器的最优化问题为

$$\begin{cases}\min\limits_{\boldsymbol{u}(t)}J=\dfrac{1}{2}\boldsymbol{x}^{\mathrm{T}}(t_f)\boldsymbol{F}\boldsymbol{x}(t_f)+\dfrac{1}{2}\displaystyle\int_{t_0}^{t_f}[\boldsymbol{x}^{\mathrm{T}}(t)\boldsymbol{Q}(t)\boldsymbol{x}(t)+\boldsymbol{u}^{\mathrm{T}}(t)\boldsymbol{R}(t)\boldsymbol{u}(t)]\mathrm{d}t\\ \text{s. t. }\ \dot{\boldsymbol{x}}(t)=\boldsymbol{A}(t)\boldsymbol{x}(t)+\boldsymbol{B}(t)\boldsymbol{u}(t),\quad \boldsymbol{x}(t_0)=\boldsymbol{x}_0\end{cases} \tag{5.5.4}$$

引入拉格朗日算子 $\boldsymbol{\lambda}(t)$，将其化为无约束最优化问题：

$$\min_{\boldsymbol{u}(t)}J=\frac{1}{2}\boldsymbol{x}^{\mathrm{T}}(t_f)\boldsymbol{F}\boldsymbol{x}(t_f)+\int_{t_0}^{t_f}\{\frac{1}{2}[\boldsymbol{x}^{\mathrm{T}}(t)\boldsymbol{Q}(t)\boldsymbol{x}(t)+\boldsymbol{u}^{\mathrm{T}}(t)\boldsymbol{R}(t)\boldsymbol{u}(t)]+$$
$$\boldsymbol{\lambda}^{\mathrm{T}}(t)[\boldsymbol{A}(t)\boldsymbol{x}(t)+\boldsymbol{B}(t)\boldsymbol{u}(t)-\dot{\boldsymbol{x}}(t)]\}\mathrm{d}t \tag{5.5.5}$$

令汉密尔顿函数为

$$H(\boldsymbol{x}(t),\boldsymbol{u}(t),\boldsymbol{\lambda}^{\mathrm{T}}(t),t)=\frac{1}{2}[\boldsymbol{x}^{\mathrm{T}}(t)\boldsymbol{Q}(t)\boldsymbol{x}(t)+\boldsymbol{u}^{\mathrm{T}}(t)\boldsymbol{R}(t)\boldsymbol{u}(t)]+$$
$$\boldsymbol{\lambda}^{\mathrm{T}}(t)[\boldsymbol{A}(t)\boldsymbol{x}(t)+\boldsymbol{B}(t)\boldsymbol{u}(t)-\dot{\boldsymbol{x}}(t)] \tag{5.5.6}$$

根据泛函求极值的必要条件，可知：

$$\begin{cases} \boldsymbol{\lambda}(t_f) = \dfrac{\partial}{\partial \boldsymbol{x}(t_f)}\left[\dfrac{1}{2}\boldsymbol{x}^{\mathrm{T}}(t_f)\boldsymbol{F}\boldsymbol{x}(t_f)\right] = \boldsymbol{F}\boldsymbol{x}(t_f) & \text{(横截条件)} \\ \dfrac{\partial H}{\partial \boldsymbol{u}} = \boldsymbol{0} \Rightarrow \boldsymbol{R}(t)\boldsymbol{u}(t) + \boldsymbol{B}(t)\boldsymbol{\lambda}(t) = \boldsymbol{0} & \text{(耦合方程)} \\ \dot{\boldsymbol{\lambda}}(t) = -\dfrac{\partial H}{\partial \boldsymbol{x}} = -\boldsymbol{Q}(t)\boldsymbol{x}(t) - \boldsymbol{A}^{\mathrm{T}}(t)\boldsymbol{\lambda}(t) & \text{(协态方程)} \\ \dot{\boldsymbol{x}} = \dfrac{\partial H}{\partial \boldsymbol{\lambda}} = \boldsymbol{A}(t)\boldsymbol{x}(t) - \boldsymbol{B}(t)\boldsymbol{R}^{-1}(t)\boldsymbol{B}^{\mathrm{T}}(t)\boldsymbol{\lambda}(t) & \text{(状态方程)} \end{cases} \tag{5.5.7}$$

根据耦合方程可得 $\boldsymbol{u}(t) = \boldsymbol{B}(t)\boldsymbol{\lambda}(t) - \boldsymbol{R}(t)\boldsymbol{u}(t)$，这是使汉密尔顿函数取最小值的控制量，也体现在上面方程组中的最后一个状态方程中。

解协态方程寻求最优状态轨线，若采用状态转移法，对于时变系统而言，求解状态转移矩阵和矩阵的逆难度太大。美国科学家卡尔曼给出了一种简洁解法如下。

引入待定矩阵 $\boldsymbol{P}(t)$，令 $\boldsymbol{\lambda}(t) = \boldsymbol{P}(t)\boldsymbol{x}(t)$，代入式(5.5.7)中的状态方程后，成为

$$\begin{aligned} \dot{\boldsymbol{x}}(t) &= \boldsymbol{A}(t)\boldsymbol{x}(t) - \boldsymbol{B}(t)\boldsymbol{R}^{-1}(t)\boldsymbol{B}^{\mathrm{T}}(t)\boldsymbol{\lambda}(t) \\ &= \boldsymbol{A}(t)\boldsymbol{x}(t) - \boldsymbol{B}(t)\boldsymbol{R}^{-1}(t)\boldsymbol{B}^{\mathrm{T}}(t)\boldsymbol{P}(t)\boldsymbol{x}(t) \end{aligned} \tag{5.5.8}$$

对 $\boldsymbol{\lambda}(t)$ 求导可得：

$$\dot{\boldsymbol{\lambda}}(t) = \dot{\boldsymbol{P}}(t)\boldsymbol{x}(t) + \boldsymbol{P}(t)\dot{\boldsymbol{x}}(t) \tag{5.5.9}$$

上式与协态方程比较可得：

$$\dot{\boldsymbol{P}}(t)\boldsymbol{x}(t) + \boldsymbol{P}(t)\dot{\boldsymbol{x}}(t) = -\boldsymbol{Q}(t)\boldsymbol{x}(t) - \boldsymbol{A}^{\mathrm{T}}(t)\boldsymbol{\lambda}(t) \tag{5.5.10}$$

再将 $\boldsymbol{\lambda}(t)$ 和 $\dot{\boldsymbol{x}}$ 的表达式代入可得：

$$[\dot{\boldsymbol{P}}(t) + \boldsymbol{P}(t)\boldsymbol{A}(t) - \boldsymbol{P}(t)\boldsymbol{B}(t)\boldsymbol{R}^{-1}(t)\boldsymbol{B}^{\mathrm{T}}(t)\boldsymbol{P}(t) + \boldsymbol{Q}(t) + \boldsymbol{A}^{\mathrm{T}}(t)\boldsymbol{P}(t)]\boldsymbol{x}(t) = 0 \tag{5.5.11}$$

系统在调节过程中 $\boldsymbol{x}(t) \neq 0$，上式可消去 $\boldsymbol{x}(t)$，得到一个关于 $\boldsymbol{P}(t)$ 的矩阵微分方程：

$$\dot{\boldsymbol{P}}(t) + \boldsymbol{P}(t)\boldsymbol{A}(t) - \boldsymbol{P}(t)\boldsymbol{B}(t)\boldsymbol{R}^{-1}(t)\boldsymbol{B}^{\mathrm{T}}(t)\boldsymbol{P}(t) + \boldsymbol{Q}(t) + \boldsymbol{A}^{\mathrm{T}}(t)\boldsymbol{P}(t) = 0 \tag{5.5.12}$$

此方程称为矩阵黎卡提(Riccati)方程。

取 $t = t_f$，可得 $\boldsymbol{\lambda}(t_f) = \boldsymbol{P}(t_f)\boldsymbol{x}(t_f)$，与方程组(5.5.7)比较，就是泛函求极值的横截条件。所以矩阵 Riccati 方程的边界条件为

$$\boldsymbol{P}(t_f) = \boldsymbol{F} \tag{5.5.13}$$

根据 $\boldsymbol{F}$、$\boldsymbol{Q}(t)$ 和 $\boldsymbol{R}(t)$ 的半正定、正定性，可知 $\boldsymbol{P}(t)$ 是半正定。根据微分方程的定理，矩阵黎卡提方程的半正定解也是存在且唯一的。由此可解出 $\boldsymbol{P}(t)$。

将解出的 $\boldsymbol{P}(t)$ 代入耦合方程即可求得系统最优控制：

$$\hat{\boldsymbol{u}}(t) = -\boldsymbol{R}^{-1}(t)\boldsymbol{B}^{\mathrm{T}}(t)\boldsymbol{P}(t)\boldsymbol{x}(t) \tag{5.5.14}$$

此 $\hat{\boldsymbol{u}}(t)$ 也具有存在性和唯一性。

观察 $\hat{\boldsymbol{u}}(t)$ 的表达式，令 $\boldsymbol{K}(t) = \boldsymbol{R}^{-1}(t)\boldsymbol{B}^{\mathrm{T}}(t)\boldsymbol{P}(t)$，则 $\hat{\boldsymbol{u}}(t)$ 可以写成

$$\hat{\boldsymbol{u}}(t) = -\boldsymbol{K}(t)\boldsymbol{x}(t) \tag{5.5.15}$$

这是闭环系统线性状态反馈的形式，最优控制 $\hat{\boldsymbol{u}}(t)$ 是状态变量 $\boldsymbol{x}(t)$ 的线性函数。$\boldsymbol{K}(t)$ 为最优反馈增益矩阵，称为卡尔曼增益。

2. 无限时间状态调节器

当终末时间 t_f 无限制时，二次型指标函数 J 中的稳态误差项趋近于零。在工程应用中，若要求系统受干扰后必须恢复到平衡状态不产生稳态误差，就要采用无限时间状态调节器。写出此类问题的最优化表述为

$$\begin{cases}\min\limits_{\boldsymbol{u}(t)} J = \dfrac{1}{2}\displaystyle\int_{t_0}^{\infty}[\boldsymbol{x}^{\mathrm{T}}(t)\boldsymbol{Q}(t)\boldsymbol{x}(t)+\boldsymbol{u}^{\mathrm{T}}(t)\boldsymbol{R}(t)\boldsymbol{u}(t)]\mathrm{d}t \\ \text{s. t. } \dot{\boldsymbol{x}}(t)=\boldsymbol{A}(t)\boldsymbol{x}(t)+\boldsymbol{B}(t)\boldsymbol{u}(t), \quad \boldsymbol{x}(t_0)=\boldsymbol{x}_0\end{cases} \tag{5.5.16}$$

积分上限为无穷大，就要验证性能指标 J 的收敛性。在系统 $\{\boldsymbol{A}(t),\boldsymbol{B}(t)\}$ 完全可控的条件下，系统存在唯一的最优控制：

$$\hat{\boldsymbol{u}}(t)=-\boldsymbol{R}^{-1}(t)\boldsymbol{B}^{\mathrm{T}}(t)\bar{\boldsymbol{P}}(t)\boldsymbol{x}(t) \tag{5.5.17}$$

式中

$$\bar{\boldsymbol{P}}(t)=\lim_{t_f\to\infty}\boldsymbol{P}(t) \tag{5.5.18}$$

$\bar{\boldsymbol{P}}(t)$ 是对称半正定矩阵。而 $\boldsymbol{P}(t)$ 由以下的黎卡提方程解出：

$$\dot{\boldsymbol{P}}(t)+\boldsymbol{P}(t)\boldsymbol{A}(t)-\boldsymbol{P}(t)\boldsymbol{B}(t)\boldsymbol{R}^{-1}(t)\boldsymbol{B}^{\mathrm{T}}(t)\boldsymbol{P}(t)+\boldsymbol{Q}(t)+\boldsymbol{A}^{\mathrm{T}}(t)\boldsymbol{P}(t)=\boldsymbol{0} \tag{5.5.19}$$

边界条件为 $\boldsymbol{P}(t_f)=\boldsymbol{0}$。

3. 线性定常状态调节器

线性定常状态调节器的最优化问题表述为

$$\begin{cases}\min\limits_{\boldsymbol{u}(t)} J = \dfrac{1}{2}\displaystyle\int_{t_0}^{\infty}[\boldsymbol{x}^{\mathrm{T}}(t)\boldsymbol{Q}(t)\boldsymbol{x}(t)+\boldsymbol{u}^{\mathrm{T}}(t)\boldsymbol{R}(t)\boldsymbol{u}(t)]\mathrm{d}t \\ s.\ t.\ \dot{\boldsymbol{x}}(t)=\boldsymbol{A}\boldsymbol{x}(t)+\boldsymbol{B}\boldsymbol{u}(t), \quad \boldsymbol{x}(t_0)=\boldsymbol{x}_0\end{cases} \tag{5.5.20}$$

在系统完全可控的情况下，最优控制量为

$$\hat{\boldsymbol{u}}(t)=-\boldsymbol{R}^{-1}\boldsymbol{B}^{\mathrm{T}}\bar{\boldsymbol{P}}\boldsymbol{x}(t) \tag{5.5.21}$$

式中常数矩阵 $\bar{\boldsymbol{P}}$ 满足代数方程

$$\bar{\boldsymbol{P}}\boldsymbol{A}+\boldsymbol{A}^{\mathrm{T}}\bar{\boldsymbol{P}}-\bar{\boldsymbol{P}}\boldsymbol{B}\boldsymbol{R}^{-1}\boldsymbol{B}^{\mathrm{T}}\bar{\boldsymbol{P}}+\boldsymbol{Q}=\boldsymbol{0} \tag{5.5.22}$$

【例 5.5.1】单级火箭发射模型

单级火箭发射的简化模型可以看成是一个倒立摆，如图 5.5.1 所示，火箭发动机可以左右摆动，火箭发动机的垂直分量用于保持火箭加速升空，火箭发动机水平分量用于保证火箭的平衡。发动机控制力的水平分量用 $u(t)$ 表示，发动机姿态的竖直方向的角度用 θ 表示，假设火箭的等效长度为 l，质量等效为末端质量 m。根据动力学方程进行建模，其状态方程如下：

$$\frac{\mathrm{d}}{\mathrm{d}t}\begin{bmatrix}\theta \\ \dot{\theta}\end{bmatrix}=\begin{bmatrix}\dot{\theta} \\ \dfrac{mgl}{J_t}\sin\theta-\dfrac{\gamma}{J_t}\dot{\theta}+\dfrac{l}{J_t}\cos\theta\cdot u(t)\end{bmatrix} \tag{5.5.23}$$

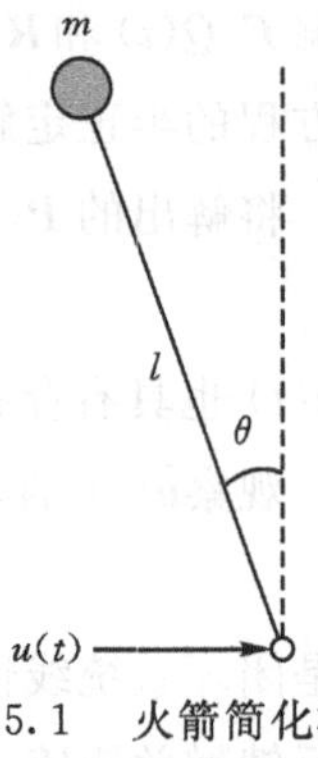

m
l
θ
u(t)

图 5.5.1 火箭简化模型

式中，γ 为旋转摩擦系数，$J_t = J + ml^2$，$u(t)$ 为施加的外力，显然这是一个非线性系统，为方便计算，我们令 $mgl = J_t = \gamma = 1, x_1 = \theta, x_2 = \dot{\theta}, y_1 = \theta, y_2 = \dot{\theta}$，并进行局部线性化，得到状态方程：

$$\begin{aligned} \dot{\boldsymbol{x}} &= \begin{bmatrix} 0 & 1 \\ 1 & -1 \end{bmatrix} \boldsymbol{x} + \begin{bmatrix} 0 \\ 1 \end{bmatrix} u(t) \\ \boldsymbol{y} &= \begin{bmatrix} 1 & 1 \end{bmatrix} \boldsymbol{x} \end{aligned} \tag{5.5.24}$$

该系统的极点是 $s_{1,2} = (-1 \pm \sqrt{5})/2$，系统存在 s 右边平面的极点，因此该系统不稳定，所以火箭发射模型需要利用闭环控制使其稳定（即镇定）。计算能控性矩阵，得到 $\mathrm{rank}(\boldsymbol{Q}_c) = 2$，所以系统可控。下面我们首先通过极点配置使系统闭环特征值配置为 $\lambda_{1,2}{}^* = -5 \pm \mathrm{j}$，得到状态反馈矩阵 $\boldsymbol{K}_1 = [27, 9]^{\mathrm{T}}$；然后通过 LQR 最优控制设计控制器，设计两组控制器参数(1) 令加权阵 $\boldsymbol{Q} = \mathrm{diag}(2000, 100)$，$R = 10$，求解黎卡提方程得到状态反馈矩阵 $\boldsymbol{K}_2 = [15.18, 5.43]$，(2) 令加权阵 $\boldsymbol{Q} = \mathrm{diag}(20000, 100)$，$R = 0.1$，求解黎卡提方程得到状态反馈矩阵 $\boldsymbol{K}_2 = [142.42, 34.86]^{\mathrm{T}}$。

假设扰动使得系统的初始状态为：$\theta = 5\pi/180, \dot{\theta} = 0$，则火箭发射模型在有控制和无控制作用下的角位移、角速度的响应如图 5.5.2 所示。可以看出：

(1) 无论是线性模型还是非线性模型开环系统都是不稳定的；

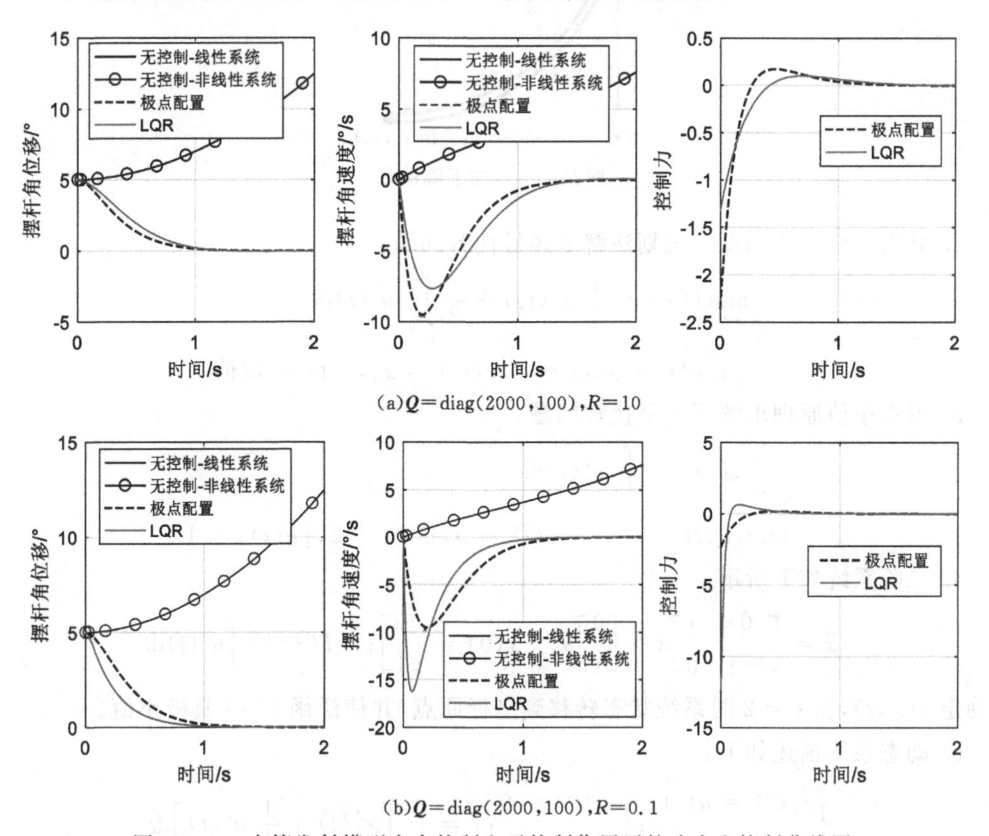

(a)Q=diag(2000,100)，R=10

(b)Q=diag(2000,100)，R=0.1

图 5.5.2　火箭发射模型在有控制和无控制作用下的响应和控制曲线图

(2)LQR控制当$\boldsymbol{R}$选取较大时候，则驱动力u最大值相较极点配置更小，此时响应速度也略慢，如图5.5.2(a)所示；当$\boldsymbol{R}$选取较小时，则控制响应速度会大大提高，但此时的代价是驱动力u的最大值也较大，如图5.5.2(b)所示。

综上所述，在LQR中可以通过灵活配置$\boldsymbol{Q}$和$\boldsymbol{R}$矩阵在快速性和驱动力约束之间做折中，一般来说，$\boldsymbol{Q}$值选得大意味着，要使得目标函数$\boldsymbol{J}$小，那$\boldsymbol{x}(t)$需要更小，也就是意味着闭环系统的矩阵$(\boldsymbol{A}-\boldsymbol{BK})$的特征值处于s平面左边更远的地方，这样状态$\boldsymbol{x}(t)$就以更快的速度衰减到$\boldsymbol{0}$。另一方面，大的$\boldsymbol{R}$表示更加关注输入变量$\boldsymbol{u}(t)$的减小，意味着状态衰减将变慢。

练习题

1. 求解最速下降曲线问题。如图题1所示，确定一条联接A点到B点的曲线，使小球在重力作用下，能以最短时间沿此曲线轨道从A点抵达B点。运动过程中忽略摩擦力和其他阻力作用。

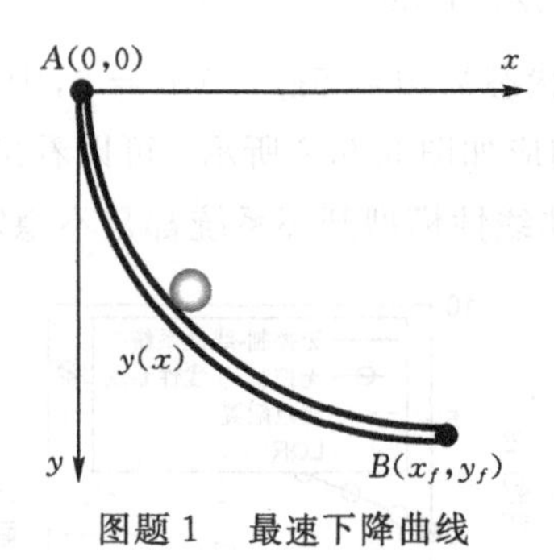

图题1　最速下降曲线

2. 分别用变分法和动态规划法解下述最优解问题：

$$\begin{cases}\min\limits_{u(t)} J(\cdot)=\dfrac{1}{2}x^2(t_f)+\dfrac{1}{2}\displaystyle\int_{t_0}^{t_f}u^2(t)\mathrm{d}t \\ s.t.\ u(t)-\dot{x}(t)=0, x(t_0)=x_0,\quad t_f=\text{定值}\end{cases}$$

3. 用极小值原理求解下述最优解问题：

$$\begin{cases}\min\limits_{u(t)} J(\cdot)=\displaystyle\int_0^1 u^2(t)\mathrm{d}t \\ s.t.\ u(t)-\dot{x}(t)-x(t)=0, x(0)=2, |u(t)|\leqslant 1\end{cases}$$

4. 二阶系统如下所示：

$$\dot{\boldsymbol{x}}=\begin{bmatrix}0 & 1\\ -1 & 0\end{bmatrix}\boldsymbol{x}+\begin{bmatrix}0\\1\end{bmatrix}u;\quad \boldsymbol{x}(0)=\begin{bmatrix}0\\1\end{bmatrix};\quad J(\cdot)=\int_0^1 u^2(t)\mathrm{d}t$$

试确定$u(x,t)$，在$t=2$时系统状态转移到坐标原点，并使泛函$J(\cdot)$具极小值。

5. 动态系统描述如下：

$$\begin{cases}\dot{x}_1(t)=u(t)\\ \dot{x}_2(t)=x_1(t)\end{cases};\begin{cases}x_1(0)=0\\ x_2(0)=1\end{cases};J=\int_0^{\infty}\left[x_2^2(t)+\frac{1}{4}u^2(t)\right]\mathrm{d}t$$

求最优控制$\hat{u}(t)$。

确定性系统的模型参考自适应控制

第6章

6.1 概 述

前面章节介绍的系统描述和控制器设计方法都是针对确定性系统的。所谓确定性系统(deterministic system)是指给定的初始状态或条件总是产生相同结果的系统,即输入到输出传递路径没有随机性。确定性系统是和随机系统相对而言的,随机系统通常具有一些固有的随机性,即相同的参数值和初始值会导致不同的输出结果。

在确定性系统中有一类情况是:系统可认为是确定性的但系统的参数未知或者缓慢变化,这使得它的系统描述和控制器设计方法和前面章节有所区别,本章介绍的模型参考自适应控制(model reference adaptive control, MRAC)就是针对这类被控系统的,它是自适应控制(adaptive control)的一种。自适应控制的基本思想是:在控制系统的运行过程中,系统本身不断地测量被控系统的状态、性能和参数,从而"认识"或"掌握"系统当前的运行指标并与期望的指标相比较,进而做出决策,改变控制器的结构、参数或根据自适应律来改变控制作用,在一定程度上适应被控系统参数的大范围变化(如时变系统),以保证系统运行在某种意义下的最优或次优状态。MRAC 所采用的控制器是基于参考模型的跟踪控制器,自适应机构基于参考模型输出与被控对象输出之间的广义误差和稳定性理论进行设计。MRAC 中参考模型本身是控制器的一部分,它由控制器的设计者事前指定,参考模型的输出代表理想的输出曲线,主要适用于随动系统或伺服系统控制,例如飞行器控制、轮船控制、电气传动控制、机械手控制等。

值得注意的是,尽管动态系统有所谓的确定性与随机性之分,但二者的区分是相对的,与研究系统的目的、要求及系统行为不确定性的强弱有关。所以,一个系统到底描述为确定的还是随机的,这与研究的目标和方法有关。通常来说,物理世界的系统都具有一定的不确定性,但很多场合可以近似认为是确定性系统,从而便于研究。当然,有一些问题无法近似为确定性系统来描述,此时就必须运用随机系统分析与控制理论,这部分内容将在下一章介绍。

模型参考自适应控制是从模型跟踪问题或模型参考控制问题引申出来的,是解决自适应控制的主要方法之一。其基本工作原理为:根据被控对象结构和具体控制性能的要求,设计一个参考模型,使得参考模型输出 $y_m(t)$ 代表对参考输入 $r(t)$ 的期望响应。然后在每个控制周期内,根据被控对象输出 $y(t)$ 与参考模型输出 $y_m(t)$ 之间的广义误差 $e(t) = y_m(t) -$

$y(t)$,在一定的最优化准则下,调节控制器参数,使得 $e(t)$ 逐渐趋向于零,即令对象实际输出向参考模型输出靠近,最终达到完全一致。模型参考自适应控制的基本控制框图如图 6.1.1 所示。

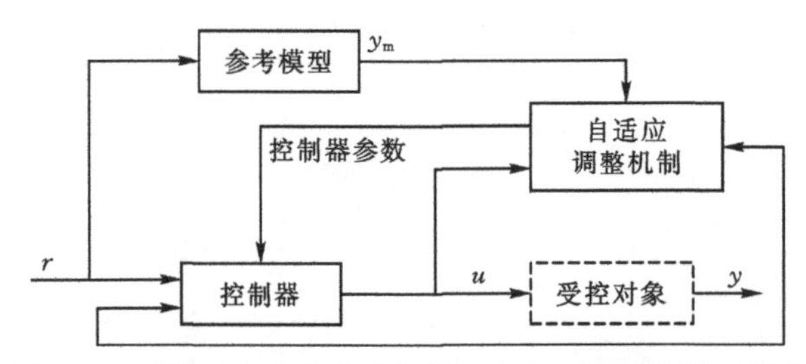

图 6.1.1 模型参考自适应控制(MRAC)的基本原理框图

模型参考自适应控制用来解决这样的问题:传统控制器设计中,控制性能指标(如超调量、调节时间、稳态精度等)很难与控制器的设计直接联系起来,传统的设计方法通常需要很多简化(例如系统是否可以近似为二阶系统),并且设计完成后还需要进行校验和反复迭代。如果可以设计一个符合理想控制性能的参考模型,通过模型参考自适应控制去自适应调整控制律,使得被控对象的输出跟随参考模型的输出,从而实现预期的控制性能。模型参考自适应控制首先在确定性时间连续系统中得到应用,后来延伸到随机干扰系统和离散时间系统。本章主要介绍该方法在确定性时间连续系统中的原理和应用。

模型参考自适应控制设计通常包含三种方法。

(1) 基于局部参数最优的设计方法:用梯度法设计模型参考自适应控制系统是最早的一种局部参数最优方法。采用这种方法,必须具备两个基本条件:一是被控对象与参考模型之间的参数差值应比较小,或者说系统运行在参考模型参数值的邻域内;二是被控对象是一个慢时变系统。采用局部参数最优方法设计的模型参考自适应控制系统不能保证系统总是稳定的。

(2) 基于李雅普诺夫稳定性理论的设计方法:为了克服采用局部参数最优化方法设计的模型参考自适应控制不一定稳定的缺点,众多学者采用李雅普诺夫第二方法(直接法),将设计自适应控制律的问题转化为稳定性问题,推导模型参考自适应控制系统的自适应律,以保证系统具有全局渐近稳定性,并具有更好的动态特性。

(3) 基于波波夫(Popov)超稳定性理论的设计方法:用李雅普诺夫第二方法能成功设计出模型参考自适应控制,但李雅普诺夫函数选取较困难,而且不是唯一的。同时由于很难扩大李雅普诺夫函数的种类,因而也就限制了自适应律种类的扩展。这两方面都限制了李雅普诺夫第二方法设计模型参考自适应控制的广泛应用,采用波波夫超稳定性理论可一定程度改善这种状况。

本章主要介绍基于局部参数最优化设计方法和基于李雅普诺夫稳定性理论的设计方法。

6.2 时变系统及其状态空间模型

根据系统是否含有参数随时间变化的元件,自动控制系统可分为时变系统与定常系统两大类。第 2 章所讲到的状态空间描述都是针对定常系统的，然而在实际工程中，很多系统都是时变的。例如：飞机在起飞、巡航及降落时，参数既会随着飞行高度、飞行速度及大气中随机因素的变化而变化，也会随着飞行器燃料的逐渐消耗而改变，因此是时变系统；火箭在飞行中它的质量会由于燃料的消耗而随时间大幅度减少，是时变系统的一个典型例子；工业机械手在运动时其各关节绕相应轴的转动惯量随着位姿不断变化，是以时间为自变量的一个复杂函数，也是时变系统。人的声道是时变系统，其特定时间下的传递函数会随口腔的形状而改变，其共振会随口腔器官(例如舌及软腭)的移动而改变。

时变系统中的一个或一个以上参数值随时间而变化，则整个系统特性也随时间而变化。对线性连续系统而言，当系统中有一个或一个以上的参数值为时间的函数时，其数学模型是一个变系数线性微分方程。由于变系数微分方程的分析求解，比常系数微分方程的分析求解困难得多，故分析时变系统远比分析时不变系统复杂、困难，有时甚至求不出精确解而只能求出近似解。当系统中有多个参数随时间而变化时，则可能无法用解析法求解。

时变系统的特点是：其输出响应的波形不仅同输入波形有关，而且也同输入信号加入的时刻有关。这一特点增加了分析和研究的复杂性。对于时变系统来说，即使系统是线性的，也只能采用时间域的描述。描述的基本形式是变系数的微分方程(差分方程)或状态空间。时变系统的运动分析比定常系统要复杂得多。在工程中，应用最广的是所谓冻结系数法，这一方法的实质是在系统工作时间内，分段将时变参数“冻结”为常值，从而可分段地把系统看成为定常系统进行研究。通常，冻结参数法只对参数变化比较缓慢的时变系统才有效。对时变系统控制的一个可能的方案是，在采用估计器对参数进行在线估计的同时，采用自适应控制系统实现控制。

在不考虑随机噪声的影响下，线性时变系统的状态空间表达式为

$$\dot{\boldsymbol{x}}(t)=\boldsymbol{A}(t)\boldsymbol{x}(t)+\boldsymbol{B}(t)\boldsymbol{u}(t) \tag{6.2.1}$$

$$\boldsymbol{y}(t)=\boldsymbol{C}(t)\boldsymbol{x}(t)+\boldsymbol{D}(t)\boldsymbol{u}(t) \tag{6.2.2}$$

其系数矩阵的元素中至少有一个元素是时间 t 的函数。值得注意的是，线性时不变系统的描述可以在微分方程、状态空间、传递函数中相互转化，而线性时变系统通常只能用状态空间或微分方程这种时域描述，而传递函数属于复频域描述，不适用于时变系统。但对于一些简单的时变系统，有时也可以分解为一个线性时不变系统和一个时变的参数去描述。

【例 6.2.1】 薄壁件切削加工过程中，工件的质量和形状会不断改变，这就影响了切削过程中的动力学系统特性(质量和刚度改变)，是一个典型的时变系统。切削过程中工件受力图如图 6.2.1 所示。其中 $m_{wx}(t)$，$c_{wx}(t)$，$k_{wx}(t)$ 表示 x 方向的等效质量、等效阻尼和等效刚度。$m_{wy}(t)$，$c_{wy}(t)$，$k_{wy}(t)$ 表示 y 方向的等效质量、等效阻尼和等效刚度。下标 w 表示工件，x，y 表示两个方向，j 代表刀齿编号，其中 $F_{rj}(t)$ 和 $F_{tj}(t)$ 第 j 个齿的径向切削力和切向切削力，需要转换到直角坐标系 x 和 y 中。

切削过程中，工件的动力学方程可描述为

$$\begin{bmatrix} m_{wx}(t) & 0 \\ 0 & m_{wy}(t) \end{bmatrix}\begin{bmatrix} \ddot{x}(t) \\ \ddot{y}(t) \end{bmatrix}+\begin{bmatrix} c_{wx}(t) & 0 \\ 0 & c_{wy}(t) \end{bmatrix}\begin{bmatrix} \dot{x}(t) \\ \dot{y}(t) \end{bmatrix}+\begin{bmatrix} k_{wx}(t) & 0 \\ 0 & k_{wy}(t) \end{bmatrix}\begin{bmatrix} x(t) \\ y(t) \end{bmatrix}=\begin{bmatrix} F_x(t) \\ F_y(t) \end{bmatrix} \tag{6.2.3}$$

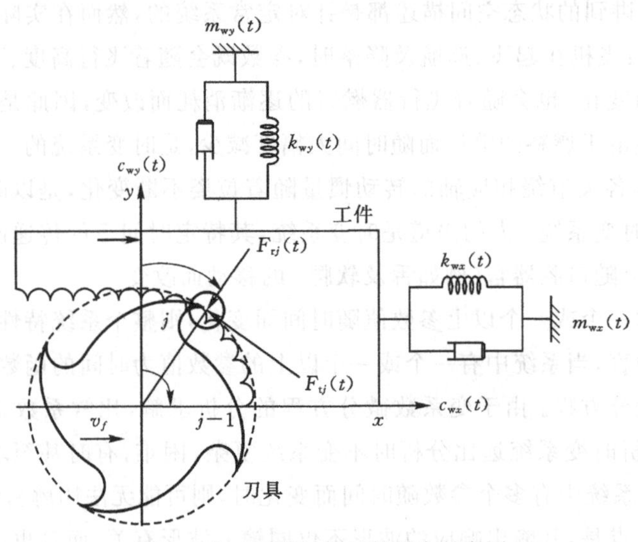

图 6.2.1　切削过程工件受力示意图

式中，$m_{wx}(t)$，$m_{wy}(t)$ 为 x 和 y 两个方向上的等效质量；$c_{wx}(t)$，$c_{wy}(t)$ 为两个方向上的等效阻尼；$k_{wx}(t)$，$k_{wy}(t)$ 为两个方向上的等效刚度。$F_x(t)$，$F_y(t)$ 为刀具作用于 x 和 y 两个方向上的动态切削力。

将上式转换为状态空间描述形式，状态变量选为 $[x(t)\quad y(t)\quad \dot{x}(t)\quad \dot{y}(t)]^{\mathrm{T}} = [x_1(t)\quad y_1(t)\quad x_2(t)\quad y_2(t)]^{\mathrm{T}}$，则状态方程可以表示为

$$\begin{bmatrix}\dot{x}_1(t)\\ \dot{y}_1(t)\\ \dot{x}_2(t)\\ \dot{y}_2(t)\end{bmatrix}=\begin{bmatrix}0 & 0 & 1 & 0\\ 0 & 0 & 0 & 1\\ -k_{wx}(t)/m_{wx}(t) & 0 & -c_{wx}(t)/m_{wx}(t) & 0\\ 0 & -k_{wy}(t)/m_{wy}(t) & 0 & -c_{wy}(t)/m_{wy}(t)\end{bmatrix}\cdot\begin{bmatrix}x_1(t)\\ y_1(t)\\ x_2(t)\\ y_2(t)\end{bmatrix}+\begin{bmatrix}0 & 0 & 0 & 0\\ 0 & 0 & 0 & 0\\ 0 & 0 & 1/m_{wx}(t) & 0\\ 0 & 0 & 0 & 1/m_{wy}(t)\end{bmatrix}\begin{bmatrix}0\\ 0\\ F_x(t)\\ F_y(t)\end{bmatrix} \tag{6.2.4}$$

上式中两个方向的切削力 $F_x(t)$ 和 $F_y(t)$ 通常是由系统内部激发及反馈的相互作用而产生的稳定的周期性自激振动。

切削过程会伴有动态切削力的产生，并在工件的加工表面上残留有周期性规律的振纹，在前一次切削中，由于振动的原因残留在加工表面上的波纹，在下一次再切削到同一个地方时会使切削力产生波动，这就是再生效应。当再生效应的动态切削厚度变化到一定程度时，就会发生再生型颤振的现象。在描述再生型颤振的现象时动态切削力可以表达为

$$\begin{bmatrix}F_x(t)\\ F_y(t)\end{bmatrix}=a\begin{bmatrix}h_{xx} & h_{xy}\\ h_{yx} & h_{yy}\end{bmatrix}\begin{bmatrix}x(t-\tau)\\ y(t-\tau)\end{bmatrix}-\begin{bmatrix}x(t)\\ y(t)\end{bmatrix}+\begin{bmatrix}F_{x0}\\ F_{y0}\end{bmatrix} \tag{6.2.5}$$

式中，$\begin{bmatrix}h_{xx} & h_{xy}\\ h_{yx} & h_{yy}\end{bmatrix}$ 为切削力变化矩阵；a 为切深，$\begin{bmatrix}F_{x0}\\ F_{y0}\end{bmatrix}$ 为静态切削力，可见动态切削力与两次

切削同一地方产生的位移差相关，具体过程可参考切削加工相关专业书籍。

6.3 局部参数最优化设计模型参考自适应系统

模型参考自适应控制系统的设计关键是可调参数的自适应规律。如前所述，设计这种自适应规律的方法一般有梯度法和稳定理论法，本节讨论梯度法。梯度法属于局部参数最优化方法的一种，类似的方法还有牛顿-拉夫逊法、共轭梯度法、变尺度法等，由于梯度法算法简捷，实践中用得最多。最早用该方法设计并被大量使用的自适应控制律是 MIT 方法，该方法于 1958 年由美国麻省理工学院(Massachusetts Institute of Technology, MIT) 提出。

1. 基于模型参考自适应的前馈增益自适应调节(MIT 方法)

设被控对象传递函数为

$$k_{\mathrm{p}}G(s) \tag{6.3.1}$$

式中，k_{p} 为一个未知的增益，p 表示对象(plant)；$G(s)$ 是已知的传递函数。现在的任务有两条：一是根据参考输入和控制要求，选取一个参考模型，并使其输出达到期望的特性；二是设计一个控制器调节机制，使它与被控对象构成可调系统，能使其输出接近并最终达到参考模型的输出。显然，参考模型可取

$$k_{\mathrm{m}}G(s) \tag{6.3.2}$$

式中，k_{m} 是使模型输出达到期望状态的增益，m 表示模型(model)。

根据被控对象与参考模型结构相匹配的原则进行控制器的设计，控制结构如图 6.3.1 所示，图中 θ 为可调增益，y_{m} 和 y_{p} 分别为参考模型和被控对象的输出，r 为指令输入，u 为控制量，e 为广义误差。

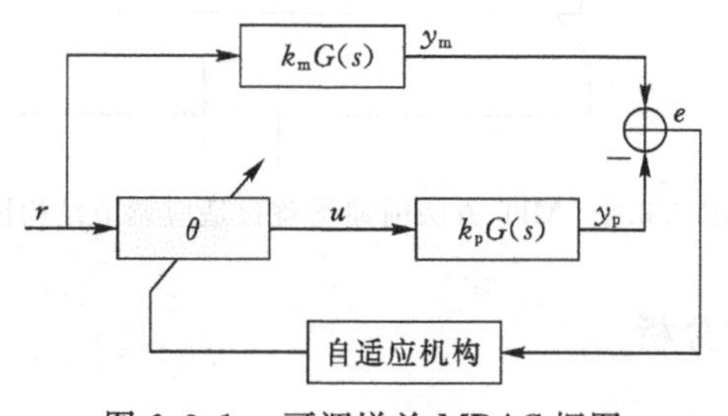

图 6.3.1 可调增益 MRAC 框图

我们的目的是寻找一个合适的参数 θ，使得 $\theta k_{\mathrm{p}} = k_{\mathrm{m}}$，从而实现对象输出跟随参考模型输出。或者说，这是一个优化问题，目的是寻找一个最优参数 θ 实现广义误差 e 逐渐趋近于零。

广义误差 $E(s)$ 可以表达为

$$E(s) = y_{\mathrm{m}}(s) - y_{\mathrm{p}}(s) = [k_{\mathrm{m}}G(s) - \theta k_{\mathrm{p}}G(s)]R(s) \tag{6.3.3}$$

将其转化为时域形式的描述，即

$$e(t) = y_{\mathrm{m}}(t) - y_{\mathrm{p}}(t) = (k_{\mathrm{m}} - \theta k_{\mathrm{p}})h(t) \tag{6.3.4}$$

其中，$h(t) = \int_{-\infty}^{+\infty} r(\tau)g(t-\tau)\mathrm{d}\tau = (r \cdot g)(t)$，表示输入信号 $r(t)$ 和时域传递函数 $g(t)$ 的

卷积。

规定一个反映广义误差程度的性能指标函数

$$J(\theta)=\frac{1}{2}e^2(t) \tag{6.3.5}$$

按照梯度法的思想，参数 θ 应该按照使 $J(\theta)$ 在参数空间下降最快的方向改变，即按照负梯度方向改变。性能函数关于参数 θ 的导数为

$$\frac{\mathrm{d}J(\theta)}{\mathrm{d}\theta}=-e(t)k_p h(t)=-e(t)\frac{k_p}{k_m}k_m h(t)=-\frac{k_p}{k_m}e(t)y_m(t) \tag{6.3.6}$$

则参数 θ 在 t 时刻的变化量与性能函数负梯度成正比，即

$$\dot{\theta}(t)=-\gamma\frac{\mathrm{d}J[\theta(t)]}{\mathrm{d}\theta(t)}=\gamma\frac{k_p}{k_m}e(t)y_m(t)=\mu e(t)y_m(t) \tag{6.3.7}$$

式中，$\gamma>0$ 为参数修正步长；$\mu=\gamma\frac{k_p}{k_m}$ 是自适应增益。则 t 时刻的参数可通过下式计算：

$$\theta(t)=\theta(0)+\mu\int_0^t e(\tau)y_m(\tau)\mathrm{d}\tau \tag{6.3.8}$$

根据图 6.3.2，系统的控制律为

$$u(t)=\theta(t)r(t) \tag{6.3.9}$$

这个自适应过程的具体内容可以用图 6.3.2 表示，图中的自适应增益 μ 影响控制系统的稳定性。

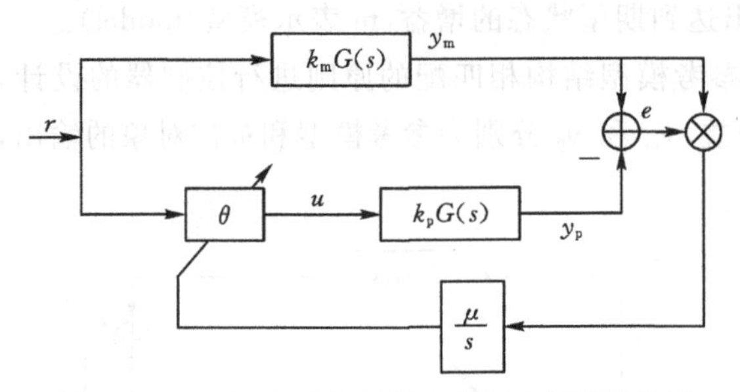

图 6.3.2 MIT 方法前馈增益自适应调节结构图

2. MIT 规则稳定性分析

设有稳定被控对象

$$k_pG(s)=\frac{k_p}{a_2s^2+a_1s+1} \tag{6.3.10}$$

式中，k_p 未知，输入 $r(t)$ 为阶跃信号，其阶跃值为 r_0。下面将采用 MIT 规则对 MRAC 的系统稳定性进行分析。

参考模型和被控对象的输出可分别写为

$$a_2\ddot{y}_m(t)+a_1\dot{y}_m(t)+y_m(t)=k_m r(t) \tag{6.3.11}$$

$$a_2\ddot{y}_p(t)+a_1\dot{y}_p(t)+y_p(t)=\theta k_p r(t) \tag{6.3.12}$$

两式相减得到

$$a_2\ddot{e}(t)+a_1\dot{e}(t)+e(t)=(k_m-\theta k_p)r(t) \tag{6.3.13}$$

由于 $r(t)$ 是阶跃信号，在稳态下不随时间改变。k_p 未知，且缓变。式(6.3.13)两边对 t 求导，得

$$a_2\dddot{e}(t)+a_1\ddot{e}(t)+\dot{e}(t)=-\dot{\theta}k_p r(t) \tag{6.3.14}$$

将式(6.3.7)代入式(6.3.14)，有

$$a_2\dddot{e}(t)+a_1\ddot{e}(t)+\dot{e}(t)=-\mu k_p e(t)y_m(t)r(t)=-\mu k_p k_m e(t)r_0^2 \tag{6.3.15}$$

根据 Hurwitz 稳定性判据，上述方程满足稳定性的充要条件为

$$a_1/a_2>k_p k_m \mu r_0^2 \tag{6.3.16}$$

式(6.3.16)说明，若输入阶跃幅值 r_0 过大，或者自适应增益 μ 过大，均容易导致不稳定。

【例 6.3.1】 设被控对象传递函数为 $k_pG(s)=k_p(s+3)/(s^2+9s+20)$，选择参考模型为 $k_mG(s)=k_m(s+3)/(s^2+9s+20)$，$k_m=10$，输入信号为单位阶跃信号，利用 MIT 方法进行仿真分析。

【解答】 根据图 6.3.2 在 simulink 中用 MIT 方法进行仿真，仿真结果如图 6.3.3 所示。

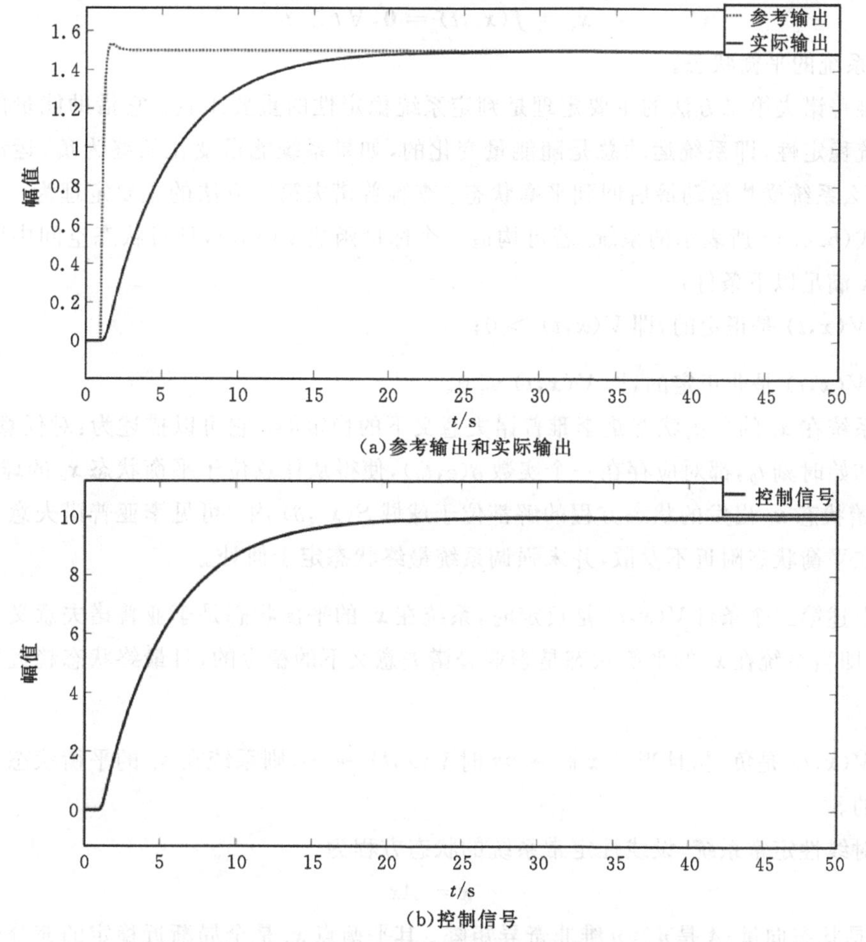

(a)参考输出和实际输出

(b)控制信号

图 6.3.3 利用 MIT 方法设计的可调增益控制器仿真图

6.4 用李雅普诺夫稳定性设计的模型参考自适应系统

在 6.3 节已经讲过，用局部参数优化方法设计出来的模型参考自适应系统不一定稳定。为了克服这一缺点，1966 年德国学者帕克斯(P. C. Parks) 提出了采用李雅普诺夫第二法来推导模型参考自适应系统的控制规律，以保证在系统全局渐近稳定下的自适应控制。

1. 李雅普诺夫第二法回顾

设系统的向量微分方程为

$$\dot{\boldsymbol{x}} = \boldsymbol{f}(\boldsymbol{x},t),\boldsymbol{x}(t_0) = \boldsymbol{x}_0,t \in [t_0,\infty) \tag{6.4.1}$$

式中，$\boldsymbol{x}$ 为 n 维状态向量；$\boldsymbol{f}(\boldsymbol{x},t)$ 为 n 维向量函数。如果方程的解为 $\boldsymbol{x}(t;\boldsymbol{x}_0,t_0)$，式中 $\boldsymbol{x}_0$ 和 t_0 分别为初始状态向量和初始时刻，则初始条件 $\boldsymbol{x}_0$ 必满足 $\boldsymbol{x}_0 = \boldsymbol{x}(t_0;\boldsymbol{x}_0,t_0)$。

对于系统(6.4.1)，如果存在某个状态 $\boldsymbol{x}_e$ 满足

$$\dot{\boldsymbol{x}}_e = \boldsymbol{f}(\boldsymbol{x}_e,t) = \boldsymbol{0}, \forall t \geqslant t_0 \tag{6.4.2}$$

则 $\boldsymbol{x}_e$ 为系统的平衡状态。

李雅普诺夫第二方法的主要定理是判定系统稳定性的重要工具。它借助能量的特性来研究系统稳定性，即系统运动总是随能量变化的，如果系统能量变化始终为负，运动中单调减小，那么系统受扰运动最后回到平衡状态。李雅普诺夫第二方法的主要定理为：

对式(6.4.1) 所表示的系统，若可构造一个标量函数 $V(\boldsymbol{x},t)$，且对状态空间中所有非零状态点 $\boldsymbol{x}$ 满足以下条件：

(1)$V(\boldsymbol{x},t)$ 是正定的，即 $V(\boldsymbol{x},t) > 0$；

(2)$\dot{V}(\boldsymbol{x},t)$ 是非正定的，即 $\dot{V}(\boldsymbol{x},t) \leqslant 0$。

则系统在 $\boldsymbol{x}_e$ 的平衡状态是李雅普诺夫意义下的稳定的。它可以描述为：对任意的 $\epsilon > 0$ 和任意初始时刻 t_0，都对应存在一个实数 $\delta(\epsilon,t_0)$，使得从任意位于平衡状态 $\boldsymbol{x}_e$ 的球域 $S(\boldsymbol{x}_e,\delta)$ 的初始状态 $\boldsymbol{x}_0$ 出发的状态方程的解都位于球域 $S(\boldsymbol{x}_e,\delta)$ 内。可见李亚普诺夫意义下的稳定强调在平衡状态附近不发散，并未强调系统最终状态定于何处。

当上述第二个条件 $\dot{V}(\boldsymbol{x},t)$ 是负定时，系统在 $\boldsymbol{x}_e$ 的平衡状态是李亚普诺夫意义下的渐近稳定的，即当系统在 $\boldsymbol{x}_e$ 的平衡状态是李亚普诺夫意义下的稳定的，且最终状态趋近于平衡状态 $\boldsymbol{x}_e$。

当 $\dot{V}(\boldsymbol{x},t)$ 是负定，且当 $\|\boldsymbol{x}\| \to \infty$ 时 $V(\boldsymbol{x},t) \to \infty$，则系统在 $\boldsymbol{x}_e$ 的平衡状态是全局渐近稳定的。

针对线性定常系统，设线性定常系统的状态方程为

$$\dot{\boldsymbol{x}} = \boldsymbol{A}\boldsymbol{x} \tag{6.4.3}$$

式中，$\boldsymbol{x}$ 是状态向量；$\boldsymbol{A}$ 是 $n \times n$ 维非奇异矩阵。其平衡点 $\boldsymbol{x}_e$ 是全局渐近稳定的充分必要条件是：对任意给定的正定对称矩阵 $\boldsymbol{Q}$，存在唯一一个正定对称矩阵 $\boldsymbol{P}$，并满足下列矩阵代数方程

$$\boldsymbol{A}^{\mathrm{T}}\boldsymbol{P} + \boldsymbol{P}\boldsymbol{A} = -\boldsymbol{Q} \tag{6.4.4}$$

此时，$V(\boldsymbol{x}) = \boldsymbol{x}^{\mathrm{T}}\boldsymbol{P}\boldsymbol{x}$ 是一个李雅普诺夫函数。

利用李雅普诺夫稳定性理论设计 MRAC 参数自适应律的一般步骤：

(1) 推导跟踪误差 $e(t)=y_m(t)-y_p(t)$ 满足的微分方程，其中包含了可调参数；

(2) 然后选择一个是跟踪误差和参数误差正定函数的李雅普诺夫函数；

(3) 求使跟踪误差渐近趋于零的参数调节律。

接下来通过两个案例说明利用李雅普诺夫稳定性来进行 MRAC 的控制律设计。

2. 可调增益系统的模型参考自适应控制律设计

在6.3节中，我们利用MIT方法进行了可调增益模型参考自适应系统的设计，实现广义误差趋向于零。然而，MIT方法难以保证控制过程的稳定性。本节利用李雅普诺夫稳定性理论进行可调增益系统的设计，从而保证系统的稳定性。

设被控系统的传递函数为

$$W_p(s)=k_p\frac{N(s)}{D(s)}=k_p\frac{b_{n-1}s^{n-1}+b_{n-2}s^{n-2}+\cdots+b_0}{s^n+a_{n-1}s^{n-1}+\cdots+a_0} \tag{6.4.5}$$

式中，n、a_i、$b_i(i=0,1,\cdots,n-1)$ 均为已知，增益 k_p 未知或者缓慢时变。

参考模型为

$$W_m(s)=k_m\frac{N(s)}{D(s)}=k_m\frac{b_{n-1}s^{n-1}+b_{n-2}s^{n-2}+\cdots+b_0}{s^n+a_{n-1}s^{n-1}+\cdots+a_0} \tag{6.4.6}$$

式中，n、a_i、$b_i(i=0,1,\cdots,n-1)$、k_m 均为已知且时不变。

控制器为

$$W_c(s)=k_c \tag{6.4.7}$$

式中，k_c 为可调增益，是一个与时间有关的函数，其中下标c表示控制器(controller)。控制系统结构图如图6.4.1所示。

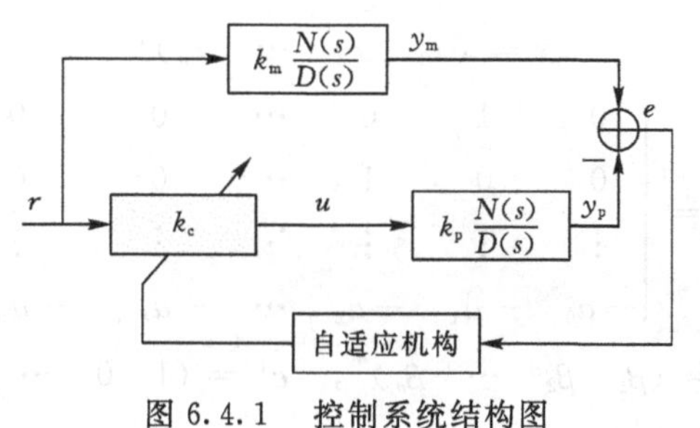

图6.4.1 控制系统结构图

当模型与对象完全匹配时，即 $y_m=y_p$ 时，有

广义误差为 $e=y_m-y_p$，输入 r 到广义误差之间的传递函数为

$$\frac{E(s)}{R(s)}=(k_m-k_ck_p)\frac{N(s)}{D(s)}=k\frac{N(s)}{D(s)} \tag{6.4.8}$$

其对应的时域形式为

$$e^{(n)}+a_{n-1}e^{(n-1)}+\cdots+a_0e=k(b_{n-1}r^{(n-1)}+b_{n-2}r^{(n-2)}+\cdots+b_0r) \tag{6.4.9}$$

将其转化为状态空间模型，要写出其一阶微分方程组，按照以往的相变量法将导致 $\dot{x}_n$ 含有 r 的各阶导数(而不是一阶微分方程)，因此状态变量选取应采取另外形式。这些状态变量选为

$$
\begin{aligned}
x_1 &= e-\beta_0 r \\
x_2 &= \dot{x}_1-\beta_1 r=\dot{e}-\beta_0\dot{r}-\beta_1 r \\
&\cdots \\
x_n &= \dot{x}_{n-1}-\beta_{n-1} r=e^{(n-1)}-\beta_1 r^{(n-1)}-\beta_2 r^{(n-2)}-\cdots-\beta_n r
\end{aligned}
\tag{6.4.10}
$$

则状态方程为

$$
\begin{aligned}
\dot{x}_1 &= x_2+\beta_1 r \\
\dot{x}_2 &= x_3+\beta_2 r \\
&\cdots \\
\dot{x}_n &= x_{n+1}+\beta_n r
\end{aligned}
\tag{6.4.11}
$$

但上式x_{n+1}和$\beta_i, i=1,2,\cdots,n$未知，由式(6.4.10)可以获得e的各阶微分表达式，并带入式(6.4.9)左边，由系数相等可以获得上述未知系数，即

$$
\begin{aligned}
x_{n+1} &= -a_0 x_1-a_1 x_2-\cdots-a_{n-1}x_n \\
\beta_0 &= b_n=0 \\
\beta_1 &= b_{n-1}-a_{n-1}\beta_0 \\
&\cdots \\
\beta_n &= b_0-a_{n-1}\beta_{n-1}-\cdots-a_1\beta_1-a_0\beta_0
\end{aligned}
\tag{6.4.12}
$$

将其转化为状态空间的规范型

$$
\begin{aligned}
\dot{\boldsymbol{x}} &= \boldsymbol{A}\boldsymbol{x}+k\boldsymbol{b}r \\
e &= \boldsymbol{c}^{\mathrm{T}}\boldsymbol{x}
\end{aligned}
\tag{6.4.13}
$$

其中：

$$
\boldsymbol{x}=(x_1\quad x_2\quad \cdots\quad x_n)^{\mathrm{T}}
$$

$$
\boldsymbol{A}=\begin{pmatrix}
0 & 1 & 0 & \cdots & 0 & 0 \\
0 & 0 & 1 & \cdots & 0 & 0 \\
\vdots & \vdots & \vdots & \ddots & \vdots & \vdots \\
-a_0 & -a_1 & -a_2 & \cdots & -a_{n-2} & -a_{n-1}
\end{pmatrix}
\tag{6.4.14}
$$

$$
\boldsymbol{b}=(\beta_1\quad \beta_2\quad \cdots\quad \beta_n)^{\mathrm{T}},\quad \boldsymbol{c}^{\mathrm{T}}=(1\quad 0\quad \cdots\quad 0)
$$

构造李雅普诺夫函数为

$$
V=\boldsymbol{x}^{\mathrm{T}}\boldsymbol{P}\boldsymbol{x}+\lambda k^2 \tag{6.4.15}
$$

其中，$\boldsymbol{P}$为正定对称矩阵，$\lambda>0$。李雅普诺夫函数对时间求导，并将状态方程代入有

$$
\begin{aligned}
\dot{V}(s) &= \dot{\boldsymbol{x}}^{\mathrm{T}}\boldsymbol{P}\boldsymbol{x}+\boldsymbol{x}^{\mathrm{T}}\boldsymbol{P}\dot{\boldsymbol{x}}+2\lambda k\dot{k} \\
&= (\boldsymbol{x}^{\mathrm{T}}\boldsymbol{A}^{\mathrm{T}}+k\boldsymbol{b}^{\mathrm{T}}r)\boldsymbol{P}\boldsymbol{x}+\boldsymbol{x}^{\mathrm{T}}\boldsymbol{P}(\boldsymbol{A}\boldsymbol{x}+k\boldsymbol{b}r)+2\lambda k\dot{k} \\
&= \boldsymbol{x}^{\mathrm{T}}(\boldsymbol{A}^{\mathrm{T}}\boldsymbol{P}+\boldsymbol{P}\boldsymbol{A})\boldsymbol{x}+2k(r\boldsymbol{b}^{\mathrm{T}}\boldsymbol{P}\boldsymbol{x}+\lambda\dot{k}) \\
&= -\boldsymbol{x}^{\mathrm{T}}\boldsymbol{Q}\boldsymbol{x}+2k(r\boldsymbol{b}^{\mathrm{T}}\boldsymbol{P}\boldsymbol{x}+\lambda\dot{k})
\end{aligned}
\tag{6.4.16}
$$

根据式(6.4.4)，由于$\boldsymbol{P}$正定对称，因此$\det(-\boldsymbol{Q})=(\boldsymbol{A}^{\mathrm{T}}\boldsymbol{P}+\boldsymbol{P}\boldsymbol{A})<0$。即式(6.4.16)的第一项是半负定的，为了保证稳定性($\dot{V}<0$)，令上式的第二项为零，有

$$\frac{\mathrm{d}k}{\mathrm{d}t}=\dot{k}=-r\boldsymbol{b}^{\mathrm{T}}\boldsymbol{P}\boldsymbol{x}/\lambda \tag{6.4.17}$$

其中，$k=k_{\mathrm{m}}-k_{\mathrm{c}}k_{\mathrm{p}}$，由于 k_{p} 是未知或缓慢时变的，可以近似为常数；k_{m} 是事先设计好的，与时间无关。因此有 $\dot{k}=-k_{\mathrm{p}}\dot{k}_{\mathrm{c}}$，代入式(6.4.7)，有

$$\dot{k}_{\mathrm{c}}(t)=\frac{1}{\lambda k_{\mathrm{p}}}r(t)\boldsymbol{b}^{\mathrm{T}}\boldsymbol{P}\boldsymbol{x}=\mu r(t)\boldsymbol{b}^{\mathrm{T}}\boldsymbol{P}\boldsymbol{x} \tag{6.4.18}$$

其中，$\mu=1/\lambda k_{\mathrm{p}}$ 为自适应增益。上式即为 MRAC 中的增益调节自适应律，可以看出，该自适应律依赖于状态变量，要求所有状态变量可测。

若被控系统的传递函数是正实的，则有 $\boldsymbol{b}^{\mathrm{T}}\boldsymbol{P}=\boldsymbol{c}^{\mathrm{T}}$，式(6.4.18)可以转化为

$$\dot{k}_{\mathrm{c}}(t)=\mu r(t)e(t) \tag{6.4.19}$$

此时 MRAC 的自适应律不依赖于状态变量。具体控制框图如图 6.4.2 所示。

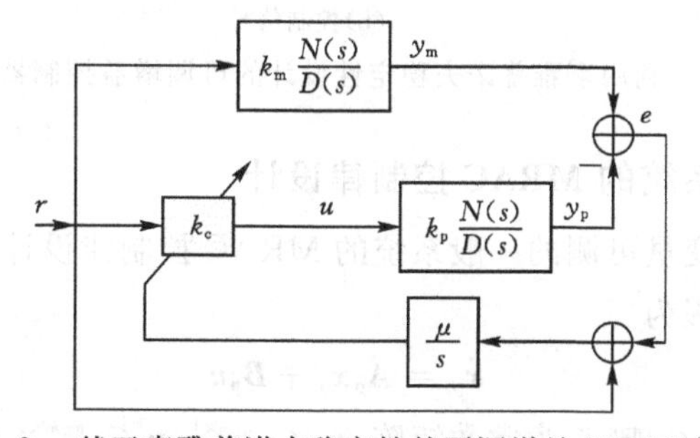

图6.4.2　基于李雅普诺夫稳定性的可调增益 MRAC 结构图

【例 6.4.1】 针对例 6.3.1 的系统通过李雅普诺夫稳定性设计一个控制器。

【解】 根据图 6.4.2 在 simulink 中通过李雅普诺夫稳定性进行仿真，仿真结果如图 6.4.3 所示。

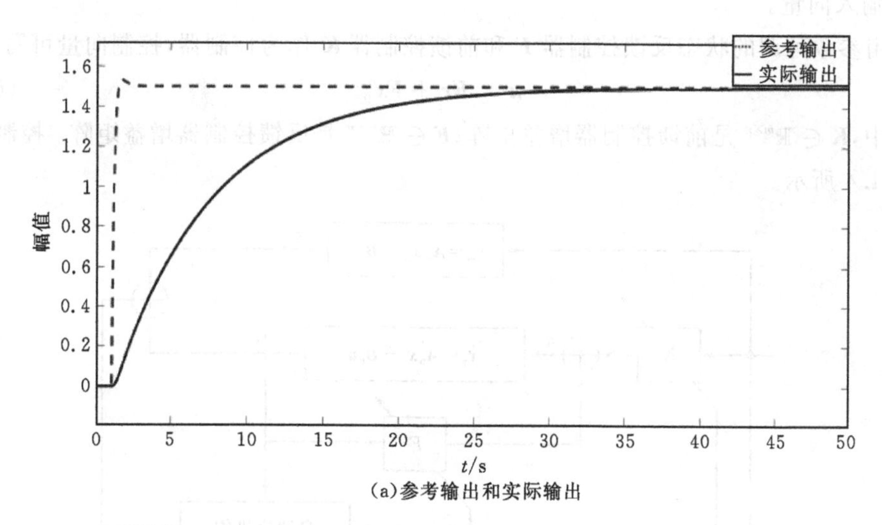

(a)参考输出和实际输出

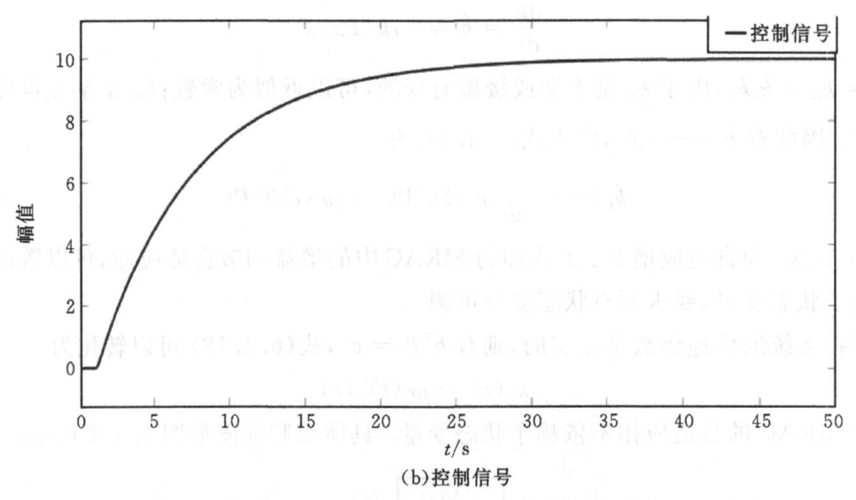

(b)控制信号

图 6.4.3　利用李雅普诺夫稳定性设计的可调增益控制器的仿真图

3. 状态变量可测系统的 MRAC 控制律设计

本节介绍对于状态变量可测的一般系统的 MRAC 控制律设计。

设被控系统状态方程为

$$\dot{\boldsymbol{x}}_{\mathrm{p}} = \boldsymbol{A}_{\mathrm{p}}\boldsymbol{x}_{\mathrm{p}} + \boldsymbol{B}_{\mathrm{p}}\boldsymbol{u} \tag{6.4.20}$$

式中，$\boldsymbol{A}_{\mathrm{p}} \in \mathbb{R}^{n\times n}$、$\boldsymbol{B}_{\mathrm{p}} \in \mathbb{R}^{n\times m}$ 为常数矩阵；$\boldsymbol{x}_{\mathrm{p}} \in \mathbb{R}^{n\times 1}$、$\boldsymbol{u} \in \mathbb{R}^{m\times 1}$ 为状态向量和控制向量。

参考模型状态方程为

$$\dot{\boldsymbol{x}}_{\mathrm{m}} = \boldsymbol{A}_{\mathrm{m}}\boldsymbol{x}_{\mathrm{m}} + \boldsymbol{B}_{\mathrm{m}}\boldsymbol{r} \tag{6.4.21}$$

式中，$\boldsymbol{A}_{\mathrm{m}}$ 和 $\boldsymbol{B}_{\mathrm{m}}$ 是与 $\boldsymbol{A}_{\mathrm{p}}$ 和 $\boldsymbol{B}_{\mathrm{p}}$ 同维度的理想常数矩阵；$\boldsymbol{x}_{\mathrm{m}} \in \mathbb{R}^{n\times 1}$ 是模型状态向量；$\boldsymbol{r} \in \mathbb{R}^{m\times 1}$ 是输入向量。

采用参数可调的状态反馈控制器 $\boldsymbol{F}$ 和前馈控制器 $\boldsymbol{K}$ 作为控制器，控制向量可写为

$$\boldsymbol{u} = \boldsymbol{K}\boldsymbol{r} + \boldsymbol{F}\boldsymbol{x}_{\mathrm{p}} \tag{6.4.22}$$

式中，$\boldsymbol{K} \in \mathbb{R}^{m\times n}$ 是前馈控制器增益矩阵；$\boldsymbol{F} \in \mathbb{R}^{m\times n}$ 是反馈控制器增益矩阵。控制结构图如图 6.4.4 所示。

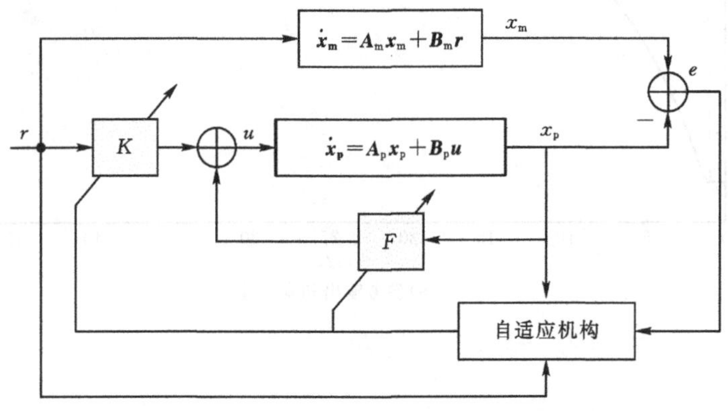

图 6.4.4　状态变量可测的 MRAC 结构图

将式(6.4.22)代入式(6.4.20)，有

$$\dot{\boldsymbol{x}}_{\mathrm{p}}=(\boldsymbol{A}_{\mathrm{p}}+\boldsymbol{B}_{\mathrm{p}}\boldsymbol{F})\boldsymbol{x}_{\mathrm{p}}+\boldsymbol{B}_{\mathrm{p}}\boldsymbol{K}\boldsymbol{r} \tag{6.4.23}$$

当调节 $\boldsymbol{F}$ 和 $\boldsymbol{K}$，使 $\boldsymbol{x}_{\mathrm{p}}$ 与 $\boldsymbol{x}_{m}$ 一致时，模型与被控系统相匹配，从而有

$$\begin{aligned}\boldsymbol{A}_{\mathrm{m}}&=\boldsymbol{A}_{\mathrm{p}}+\boldsymbol{B}_{\mathrm{p}}\boldsymbol{F}^{*}\\ \boldsymbol{B}_{\mathrm{m}}&=\boldsymbol{B}_{\mathrm{p}}\boldsymbol{K}^{*}\end{aligned} \tag{6.4.24}$$

其中，$\boldsymbol{F}^{*}$ 和 $\boldsymbol{K}^{*}$ 分别表示匹配时 $\boldsymbol{F}$ 和 $\boldsymbol{K}$ 的取值。

广义误差及其对时间的导数分别为

$$\boldsymbol{e}=\boldsymbol{x}_{\mathrm{m}}-\boldsymbol{x}_{\mathrm{p}} \tag{6.4.25}$$

$$\dot{\boldsymbol{e}}=\dot{\boldsymbol{x}}_{\mathrm{m}}-\dot{\boldsymbol{x}}_{\mathrm{p}} \tag{6.4.26}$$

将式(6.4.21)和式(6.4.23)代入式(6.4.26)，有

$$\dot{\boldsymbol{e}}=\boldsymbol{A}_{\mathrm{m}}\boldsymbol{e}+(\boldsymbol{A}_{\mathrm{m}}-\boldsymbol{A}_{\mathrm{p}}-\boldsymbol{B}_{\mathrm{p}}\boldsymbol{F})\boldsymbol{x}_{\mathrm{p}}+(\boldsymbol{B}_{\mathrm{m}}-\boldsymbol{B}_{\mathrm{p}}\boldsymbol{K})\boldsymbol{r} \tag{6.4.27}$$

利用式(6.4.24)，消去上式中的 $\boldsymbol{A}_{\mathrm{p}}$ 和 $\boldsymbol{B}_{\mathrm{p}}$，得到

$$\dot{\boldsymbol{e}}=\boldsymbol{A}_{\mathrm{m}}\boldsymbol{e}+\boldsymbol{B}_{\mathrm{m}}\boldsymbol{K}^{*-1}(\boldsymbol{F}^{*}-\boldsymbol{F})\boldsymbol{x}_{\mathrm{p}}+\boldsymbol{B}_{\mathrm{m}}\boldsymbol{K}^{*-1}(\boldsymbol{K}^{*}-\boldsymbol{K})\boldsymbol{r} \tag{6.4.28}$$

令反馈增益误差 $\widetilde{\boldsymbol{F}}=\boldsymbol{F}^{*}-\boldsymbol{F}$，前馈增益误差 $\widetilde{\boldsymbol{K}}=\boldsymbol{K}^{*}-\boldsymbol{K}$，则式(6.4.28)可写为

$$\dot{\boldsymbol{e}}=\boldsymbol{A}_{\mathrm{m}}\boldsymbol{e}+\boldsymbol{B}_{\mathrm{m}}\boldsymbol{K}^{*-1}\widetilde{\boldsymbol{F}}\boldsymbol{x}_{\mathrm{p}}+\boldsymbol{B}_{\mathrm{m}}\boldsymbol{K}^{*-1}\widetilde{\boldsymbol{K}}\boldsymbol{r} \tag{6.4.29}$$

取李雅普诺夫函数为

$$V=\boldsymbol{e}^{\mathrm{T}}\boldsymbol{P}\boldsymbol{e}+\operatorname{tr}(\widetilde{\boldsymbol{F}}^{\mathrm{T}}\boldsymbol{P}_{\mathrm{F}}^{-1}\widetilde{\boldsymbol{F}})+\operatorname{tr}(\widetilde{\boldsymbol{K}}^{\mathrm{T}}\boldsymbol{P}_{\mathrm{K}}^{-1}\widetilde{\boldsymbol{K}}) \tag{6.4.30}$$

式中，tr(•)表示矩阵的迹；$\boldsymbol{P}\in\mathbb{R}^{n\times n}$、$\boldsymbol{P}_{\mathrm{F}}\in\mathbb{R}^{m\times m}$、$\boldsymbol{P}_{\mathrm{K}}\in\mathbb{R}^{m\times m}$ 为正定对称矩阵。

上式对时间求导，有

$$\dot{V}=\dot{\boldsymbol{e}}^{\mathrm{T}}\boldsymbol{P}\boldsymbol{e}+\boldsymbol{e}^{\mathrm{T}}\boldsymbol{P}\dot{\boldsymbol{e}}+\operatorname{tr}(\dot{\widetilde{\boldsymbol{F}}}^{\mathrm{T}}\boldsymbol{P}^{-1}\widetilde{\boldsymbol{F}}+\widetilde{\boldsymbol{F}}^{\mathrm{T}}\boldsymbol{P}_{\mathrm{F}}^{-1}\dot{\widetilde{\boldsymbol{F}}})+\operatorname{tr}(\dot{\widetilde{\boldsymbol{K}}}^{\mathrm{T}}\boldsymbol{P}_{\mathrm{K}}^{-1}\widetilde{\boldsymbol{K}}+\widetilde{\boldsymbol{K}}^{\mathrm{T}}\boldsymbol{P}_{\mathrm{K}}^{-1}\dot{\widetilde{\boldsymbol{K}}}) \tag{6.4.31}$$

将式(6.4.29)代入式(6.4.31)，有

$$\begin{aligned}\dot{V}=&\,\boldsymbol{e}^{\mathrm{T}}(\boldsymbol{A}_{\mathrm{m}}^{\mathrm{T}}\boldsymbol{P}+\boldsymbol{P}\boldsymbol{A}_{\mathrm{m}})\boldsymbol{e}+2\boldsymbol{e}^{\mathrm{T}}\boldsymbol{P}\boldsymbol{B}_{\mathrm{m}}\boldsymbol{K}^{*-1}\widetilde{\boldsymbol{F}}\boldsymbol{x}_{\mathrm{p}}+2\boldsymbol{e}^{\mathrm{T}}\boldsymbol{P}\boldsymbol{B}_{\mathrm{m}}\boldsymbol{K}^{*-1}\widetilde{\boldsymbol{K}}\mathrm{r}+\\ &\operatorname{tr}(\dot{\widetilde{\boldsymbol{F}}}^{\mathrm{T}}\boldsymbol{P}_{\mathrm{F}}^{-1}\widetilde{\boldsymbol{F}}+\widetilde{\boldsymbol{F}}^{\mathrm{T}}\boldsymbol{P}_{\mathrm{F}}^{-1}\dot{\widetilde{\boldsymbol{F}}})+\operatorname{tr}(\dot{\widetilde{\boldsymbol{K}}}^{\mathrm{T}}\boldsymbol{P}_{\mathrm{K}}^{-1}\widetilde{\boldsymbol{K}}+\widetilde{\boldsymbol{K}}^{\mathrm{T}}\boldsymbol{P}_{\mathrm{K}}^{-1}\dot{\widetilde{\boldsymbol{K}}})\end{aligned} \tag{6.4.32}$$

根据迹的性质，$\boldsymbol{x}^{\mathrm{T}}\boldsymbol{A}\boldsymbol{x}=\operatorname{tr}(\boldsymbol{x}\boldsymbol{x}^{\mathrm{T}}\mathrm{A})$ 以及 $\operatorname{tr}(\boldsymbol{A})=\operatorname{tr}(\boldsymbol{A}^{\mathrm{T}})$，有

$$\begin{aligned}\boldsymbol{e}^{\mathrm{T}}\boldsymbol{P}\boldsymbol{B}_{\mathrm{m}}\boldsymbol{K}^{*-1}\widetilde{\boldsymbol{F}}\boldsymbol{x}_{\mathrm{p}}&=\operatorname{tr}(\boldsymbol{x}_{\mathrm{p}}\boldsymbol{e}^{\mathrm{T}}\boldsymbol{P}\boldsymbol{B}_{\mathrm{m}}\boldsymbol{K}^{*-1}\widetilde{\boldsymbol{F}})\\ \boldsymbol{e}^{\mathrm{T}}\boldsymbol{P}\boldsymbol{B}_{\mathrm{m}}\boldsymbol{K}^{*-1}\widetilde{\boldsymbol{K}}\boldsymbol{r}&=\operatorname{tr}(\boldsymbol{r}\boldsymbol{e}^{\mathrm{T}}\boldsymbol{P}\boldsymbol{B}_{\mathrm{m}}\boldsymbol{K}^{*-1}\widetilde{\boldsymbol{K}})\end{aligned} \tag{6.4.33}$$

$$\operatorname{tr}(\dot{\widetilde{\boldsymbol{F}}}^{\mathrm{T}}\boldsymbol{P}_{\mathrm{F}}^{-1}\widetilde{\boldsymbol{F}})=\operatorname{tr}(\widetilde{\boldsymbol{F}}^{\mathrm{T}}\boldsymbol{P}_{\mathrm{F}}^{-1}\dot{\widetilde{\boldsymbol{F}}}),\ \operatorname{tr}(\dot{\widetilde{\boldsymbol{K}}}^{\mathrm{T}}\boldsymbol{P}_{\mathrm{K}}^{-1}\widetilde{\boldsymbol{K}})=\operatorname{tr}(\widetilde{\boldsymbol{K}}^{\mathrm{T}}\boldsymbol{P}_{\mathrm{K}}^{-1}\dot{\widetilde{\boldsymbol{K}}}) \tag{6.4.34}$$

由于 $\boldsymbol{A}_{\mathrm{m}}$ 是一个稳定的矩阵，因此存在一个正定对称矩阵 $\boldsymbol{Q}$ 使下式成立

$$\boldsymbol{A}_{\mathrm{m}}^{\mathrm{T}}\boldsymbol{P}+\boldsymbol{P}\boldsymbol{A}_{\mathrm{m}}=-\boldsymbol{Q} \tag{6.4.35}$$

式(6.4.32)可重写为

$$\begin{aligned}\dot{V}=&-\boldsymbol{e}^{\mathrm{T}}\boldsymbol{Q}\boldsymbol{e}+2\operatorname{tr}(\dot{\widetilde{\boldsymbol{F}}}^{\mathrm{T}}\boldsymbol{P}_{\mathrm{F}}^{-1}\widetilde{\boldsymbol{F}}+\boldsymbol{x}_{\mathrm{p}}\boldsymbol{e}^{\mathrm{T}}\boldsymbol{P}\boldsymbol{B}_{\mathrm{m}}\boldsymbol{K}^{*-1}\widetilde{\boldsymbol{F}})+\\ &2\operatorname{tr}(\dot{\widetilde{\boldsymbol{K}}}^{\mathrm{T}}\boldsymbol{P}_{\mathrm{K}}^{-1}\widetilde{\boldsymbol{K}}+\boldsymbol{r}\boldsymbol{e}^{\mathrm{T}}\boldsymbol{P}\boldsymbol{B}_{\mathrm{m}}\boldsymbol{K}^{*-1}\widetilde{\boldsymbol{K}})\end{aligned} \tag{6.4.36}$$

易知，上式第一项 $-e^{\mathrm{T}}Qe<0$，为了保证系统稳定性，可令上式第二项和第三项为零，有

$$\dot{\tilde{F}}=-P_{\mathrm{F}}(B_{\mathrm{m}}K^{*-1})^{\mathrm{T}}Pe\,x_{\mathrm{p}}^{\mathrm{T}}$$

$$\dot{\tilde{K}}=-P_{\mathrm{K}}(B_{\mathrm{m}}K^{*-1})^{\mathrm{T}}Per^{\mathrm{T}} \quad (6.4.37)$$

考虑到 $\tilde{F}=F^{*}-F$，$\tilde{K}=K^{*}-K$，上式可写为

$$\dot{F}=P_{\mathrm{F}}(B_{\mathrm{m}}K^{*-1})^{\mathrm{T}}Pex_{\mathrm{p}}^{\mathrm{T}}$$

$$\dot{K}=P_{\mathrm{K}}(B_{\mathrm{m}}K^{*-1})^{\mathrm{T}}Per^{\mathrm{T}} \quad (6.4.38)$$

其对应的积分形式为

$$F(t)=\int_{0}^{t}P_{\mathrm{F}}(B_{\mathrm{m}}K^{*-1})^{\mathrm{T}}Pe\,x_{\mathrm{p}}^{\mathrm{T}}\mathrm{d}t+F(0)$$

$$K(t)=\int_{0}^{t}P_{\mathrm{K}}(B_{\mathrm{m}}K^{*-1})^{\mathrm{T}}Per^{\mathrm{T}}\mathrm{d}t+K(0) \quad (6.4.39)$$

一般情况下，B_{p} 是未知或时变的，于是 K^{*-1} 难以确定。然而，考虑到 P_{F} 和 P_{K} 的取值具有一定的随意性，令 $\bar{P}_{\mathrm{F}}=P_{\mathrm{F}}K^{*-\mathrm{T}}$，$\bar{P}_{\mathrm{K}}=P_{\mathrm{K}}K^{*-T}$。则式(6.4.38)可简化为

$$\dot{F}=\bar{P}_{\mathrm{F}}B_{\mathrm{m}}^{\mathrm{T}}Pex_{\mathrm{p}}^{\mathrm{T}}$$

$$\dot{K}=\bar{P}_{\mathrm{K}}B_{\mathrm{m}}^{\mathrm{T}}Per^{\mathrm{T}} \quad (6.4.40)$$

上式即为自适应参数调节规律。

【例 6.4.3】已知被控系统的状态方程为

$$\dot{x}_{\mathrm{p}}=\begin{bmatrix}0 & 1\\ -4 & -6\end{bmatrix}x_{\mathrm{p}}+\begin{bmatrix}2\\ 1\end{bmatrix}u$$

参考模型的状态方程为

$$\dot{x}_{\mathrm{m}}=\begin{bmatrix}0 & 1\\ -4 & -5\end{bmatrix}x_{\mathrm{m}}+\begin{bmatrix}2\\ 3\end{bmatrix}r$$

其中，r 为单位阶跃信号，控制律采用如下规则

$$u=Kr+Fx_{\mathrm{p}}$$

首先假设 $P_{\mathrm{F}}=P_{\mathrm{K}}=1$，$P=\begin{bmatrix}3 & 1\\ 1 & 1\end{bmatrix}$。另外，$F(t)\in\mathbb{R}^{1\times 2}$，$K(t)\in\mathbb{R}^{1\times 1}$，$e(t)\in\mathbb{R}^{2\times 1}$，$x_{p}\in\mathbb{R}^{2\times 1}$。

由于 $B_{\mathrm{m}}=B_{\mathrm{p}}K^{*}$，因此

$$(B_{\mathrm{m}}K^{*-1})^{\mathrm{T}}=B_{\mathrm{p}}^{\mathrm{T}}=[2\quad 1]$$

因此，控制律更新准则为：

$$\dot{F}=P_{\mathrm{F}}(B_{\mathrm{m}}K^{*-1})^{\mathrm{T}}Pe\,x_{\mathrm{p}}^{\mathrm{T}}=[2\quad 1]\begin{bmatrix}3 & 1\\ 1 & 1\end{bmatrix}\begin{bmatrix}e_1\\ e_2\end{bmatrix}x_{\mathrm{p}}^{\mathrm{T}}=(7e_1+3e_2)x_{\mathrm{p}}^{\mathrm{T}}$$

$$\dot{K}=P_{\mathrm{K}}(B_{\mathrm{m}}K^{*-1})^{\mathrm{T}}Per^{\mathrm{T}}=(7e_1+3e_2)r(t)$$

在 simulink 中建立状态变量可测的自适应控制模型进行仿真，当输入信号为单位阶跃信号时，控制系数变化曲线和被控对象追踪效果结果如图 6.4.5 所示。可以看出，基于状态变量的李雅普诺夫 -MARC 系统能够较好地跟踪参考模型状态。

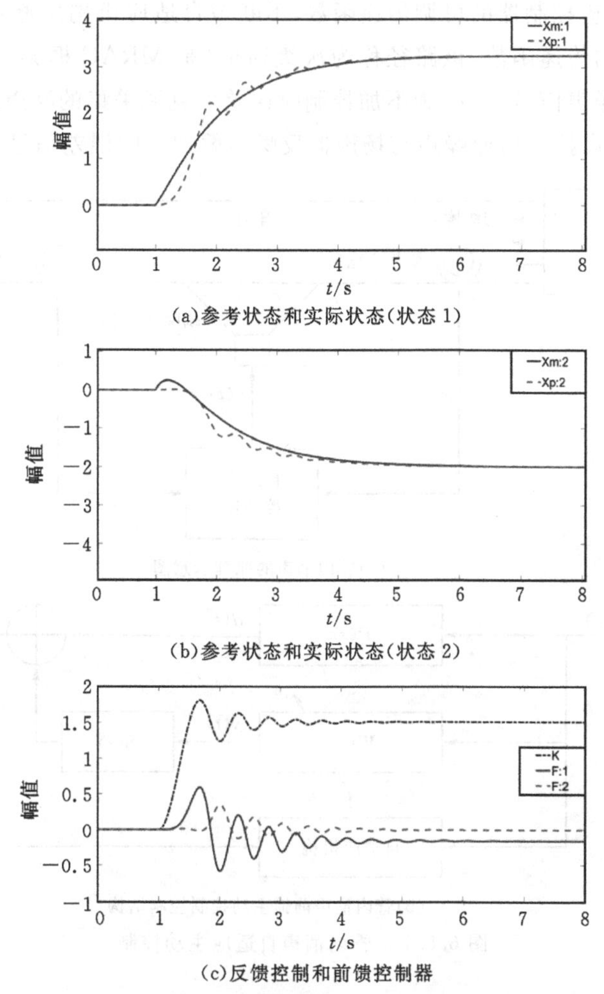

(a)参考状态和实际状态(状态 1)

(b)参考状态和实际状态(状态 2)

(c)反馈控制和前馈控制器

图 6.4.5　状态变量可测系统的 MRAC 控制律设计仿真图

6.5　MRAC 应用举例——管内消声控制

管内消声问题是 MRAC 的经典应用案例。该问题通常可以描述为：在一段管道内存在一处噪声源产生初级噪声，为了降低该噪声，我们可以在管道上安置主动噪声控制(active noise control, ANC)系统，该系统包括参考麦克风、误差麦克风、自适应控制器和减噪扬声器等，参考麦克风采集的参考信号 $x(t)$ 经由自适应控制器处理，产生控制信号 $y(t)$，用于驱动扬声器播放反噪声，初级噪声与反噪声在误差麦克风附近反相叠加抵消，误差麦克风用于检测 ANC 的降噪性能，控制器的目标是将其所测噪声最小化。

在管内消声主动控制这个案例中，误差信号 $e(t)$ 不构成控制系统的反馈输入，它表示残余噪声的水平，用于自适应调整控制器参数，而参考信号 $x(t)$ 则是真正的控制器输入，因此该控制系统是一个前馈控制系统，该系统的简化框图可以表示为图 6.5.1 所示，图中 $P(s)$ 为从噪声源传播至误差麦克风处的传递函数，该路径称为初级通道(是 MRAC 框架下的参考模型)，$W(s)$ 为自适应控制器的可调传递函数，不断被自适应机构所修正，$S(s)$ 为从减噪扬声器至误差麦克风的传递函数，该路径称为次级通道（是 MRAC 框架下的被控对象），$x(t)$ 为噪声源处采集的噪声信号，$d(t)$ 为不加控制时误差麦克风采集的噪声信号，$y(t)$ 是控制器输出信号，$e(t)$ 是开启控制后原噪声与扬声器反噪声叠加后的误差信号。

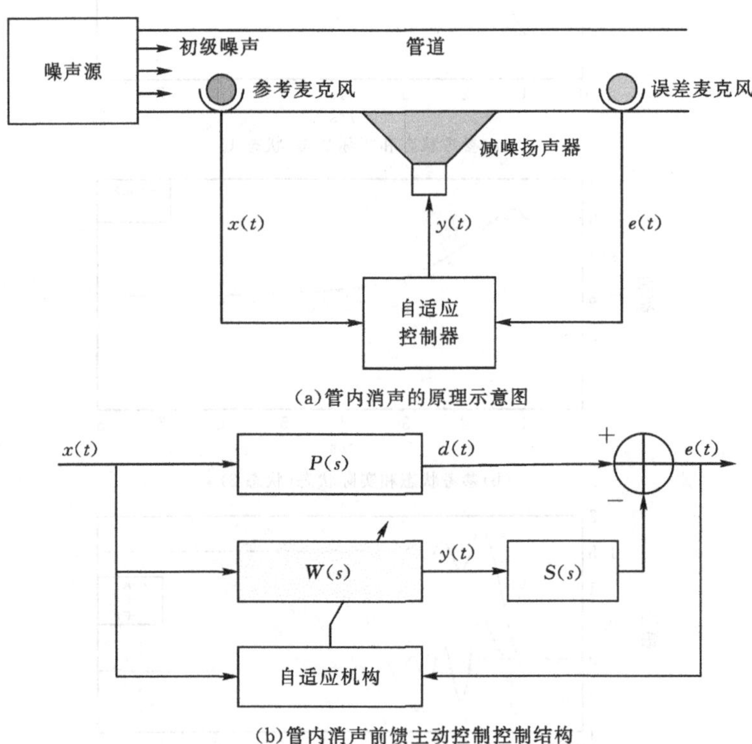

(a)管内消声的原理示意图

(b)管内消声前馈主动控制控制结构

图 6.5.1 管内消声自适应主动控制

自适应机构一般采用 FXLMS 算法对控制器传递函数 $W(s)$ 进行更新修正。在介绍 FXLMS算法前，我们首先介绍LMS算法，如图6.5.2(a)所示。LMS自适应滤波可以看作是一种自适应辨识。对某未知系统 $P(s)$ 加以激励信号 $x(t)$，得到系统响应 $d(t)$，相同激励下滤波器 $W(s)$ 的输出为 $y(t)$，LMS 算法通过自适应地调整修正滤波器 $W(s)$，使得滤波输出 $y(t)$ 尽可能地接近期望响应信号 $d(t)$，目标是误差信号 $e(t)$ 的均方值最小化，故称为最小均方(least mean square, LMS)，性能函数为

$$J = E[e^2(t)] \tag{6.5.1}$$

在复频域上，滤波器输出 $Y(s)$ 为输入 $X(s)$ 与滤波器传递函数 $W(s)$ 的乘积

$$Y(s) = X(s)W(s) \tag{6.5.2}$$

在时域上，滤波器输出 $y(t)$ 则为输入 $x(t)$ 与滤波器传递函数 $w(t)$ 的卷积

$$y(t) = x(t) * w(t) = \int_0^t x(\tau)w(t-\tau)\mathrm{d}\tau \tag{6.5.3}$$

式中，$w(t)$ 为 $W(s)$ 的拉普拉斯逆变换，也是滤波器的单位脉冲响应，由于滤波器是可调的，因此下文将其写作 $w_t(\cdot)$，下标 t 表明这个函数是时变的。

误差信号为期望信号与滤波输出的差

$$e(t) = d(t) - y(t) = d(t) - x(t) * w_t(t) = d(t) - \int_0^t x(\tau) w_t(t-\tau) \mathrm{d}\tau \quad (6.5.4)$$

误差信号加以平方得

$$e^2(t) = d^2(t) + \left[\int_0^t x(\tau) w_t(t-\tau) d\tau\right]^2 - 2d(t)\int_0^t x(\tau) w_t(t-\tau) \mathrm{d}\tau \quad (6.5.5)$$

由此可得性能函数为

$$J = E[e^2(t)] = E[d^2(t)] + E\left[\left[\int_0^t x(\tau) w_t(t-\tau) \mathrm{d}\tau\right]^2\right] + E\left[-2d(t)\int_0^t x(\tau) w_t(t-\tau) \mathrm{d}\tau\right] \quad (6.5.6)$$

可以发现性能函数是关于滤波器单位脉冲响应$w_t(t)$的泛函，记作$J = J[w_t(t)]$。

根据梯度下降法思想，$w_t(t)$应该按照使性能函数J在泛函宗量空间内下降最快的方向改变，即按照负梯度方向改变。性能函数J关于$w_t(t)$的泛函导数为梯度

$$\nabla(t) = \frac{\delta J}{\delta w} = \frac{\delta E[e^2(t)]}{\delta w} = E\left[\frac{\delta e^2(t)}{\delta w}\right] \quad (6.5.7)$$

由于在实际自适应过程中对期望值的求导比较困难，LMS算法的解决办法是采用单个样本的方差的梯度作为实际梯度的估计值，即

$$\begin{aligned}
\hat{\nabla}(t) &= \frac{\delta \hat{J}}{\delta w} = \frac{\delta[e^2(t)]}{\delta w} \\
&= \frac{\delta d^2(t)}{\delta w} + \frac{\delta}{\delta w}\left[\int_0^t x(\tau) w_t(t-\tau) \mathrm{d}\tau\right]^2 - \frac{\delta}{\delta w}\left[2d(t)\int_0^t x(\tau) w_t(t-\tau) \mathrm{d}\tau\right] \\
&= 0 + 2\int_0^t x(\tau) w_t(t-\tau) \mathrm{d}\tau \frac{\delta}{\delta w}\int_0^t x(\tau) w_t(t-\tau) \mathrm{d}\tau - 2d(t)\frac{\delta}{\delta w}\int_0^t x(\tau) w_t(t-\tau) \mathrm{d}\tau
\end{aligned}$$

其中$\int_0^t x(\tau) w_t(t-\tau) \mathrm{d}\tau = x(t) * w_t(t) = y(t)$；交换式中积分和偏导的顺序得

$$\begin{aligned}
\hat{\nabla}(t) &= 2y(t)\int_0^t \frac{\delta}{\delta w}[x(\tau) w_t(t-\tau)] \mathrm{d}\tau - 2d(t)\int_0^t \frac{\delta}{\delta w}[x(\tau) w_t(t-\tau)] \mathrm{d}\tau \\
&= 2[y(t) - d(t)]\int_0^t \frac{\delta}{\delta w}[x(\tau) w_t(t-\tau)] \mathrm{d}\tau \\
&= 2[y(t) - d(t)]\int_0^t x(t-\tau) \mathrm{d}\tau \\
&= 2[y(t) - d(t)]\int_0^t x(\tau) \mathrm{d}\tau \\
&= -2e(t)\int_0^t x(\tau) \mathrm{d}\tau
\end{aligned}$$

所以梯度估计值为

$$\hat{\nabla}(t) = \frac{\delta \hat{J}}{\delta w} = \frac{\delta e^2(t)}{\delta w} = -2e(t)\int_0^t x(\tau) \mathrm{d}\tau \quad (6.5.8)$$

滤波器单位脉冲响应$w_t(t)$的调整增量为

$$\delta w(\cdot) = w_{t+\mathrm{d}t}(\cdot) - w_t(\cdot) = -\mu\frac{\delta \hat{J}}{\delta w}\mathrm{d}t = 2\mu e(t)\int_0^t x(\tau) \mathrm{d}\tau \mathrm{d}t \quad (6.5.9)$$

式中：$\mu > 0$为控制滤波器增量大小的收敛系数，该参数的大小影响着自适应过程的瞬

时性能以及稳定性。

对上式积分得到

$$w_t(\cdot) = w_0(\cdot) + 2\mu\int_0^t e(t)\int_0^t x(\tau)\mathrm{d}\tau\mathrm{d}t \tag{6.5.10}$$

上式就是连续系统时域 LMS 自适应算法的滤波器更新公式，其物理意义为 t 时刻的滤波器 $w_t(\cdot)$ 是对 0 时刻的初始 $w_0(\cdot)$ 加上修正项 $2\mu\int_0^t e(t)\int_0^t x(\tau)\mathrm{d}\tau\mathrm{d}t$ 的结果，当自适应收敛时，误差 $e(t)$ 最大程度地趋近于零，修正项也趋近于零，此时 $w_t(\cdot)$ 不再有明显变化，$W(s)$ 就是 $P(s)$ 的最佳估计(最佳辨识)。如果这是一个振动控制系统或噪声控制系统，那么控制器系统输出 $y(t)$ 与结构响应 $d(t)$ 的叠加使残余振动或噪声 $e(t)$ 最小，达到了振动噪声控制的目的。

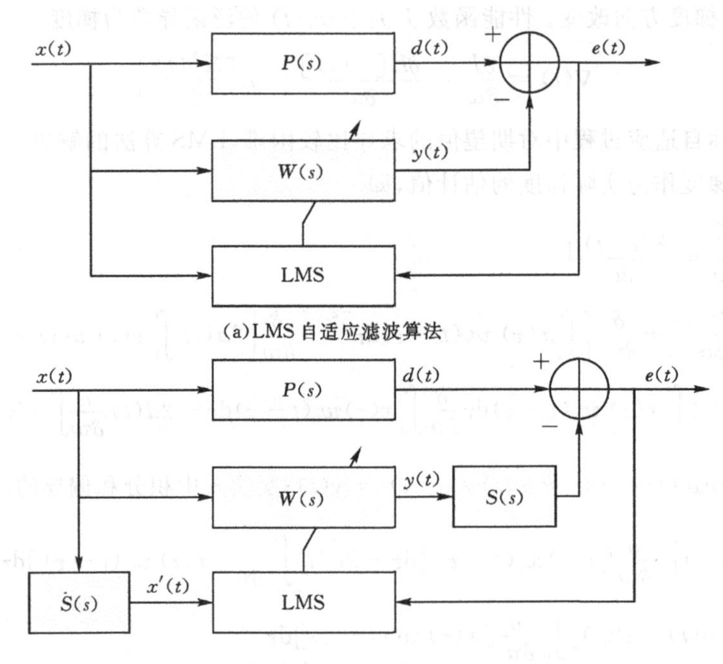

图 6.5.2　管内消声自适应控制算法

然而 LMS 自适应算法并不能直接应用于振动噪声控制系统，因为实际系统的结构中存在次级通道 $S(s)$，如图 6.5.2(b) 所示，次级通道在物理上包括功率放大器和执行机构等环节，次级通道的存在会影响性能函数负梯度的估计值准确性，降低自适应性能，甚至导致自适应过程失稳。因此学者们提出一种解决办法，将参考信号 $x(t)$ 通过次级通道的数字模型 $\hat{S}(s)$ 滤波，滤波信号 $x'(t)$ 作为标准 LMS 算法的参考输入信号，如图 6.5.2 所示，这种方法称为滤波 x - LMS 算法(Fitered - x LMS，FXLMS)。

由于次级通道的存在，实际系统的误差信号应为

$$e(t) = d(t) - y(t) * s(t) = d(t) - [x(t) * w(t)] * s(t) \tag{6.5.11}$$

式中：$s(t)$ 为次级通道的单位脉冲响应，其拉普拉斯变换是传递函数 $S(s)$。交换上式的

卷积顺序

$$e(t) = d(t) - [x(t) * s(t)] * w(t) = d(t) - x'(t) * w(t) \qquad (6.5.12)$$

式中：$x'(t) = x(t) * s(t)$ 是滤波参考信号，将 $x'(t)$ 代替标准LMS算法中的 $x(t)$，得到FXLMS算法的控制器更新公式

$$w_t(\cdot) = w_0(\cdot) + 2\mu\int_0^t e(t)\int_0^t x'(\tau)\mathrm{d}\tau\mathrm{d}t \qquad (6.5.13)$$

式中：$\mu > 0$ 为收敛系数。

在主动控制开启前，次级通道的数字模型 $\hat{S}(s)$ 可以通过LMS算法对次级通道进行自适应辨识得到。

从本章的分析来看，MRAC主要解决在被控系统参数未知的情况下，通过在线的控制器参数设计，获得满意的状态或输出跟踪。由于MRAC的这种能力，即便被控系统参数有变化，控制器依然可以在一定的时间内自适应"再设计"，这就是为什么MRAC可以解决时变系统控制问题。但也需要注意，自适应控制器的跟踪能力是有限的，因此主要面向缓慢时变系统或者参数切换型时变系统，而对于快速时变系统控制问题，是许多科研工作者不断探索的难点方向。

练习题

1. 设被控系统传递函数为 $k_pG(s) = k_p/(a_2s^2 + a_1s + 1)$，参考模型传递函数为 $k_mG(s) = k_m/(a_2s^2 + a_1s + 1)$，试按照MIT方案求自适应律。并且将该自适应律离散化，编程求解系统输出 y_p 以及模型输出 y_m。其中，输入信号为单位方波信号，系统增益 $k_p = 1$（但在参数自适应过程中未知），$a_2 = a_1 = 1$，$k_m = 1$，初始化增益 θ_0 为0。通过调整离散步长 h 以及自适应增益 μ，对结果进行比较。

2. 设单输入单输出控制对象的状态方程为 $\dot{x}_p = -x_p/T + b_pr/T$，式中，$b_p$ 未知。参考模型状态方程为 $\dot{x}_m = -x_m/T + b_mr/T$。试用李雅普诺夫法求自适应律。

3. 设参考模型状态方程为 $\dot{\boldsymbol{x}}_m = \boldsymbol{A}_m\boldsymbol{x}_m + \boldsymbol{B}_mr$，其中 $\boldsymbol{x}_m = [x_{m1} \quad x_{m2}]^T$，$\boldsymbol{A}_m = \begin{bmatrix} 0 & 1 \\ -10 & -5 \end{bmatrix}$，$\boldsymbol{B}_m = [0 \quad 2]^T$。控制对象状态方程为 $\dot{\boldsymbol{x}}_p = \boldsymbol{A}_p\boldsymbol{x}_p + \boldsymbol{B}_pu$，其中 $\boldsymbol{x}_p = [x_{p1} \quad x_{p2}]^T$，$\boldsymbol{A}_p = \begin{bmatrix} 0 & 1 \\ -6 & -7 \end{bmatrix}$，$\boldsymbol{B}_p = [0 \quad 4]^T$。试用李雅普诺夫方法求自适应律。

4. 设被控系统传递函数为 $G_p(s) = k_p(2s+1)/(s^2+2s+1)$ 严格正实，参考模型为 $G_m(s) = k_m(2s+1)/(s^2+2s+1)$，$k_m = 1$，自适应规则可写为如下离散形式：$\Delta k_c(k) = k_c(k+1) - k_c(k) = \mu hr(k)e(k)$，输入是幅值为2的方波信号。系统增益 $k_p = 1$，但在参数自适应过程中是未知的。尝试利用李雅普诺夫规则编程，通过调整参数计算步长 h 和自适应增益 μ，比较系统输出 y_p 和参考输出 y_m，并给出控制量。

5. 设被控系统状态方程为 $\dot{\boldsymbol{x}}_p = \begin{bmatrix} 0 & 1 \\ -6 & -7 \end{bmatrix}\boldsymbol{x}_p + \begin{bmatrix} 0 \\ 8 \end{bmatrix}\boldsymbol{u}$，参考模型状态方程为 $\dot{\boldsymbol{x}}_m =$

$\begin{bmatrix} 0 & 1 \\ -10 & 5 \end{bmatrix} \boldsymbol{x}_{\mathrm{m}} + \begin{bmatrix} 0 \\ 2 \end{bmatrix} \boldsymbol{r}$，取正定对称矩阵 $\boldsymbol{P} = \begin{bmatrix} 3 & 1 \\ 1 & 1 \end{bmatrix}$，$\bar{\boldsymbol{P}}_{\mathrm{F}} = 1$，$\bar{\boldsymbol{P}}_{\mathrm{K}} = 1$。输入如信号为 $r(t) = \sin(0.01\pi t) + 4\sin(0.2\pi t) + \sin(\pi t)$，计算步长 $h = 0.01$。试编程实现并比较参考模型与实际系统输出状态的值。

随机系统参数估计与自校正控制

第7章

7.1 概　　述

现实世界中一切随时间变化的过程，往往都不可避免地受到某些不确定因素的影响，有时即使给定系统输入变量，系统输出仍然是不确定的，这是由于外界环境对系统产生了干扰，使得系统的运行往往具有很大的不确定性，这样的系统称为随机系统（stochastic system）。如，在工业生产中描述系统运行状况的物理量（如温度、压力等）除了受人为调整的控制量（如环境燃油流量、气阀开度等）的影响外，同时还会受到某些不确定性因素（如环境温度、气流变化等）的影响；数字通信系统中，信号接收端需要根据观测的信号波形来判断接收到的信号类型，进而获取信号信息，但是环境干扰、信号衰减及接收机内部噪声等会使接收信号中混有随机干扰成分，进而导致难以直接根据接收到的波形进行信息提取等等。对于不确定性系统中的不确定性因素，若其服从某种统计规律，则称这种不确定性因素为随机因素，用来描述这类受随机因素作用的时间过程的一类数学模型称为随机系统。由于随机系统固有的不确定性，系统的状态和输出，都表现为具有某种统计特性的随机过程（stochastic process）。在这种情况下，准确测量系统在某个时刻的状态或精确预报系统状态和输出在未来时刻的变化是非常困难的，第2章和第6章所给出的确定性模型也无法充分描述这种不确定性系统。因此，必须引入动态随机模型，描述如下：

$$\dot{\boldsymbol{x}} = \boldsymbol{A}(t)\boldsymbol{x} + \boldsymbol{B}(t)\boldsymbol{u} + \boldsymbol{F}(t)\boldsymbol{w}(t) \tag{7.1.1}$$

$$\boldsymbol{y} = \boldsymbol{C}(t)\boldsymbol{x} + \boldsymbol{D}(t)\boldsymbol{u} + \boldsymbol{v}(t) \tag{7.1.2}$$

式中，$\boldsymbol{w}(t)$ 为状态噪声；$\boldsymbol{v}(t)$ 为量测噪声；$\boldsymbol{F}(t)$ 表示状态噪声加权矩阵。一个随机系统可以看做是一个确定型系统上增加随机型的状态噪声和测量噪声，为确定型系统的推广。

随机系统的研究涉及时间序列分析的相关知识，因此通常也描述为离散时间系统。离散系统可以描述为输入输出模型和状态空间模型，二者可以相互转化，如图 7.1.1 所示。

对于随机系统，用离散的输入 / 输出量表达单输入单输出离散系统，可得如下差分方程，其形式为

$$y(k) = -\sum_{j=1}^{n} a_j y(k-j) + \sum_{j=0}^{m} b_j u(k-j-d) + \sum_{j=0}^{n} c_j \omega(k-j) \tag{7.1.3}$$

式中，d 为整数，表示时滞时间；右端的 y 的各项称为自回归项；u 的各项称为滑动平均项；$\{\omega(k)\}$ 为白色噪声序列，即 $\omega(k), \omega(k-1), \cdots$ 均相互独立。上述模型称为扩展自回归滑动平均（ARMAX）模型。

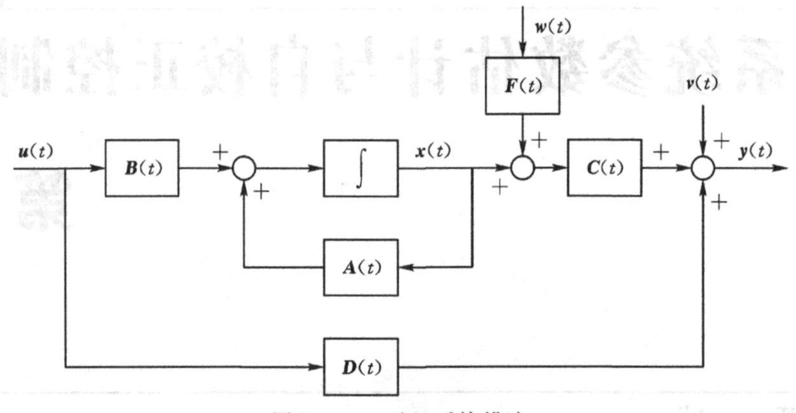

图 7.1.1 随机系统描述

为了分析上述模型，引入 z 变换的相关概念。z 变换是从拉氏变换直接引申出来的一种变换方法，它实际上是采样函数拉氏变换的变形。因此，z 变换又称为采样拉氏变换，是研究线性离散系统的重要数学工具。

设连续函数 $e(t)$ 是可拉氏变换的，则拉氏变换定义为

$$E(s)=\int_0^{\infty} e(t)e^{-st}\,\mathrm{d}t$$

由于 $t<0$ 时，有 $e(t)=0$，故上式亦可写为

$$E(s)=\int_{-\infty}^{\infty} e(t)e^{-st}\,\mathrm{d}t$$

对于采样信号 $e^*(t)$，其表达式为

$$e^*(t)=\sum_{n=0}^{\infty}e(nT)\delta(t-nT)$$

故采样信号 $e^*(t)$ 的拉氏变换

$$E^*(s)=\int_0^{\infty} e^*(t)e^{-st}\,\mathrm{d}t=\int_{-\infty}^{\infty}\Big[\sum_{n=0}^{\infty}e(nT)\delta(t-nT)\Big]e^{-st}\,\mathrm{d}t$$

$$=\sum_{n=0}^{\infty}e(nT)\Big[\int_{-\infty}^{\infty}\delta(t-nT)e^{-st}\,\mathrm{d}t\Big]$$

由广义脉冲函数的筛选性质

$$\int_{-\infty}^{\infty}\delta(t-nT)f(t)\,\mathrm{d}t=f(nT)$$

故有

$$\int_{-\infty}^{\infty}\delta(t-nT)e^{-st}\,\mathrm{d}t=e^{-snT}$$

于是，采样信号 $e^*(t)$ 拉氏变换可以写为

$$E^*(s)=\sum_{n=0}^{\infty}e(nT)e^{-snT} \tag{7.1.4}$$

在上式中，各项均含有 e^{-sT} 因子，故上式为 s 的超越函数，为了便于运算，引入变量 $z=e^{-sT}$，其中 T 为采样周期，z 是在复平面上定义的一个复变量，通常称为 z 变换算子。则采样信

号 $e^*(t)$ 的 z 变换定义为

$$E(z)=E^*(s)\big|_{s=\frac{1}{T}\ln z}=\sum_{n=0}^{\infty}e(nT)z^{-n} \tag{7.1.5}$$

一般地，z 变换的两种定义形式，双边 z 变换的定义式为

$$E(z)=Z\{e(nT)\}=\sum_{n=-\infty}^{\infty}e(nT)z^{-n} \tag{7.1.6}$$

若当 $n<0$ 时，有 $e(nT)=0$，则可得单边 z 变换的定义式为

$$E(z)=Z\{e(nT)\}=\sum_{n=0}^{\infty}e(nT)z^{-n} \tag{7.1.7}$$

基于以上概念，在分析扩展自回归滑动平均(ARMAX)模型时，引入 q^{-1} 为单位时滞算子，即 $q^{-1}y(k)=y(k-1)$，则式(7.1.3)变为

$$A(q^{-1})y(k)=q^{-d}B(q^{-1})u(k)+C(q^{-1})\omega(k) \tag{7.1.8}$$

其中

$$A(q^{-1})=1+a_1q^{-1}+\cdots+a_nq^{-n}$$

$$B(q^{-1})=b_0+b_1q^{-1}+\cdots+b_nq^{-n},\quad b_0\neq 0$$

$$C(q^{-1})=c_0+c_1q^{-1}+\cdots+c_lq^{-l}$$

这里，$q^{-1}y(k)=y(k-1)$，根据 z 变换的实位移定理，$Z\{y(k-1)\}=z^{-1}Y(z)$，$Z\{y(k-n)\}=z^{-n}Y(z)$。

若初值为0，则式(7.1.8)经 z 变换后可得

$$A(z^{-1})y(z)=z^{-d}B(z^{-1})u(z)+C(z^{-1})\omega(z) \tag{7.1.9}$$

由此可见，在意义不会混淆的场合，z^{-1} 和 q^{-1} 是可以互相替代的，式(7.1.9)即为随机离散系统的输入输出模型，其模型结构如图7.1.2所示。

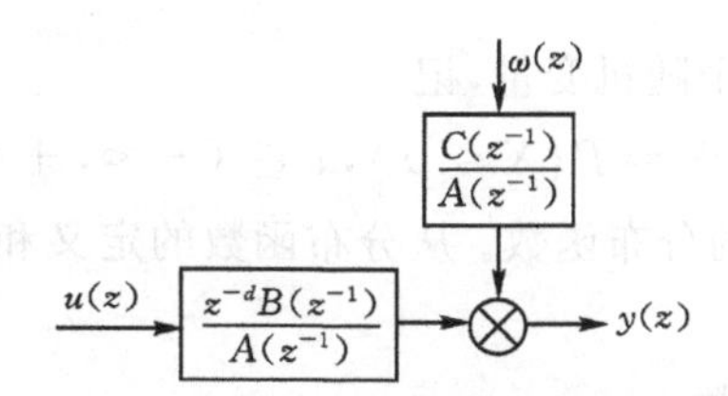

图7.1.2　随机离散系统的输入输出模型

随机离散系统也可描述为状态空间形式，假设离散系统采样周期为 T，则离散采样时刻为 $t_k=kT$，其中 $k=1,2,3,\cdots$ 表示离散采样序列，则线性随机系统的离散形式可以描述为

$$\boldsymbol{X}_k=\boldsymbol{\Phi}_{k,k-1}\boldsymbol{X}_{k-1}+\boldsymbol{B}_{k-1}\boldsymbol{U}_{k-1}+\boldsymbol{\Gamma}_{k-1}\boldsymbol{W}_{k-1} \tag{7.1.10}$$

$$\boldsymbol{Z}_k=\boldsymbol{H}_k\boldsymbol{X}_k+\boldsymbol{V}_k \tag{7.1.11}$$

式(7.1.10)为系统状态方程，式(7.1.11)为观测方程。设系统状态维度为 n，观测维度为 m，控制维度为 l，则，$\boldsymbol{X}_k=\boldsymbol{X}(k)\in\boldsymbol{R}^n$，为 k 时刻的状态向量，$\boldsymbol{\Phi}_{k,k-1}=\boldsymbol{\Phi}(k,k-1)\in\boldsymbol{R}^{n\times n}$，为一步状态转移矩阵，把 $k-1$ 时刻的状态转移到 k 时刻的状态，$\boldsymbol{B}_{k-1}=\boldsymbol{B}(k-1)\in\boldsymbol{R}^{n\times l}$，为控制矩阵，$\boldsymbol{U}_{k-1}=\boldsymbol{U}(k-1)\in\boldsymbol{R}^l$，为控制向量，$\boldsymbol{W}_{k-1}=\boldsymbol{W}(k-1)\in\boldsymbol{R}^l$，为状态噪声向量，$\boldsymbol{\Gamma}_{k-1}=\boldsymbol{\Gamma}(k-1)\in\boldsymbol{R}^{n\times l}$，为状态噪声加权矩阵，$\boldsymbol{Z}_k=\boldsymbol{Z}(k)\in\boldsymbol{R}^m$，为 k 时刻的观测向量，$m\leqslant n$，

$V_k = V(k) \in R^m$，为观测噪声向量，$H_k = H(k) \in R^{m\times n}$，为已知观测矩阵。为了分析简便，本章仅考虑线性时不变的随机系统的状态估计问题，则上述系统简化为线性时不变系统为

$$X_k = \Phi X_{k-1} + BU_{k-1} + \Gamma W_{k-1} \tag{7.1.12}$$

$$Z_k = HX_k + V_k \tag{7.1.13}$$

式中，$\Phi \in R^{n\times n}$，为状态转移矩阵；$B \in R^{n\times l}$，为控制矩阵；$H \in R^{m\times n}$，为观测矩阵；$\Gamma \in R^{n\times l}$，为状态噪声加权矩阵不随时间变化；$W_{k-1} \in R^l$，为状态噪声向量，$V_k \in R^m$，为观测噪声向量它们既可以为白噪声，也可以为有色噪声。利用随机状态空间模型可以方便地实现系统的状态反馈、最优控制、鲁棒控制，以及参考模型自适应控制。在很多情况下系统的状态通常是很难直接测量(观测) 的，因此需要对系统状态进行估计。然而，在随机系统描述中，由于状态通常是受到随机噪声污染的，即便是相同的初始条件，不同次的独立试验下系统的状态观测的值也会不同，因此需要利用概率统计的观点去看待状态观测问题，这就是估计理论研究的问题。

7.2 估计理论基础

由于随机系统的统计特性是有规律的，可以采用概率论与数理统计和随机过程等数学工具进行统计，以对随机系统进行描述，然后采用统计学的方法进行处理。为此，在对随机系统状态估计前，需要对随机变量、均值、方差、有偏估计、无偏估计等数理统计知识进行简要说明。

定义 7.2.1 设 E 为一随机试验，Ω 为它的样本空间，若 $X = X(\omega)$，$\omega \in \Omega$ 是定义在 Ω 上的一个单值实函数，且对任意实数 x，集合 $\{\omega \mid X(\omega) \leqslant x\}$ 都是随机事件，则称 X 为随机变量。

定义 7.2.2 设 X 为一个随机变量，记

$$F(x) = P\{X \leqslant x\}, x \in (-\infty, +\infty) \tag{7.2.1}$$

称 $F(x)$ 为随机变量 X 的分布函数。从分布函数的定义和概率的性质，可知 $F(x)$ 满足如下性质：

(1) $F(x)$ 是一个非降函数；

(2) 对任意实数 x，$0 \leqslant F(x) \leqslant 1$，且

$$F(-\infty) = \lim_{x\to-\infty} F(x) = 0; F(+\infty) = \lim_{x\to+\infty} F(x) = 1$$

(3) $F(x)$ 是右连续函数，即 $F(x+0) = F(x)$

定义 7.2.3 设随机变量 X 的分布函数为 $F(x)$，若存在非负可积函数 $f(x)$，使对于任意实数 x，有

$$F(x) = \int_{-\infty}^{x} f(t)\mathrm{d}t \tag{7.2.2}$$

则称 X 为连续型随机变量，称 $f(x)$ 为 X 的概率密度。且 $f(x)$ 具有如下性质：

(1) $f(x) \geqslant 0, -\infty < x < +\infty$；

(2) $\int_{-\infty}^{+\infty} f(x)\mathrm{d}x = 1$；

(3) 对任意实数 a,b,且 $a\leqslant b$ 有

$$P\{a<X\leqslant b\}=F(b)-F(a)=\int_a^b f(x)\mathrm{d}x$$

(4) 若 $f(x)$ 在点 x 处连续,则有 $F'(x)=f(x)$

随机变量的分布函数或概率密度函数能够较为完整地描述随机变量的统计特性,但在大多数情况下求解其概率密度函数或分布函数较为复杂,而且没有必要。一般利用随机过程中的数字特征就可简单快速地解决实际问题,同时满足应用的要求。随机过程的数字特征主要包括数学期望和方差等。

定义 7.2.4　设连续型随机变量 X 的概率密度为 $f(x)$,若积分 $\int_{-\infty}^{+\infty}xf(x)\mathrm{d}x$ 绝对收敛,则称 $\int_{-\infty}^{+\infty}xf(x)\mathrm{d}x$ 为随机变量 X 的数学期望,记为 $E(X)$,即

$$E(X)=\int_{-\infty}^{+\infty}xf(x)\mathrm{d}x \tag{7.2.3}$$

定义 7.2.5　设 X 为随机变量,若 $E\{[X-E(X)]^2\}$ 存在,则

$$D(X)=E\{[X-E(X)]^2\} \tag{7.2.4}$$

称为随机变量 X 的方差。

信号的估计理论在信号处理领域有广泛的应用,包括雷达系统、通信系统、语音信号处理系统、图像处理、生物医学、自动控制、地震学等。如在自动控制系统中,一个生产过程自动化系统,通过数据观测,实时估计产品参数,及时调整系统的工作状态和配料比例等,以保证产品质量;地震学中,基于来自不同油层和岩层的声音反射波的不同特性,可以估计地下油层的分布和位置等。在信号估计理论中,由于观测噪声的存在,所有的观测过程都是随机的离散时间过程,在这种情况下,我们只能对信号的特征做出尽可能精确的估计。由于对同一问题的同一未知信号参数,采用不同方法来构造估计量可能产生不同的结果。因此需要采用一些评价标准来评估估计量的好坏,评价估计量好坏的常用性能指标有无偏估计、一致估计、Cramer-Rao 不等式等。

定义 7.2.6　设 $\boldsymbol{x}\in\mathbb{R}^n$ 是一个未知参数向量,它的量测向量 $\boldsymbol{y}$ 的一组容量为 N 的样本是 $\{y_1,y_2,\cdots,y_N\}$,设对它的统计量为

$$\hat{\boldsymbol{x}}^{(N)}=\boldsymbol{\varphi}(y_1,y_2,\cdots,y_N) \tag{7.2.5}$$

称其为对 $\boldsymbol{x}$ 的一个估计量,其中 $\boldsymbol{\varphi}(\cdot)$ 称为统计规则或估计算法。

利用样本对参数的估计量本质上是随机的,而当样本值给定时所得到的参数估计值一般与真值并不相同,因而需要用某些准则进行评价。

定义 7.2.7　对于式(7.2.5),所得估计量如果满足

$$E(\hat{\boldsymbol{x}}^{(N)})=\boldsymbol{x} \tag{7.2.6}$$

则称 $\hat{\boldsymbol{x}}^{(N)}$ 是对参数 $\boldsymbol{x}$ 的一个无偏估计;如果满足

$$\lim_{n\to\infty}E(\hat{\boldsymbol{x}}^{(N)})=\boldsymbol{x} \tag{7.2.7}$$

则称 $\hat{\boldsymbol{x}}^{(N)}$ 是对参数 $\boldsymbol{x}$ 的一个渐近无偏估计。

【例题 7.2.1】 设 y 是任意随机变量,期望 $E(y)=m$,方差 $\mathrm{var}(y)=\sigma^2$;而 y 的一组容量为

N 的样本是$\{y_1,y_2,\cdots,y_N\}$,假定它们之间相互独立且同分布;设有它的两个统计量分别为

$$\hat{m}_N=\frac{1}{N}\sum_{i=1}^{N}y_i,\hat{\sigma}_N^2=\frac{1}{N}\sum_{i=1}^{N}y_i^2-\hat{m}_N^2$$

其中,$E(\hat{m}_N)=\frac{1}{N}\sum_{i=1}^{N}E(y_i)=\frac{1}{N}(N\cdot m)=m$,所以$\hat{m}_N$ 是 m 的一个无偏估计;而

$$E(\hat{\sigma}_N^2)=\frac{1}{N}\sum_{i=1}^{N}E(y_i^2)-E(\hat{m}_N^2)=E(y^2)-E(\hat{m}^2)=E(y^2)-E\left\{\left[\frac{1}{N}\sum_{i=1}^{N}y_i\right]^2\right\}$$

$$=E(y^2)-\frac{1}{N^2}E(\sum_{i=1}^{N}y_i^2+\sum_{i\neq j}^{N}y_iy_j)=E(y^2)-\frac{1}{N}E(y^2)-\frac{N-1}{N}m^2=\frac{N-1}{N}\sigma^2$$

所以$\hat{\sigma}_N^2$ 是σ^2 的一个渐近无偏估计。

定义 7.2.8 对于式(7.2.5)所得估计量如果依概率收敛于真值,即

$$\lim_{n\to\infty}\hat{\boldsymbol{x}}^{(N)}\xrightarrow{P}\boldsymbol{x}\tag{7.2.8}$$

则称$\hat{\boldsymbol{x}}^{(N)}$ 是对参数 $\boldsymbol{x}$ 的一个一致估计量。

定理(Cramer-Rao **不等式**) 设$\hat{\boldsymbol{x}}^{(N)}$ 是参数的一个正规无偏估计,则其估计误差的协方差阵满足如下 Cramer-Rao 不等式

$$\mathrm{cov}(\tilde{\boldsymbol{x}})\triangleq\boldsymbol{E}(\tilde{\boldsymbol{x}}\tilde{\boldsymbol{x}}^{\mathrm{T}})\geqslant\boldsymbol{M}_x^{-1}\tag{7.2.9}$$

其中$\tilde{\boldsymbol{x}}\triangleq\hat{\boldsymbol{x}}^{(N)}-\boldsymbol{x}$ 是估计误差,而 $\boldsymbol{M}_x$ 是 Fisher 信息矩阵(注意标量对向量求导取行向量),定义为

$$\boldsymbol{M}_x\triangleq E\left\{\left[\frac{\partial\lg p(\boldsymbol{y}\mid\boldsymbol{x})}{\partial\boldsymbol{x}}\right]^{\mathrm{T}}\left[\frac{\partial\lg p(\boldsymbol{y}\mid\boldsymbol{x})}{\partial\boldsymbol{x}}\right]\right\}\tag{7.2.10}$$

其中 $p(\boldsymbol{y}\mid\boldsymbol{x})$ 是给定 $\boldsymbol{x}$ 时 $\boldsymbol{y}$ 的条件概率密度函数。证明:略。

随机系统估计理论的应用主要包含两类:其一,信号(状态)估计,主要解决如何从被污染的观测信号中,尽可能充分地滤除干扰噪声的影响,从而获得真实信号(状态)的最优估计,即从 $y=kx+v$ 中估计出信号(状态)x。其二,系统辨识,主要解决如何从被污染的输入、输出信号中,最大可能建立系统的精确模型,系统辨识有时候与系统参数估计等价,即在已知系统结构的前提下,利用输入输出数据求解系统的参数。

随机系统参数估计常用方法有维纳滤波法、最小二乘法、卡尔曼滤波法等。下面将重点介绍其中几类典型的参数估计方法。

7.3 维纳滤波估计

维纳滤波是实现从噪声中提取信号,完成信号估计的线性最佳估计方法之一,它是在第二次世界大战期间,由于军事需要由维纳提出的。维纳滤波需要设计滤波器,其求解要求知道随机信号的统计特性,该方法简单易行,物理概念清晰,具有一定的工程实用价值,可应用于平稳信号的实时处理。

1. 经典维纳滤波

对于一个状态空间描述的系统,假设仅有观测噪声,则实际观测信号 $z(n)$ 为

$$z(n)=x(n)+v(n) \tag{7.3.1}$$

其中，$x(n)$ 为期望得到的有用信号，$v(n)$ 为观测噪声，利用维纳滤波我们可以估计 $x(n)$，$x(n+\alpha)(\alpha>0)$，$x(n-\alpha)(\alpha>0)$ 及 $x(n)$ 的导数 $\dot{x}(n)$ 等信号的波形。滤波器的目的即为根据观测信号 $z(n)$，按照线性最小均方误差准则，对 $x(n)$ 进行估计，以获得波形估计结果 $\hat{x}(n)$。

设 $z(n)$ 和 $x(n)$ 都是零均值的平稳随机过程，则 $x(n)$ 的最佳线性估计 $\hat{x}(n)$ 可以表示为

$$\hat{x}(n)=\sum_{m=0}^{+\infty}w(m)z(n-m) \tag{7.3.2}$$

其中，$w(m)$ 为滤波器的权值系数（脉冲响应）。用 $e(n)$ 表示真值和估计值间的误差

$$e(n)=x(n)-\hat{x}(n) \tag{7.3.3}$$

显然 $e(n)$ 为随机变量，结合式(7.3.3)，均方误差可表示为

$$E[e^2(n)]=E[(x(n)-\hat{x}(n))^2]=E\Big[\Big(x(n)-\sum_{m=0}^{+\infty}w(m)z(n-m)\Big)^2\Big] \tag{7.3.4}$$

为了使均方误差达到最小，将式(7.3.4)对各个 $w(m)$，$m=0,1,2,\cdots$ 求梯度，并令结果等于零，得

$$E\Big[\Big(x(n)-\sum_{m=0}^{+\infty}w_{\mathrm{opt}}(m)z(n-m)\Big)z(n-j)\Big]=0\ (j=0,1,2,\cdots) \tag{7.3.5}$$

即

$$E[x(n)z(n-\eta)]=\sum_{m=0}^{+\infty}w_{\mathrm{opt}}(m)E[z(n-m)z(n-\eta)]\eta\geqslant 0 \tag{7.3.6}$$

用相关函数 R 来表达上式，得

$$R_{xz}(\eta)=\sum_{m=0}^{+\infty}w_{\mathrm{opt}}(m)R_z(\eta-m)\eta\geqslant 0 \tag{7.3.7}$$

上述内容从相关函数的角度定义了最优滤波器系数。式(7.3.7)就是离散随机信号的维纳-霍夫(Wiener-Hopf)方程，由该方程解出的 $w(m)$ 就是满足线性最小均方误差准则的离散随机信号的维纳滤波器权值系数 $w_{\mathrm{opt}}(m)$。因为有 $m\geqslant 0$ 的限制，所以求解得到的是物理可实现的(因果的)滤波器的单位脉冲响应。

利用维纳-霍夫方程设计出因果的离散随机信号维纳滤波器，滤波器的单位脉冲响应 $w(m)$ 是无限长的因果序列，这种滤波器的实现和应用显然是非常困难的。因此通常采用逼近的方法来设计离散随机信号的维纳滤波器。设滤波器的输入离散随机信号是长度为 N 的有限长序列 $z(n)(n=0,1,2,\cdots,N-1)$，则选择长度为 $M(M\geqslant N)$ 的有限长序列 $w(m)$ $(0\leqslant m\leqslant M-1)$ 作为滤波器的单位脉冲响应，并按最小均方误差准则求的解，得到的结果 $w(m)$ 就是离散随机信号维纳滤波器的 $w(m)(0\leqslant m<\infty)$ 的时域近似解，则式(7.3.7)可表达为如下矩阵形式

$$\boldsymbol{p}=\boldsymbol{R}\boldsymbol{w} \tag{7.3.8}$$

式中 $\boldsymbol{R}=E[\boldsymbol{z}(n)\boldsymbol{z}^{\mathrm{T}}(n)]$ 为输入随机信号 $z(n)(n=0,1,2,\cdots,N-1)$ 构成的随机信号矢量 $\boldsymbol{z}=(z_0,z_1,\cdots,z_{N-1})^{\mathrm{T}}$ 的自相关矩阵，是 $N\times N$ 的对称阵；$\boldsymbol{p}=E[\boldsymbol{z}(n)y(n)]$ 为输入随机信号矢量 $\boldsymbol{z}$ 与被估信号 $y(n)$ 的互相关矩阵。

如果自相关矩阵 $\boldsymbol{R}$ 非奇异，则维纳滤波器的脉冲响应 $\boldsymbol{w}_{\text{opt}}$ 有：

$$\boldsymbol{w}_{\text{opt}} = \boldsymbol{R}^{-1}\boldsymbol{p} \tag{7.3.9}$$

采用这种有限长的因果序列来逼近设计维纳滤波器，显然滤波器的滤波精度与参数 M 的大小有关。因此在滤波器的结构复杂度和运算时间允许的前提下，应尽可能取较长的滤波器的单位脉冲响应，更好地逼近理论上的维纳滤波器，以获得较高的估计精度。

从上述公式推导可以看出，直接求解维纳-霍夫方程是一件非常困难的事情，它要求预先知道输入信号的自相关函数，以及输入信号与输出信号的互相关函数，而自适应滤波器本身即是处理输入信号统计特性未知的系统，因此，维纳-霍夫方程只是给出了理论上的最佳解，难以在实际工程中应用。最陡下降算法为解决维纳滤波器的工程应用问题提供了解决思路，本节接下来的内容将利用最陡下降算法对有限长度(长度为 M) 维纳滤波器进行递推求解。

首先对式(7.3.4) 中的均方误差利用矩阵的形式重新定义，即均方误差 $J(\boldsymbol{w})$ 可表示为

$$\begin{aligned} J(\boldsymbol{w}) &= E[e^2(n)] = E\{[x(n) - \boldsymbol{w}^{\mathrm{T}}\boldsymbol{z}(n)][x(n) - \boldsymbol{w}^{\mathrm{T}}\boldsymbol{z}(n)]^{\mathrm{T}}\} \\ &= E[x^2(n)] - E[x(n)\boldsymbol{z}^{\mathrm{T}}(n)]\boldsymbol{w} - \boldsymbol{w}^{\mathrm{T}}E[\boldsymbol{z}(n)x(n)] + \boldsymbol{w}^{\mathrm{T}}E[\boldsymbol{z}(n)\boldsymbol{z}^{\mathrm{T}}(n)]\boldsymbol{w} \end{aligned} \tag{7.3.10}$$

式中，$\boldsymbol{w} = [w_0, w_1, \cdots, w_{M-1}]^{\mathrm{T}}$，第 n 时刻的随机输入矢量 $\boldsymbol{z}(n) = [z(n), z(n-1), \cdots, z(n-M+1)]^{\mathrm{T}}$。

由 $\boldsymbol{R} = E[\boldsymbol{z}(n)\boldsymbol{z}^{\mathrm{T}}(n)]$，$\boldsymbol{p} = E[\boldsymbol{z}(n)x(n)]$，得

$$J(\boldsymbol{w}) = \sigma_y^2 - \boldsymbol{p}^{\mathrm{T}}\boldsymbol{w} - \boldsymbol{w}^{\mathrm{T}}\boldsymbol{p} + \boldsymbol{w}^{\mathrm{T}}\boldsymbol{R}\boldsymbol{w} \tag{7.3.11}$$

若假设期望响应 $y(n)$ 的均值为零，则其方差 $\sigma_y^2 = E[x^2(n)]$，将式(7.3.9) 代入式(7.3.10) 得

$$\begin{aligned} J_{\min} = J(\boldsymbol{w}_{\text{opt}}) &= \sigma_y^2 - \boldsymbol{p}^{\mathrm{T}}\boldsymbol{w} - \boldsymbol{w}^{\mathrm{T}}\boldsymbol{p} + \boldsymbol{w}^{\mathrm{T}}\boldsymbol{R}\boldsymbol{w} \\ &= \sigma_y^2 - \boldsymbol{p}^{\mathrm{T}}\boldsymbol{R}^{-1}\boldsymbol{p} \end{aligned} \tag{7.3.12}$$

假设在第 n 时刻，已得到滤波器的权值矢量 $\boldsymbol{w}(n)$ 和对应的均方误差 $J(\boldsymbol{w}(n))$，$n+1$ 时刻的权值矢量 $\boldsymbol{w}(n+1)$ 表示为 $\boldsymbol{w}(n)$ 与某个微小修正矢量 $\Delta\boldsymbol{w}$ 之和，即

$$\boldsymbol{w}(n+1) = \boldsymbol{w}(n) + \Delta\boldsymbol{w} \tag{7.3.13}$$

由于 $J(\boldsymbol{w}(n))$ 是一个二次函数，其最快下降方向为负梯度方向，为使 $n+1$ 时刻的权值向量 $\boldsymbol{w}(n+1)$ 更快地收敛至最优解，修正量 $\Delta\boldsymbol{w}$ 应满足

$$\Delta\boldsymbol{w} = -\frac{1}{2}\mu\,\nabla J(\boldsymbol{w}(n)) \tag{7.3.14}$$

式中，$\nabla J(\boldsymbol{w}(n))$ 为均方误差 $J(\boldsymbol{w}(n))$ 的梯度，μ 为步长参数或步长因子，用来调整算法的迭代速度。由式(7.3.11) 可得

$$\nabla J(\boldsymbol{w}(n)) = \frac{\partial}{\partial \boldsymbol{w}}[J(\boldsymbol{w}(n))] = -2\boldsymbol{p} + 2\boldsymbol{R}\boldsymbol{w}(n) \tag{7.3.15}$$

令 $\nabla J(\boldsymbol{w}) = 0$，可得式(7.3.8) 所述的维纳-霍夫(Wiener-Hoff) 方程。

将式(7.3.14) 和式(7.3.15) 代入式(7.3.13) 可得

$$\boldsymbol{w}(n+1) = \boldsymbol{w}(n) - \frac{1}{2}\mu\,\nabla J(\boldsymbol{w}(n)) = \boldsymbol{w}(n) + \mu(\boldsymbol{p} - \boldsymbol{R}\boldsymbol{w}(n)) \tag{7.3.16}$$

由于梯度矢量 $\nabla J(\boldsymbol{w}(n))$ 是使均方误差 $J(\boldsymbol{w}(n))$ 向其极小值减小最快的方向，因此式

(7.3.16) 被称为最速下降法，该方法是维纳滤波的一种常用的递推求解方法。通过选取迭代步长 μ，随着递推次数 n 的增加，均方误差 $J(\boldsymbol{w}(n))$ 逐渐减小，当 $n \to \infty$ 时，均方误差 $J(\boldsymbol{w}(n))$ 收敛到最小值，此时的权值矢量 $\boldsymbol{w}(n)$ 即为维纳-霍夫方程的理论最优解。

最速下降法以迭代的方式求解维纳-霍夫方程，其设计准则是使均方误差的期望最小，需要所处理信号统计特性的先验知识，实现该算法必须事先知道输入信号的互相关矩阵 $\boldsymbol{p}$ 和自相关矩阵 $\boldsymbol{R}$，其实际上属于一种对输入信号的批处理方法，在迭代计算过程中与输入信号随时间的变化无关，不具有对输入信号统计特性变化的自适应性。此外如果描述随机信号的联合概率分布函数或密度函数未知，这种滤波器设计方法就难以实现了。

2. 自适应 LMS 滤波

在实时信号处理中，往往希望滤波器在实现滤波、平滑和预测等过程中，能够跟踪和适应系统参数或环境的动态变化，这就需要滤波器参数能够随时间实时更新。为实现这一目的，威德罗和霍夫(1960) 指出，与其利用梯度的平均估计间断更新滤波器系数，不如在采样时利用梯度的瞬时估计更新梯度(所谓的统计梯度)，利用瞬时误差对滤波器系数进行求解，更新量等于瞬时误差对滤波器系数的导数，即

$$\begin{aligned}\frac{\partial}{\partial \boldsymbol{w}}[e^2(n)] &= \frac{\partial}{\partial \boldsymbol{w}}\{[x(n)-\boldsymbol{w}^{\mathrm{T}}\boldsymbol{z}(n)][x(n)-\boldsymbol{w}^{\mathrm{T}}\boldsymbol{z}(n)]^{\mathrm{T}}\}\\ &= -2\boldsymbol{z}(n)[x(n)-\boldsymbol{w}^{\mathrm{T}}\boldsymbol{z}(n)] = -2\boldsymbol{z}(n)e(n)\end{aligned} \tag{7.3.17}$$

将式(7.3.17) 代入式(7.3.13)，则自适应算法为

$$\boldsymbol{w}(n+1) = \boldsymbol{w}(n) + \mu\boldsymbol{z}(n)e(n) \tag{7.3.18}$$

式(7.3.18) 即为著名的 LMS 算法。

LMS 算法具有简单、易于实现、适用范围广；不依赖模型，算法具有鲁棒性等优点，被广泛应用于各个领域，如自适应电子噪声消除、自适应建模与反演、自适应聚束等(威德罗和斯特恩斯，1985)。但是其也有缺点，如算法收敛速度慢，步长参数的选取没有固定规则可循，且直接影响滤波器的特性。为改进 LMS 算法性能，许多变种被提出，如变换域的 LMS 算法、变步长的 LMS 算法、改进梯度估计的 LMS 算法、滑动窗 LMS 算法、指数遗忘窗 LMS 算法和对输入数据进行预处理的 LMS 算法(解相关、白化处理) 等，但是这些算法都是以增加算法的计算复杂度为代价的。

【例题 7.3.1】给定一个由如下差分方程给出的 FIR 系统

$$y(k) = 1.5x(k) + 1.1x(k-1) + 0.4x(k-2) + v(k)$$

式中，$v(k)$ 是方差为 $\sigma^2 = 0.1$ 的白噪声，试利用维纳滤波和 LMS 算法估计系统参数。

【解】

(1) 利用维纳滤波求解。

根据题中系统形式，可以看出系统是由 3 个抽头延时线性级联而成，设系统参数为 $\boldsymbol{w} = [w_1, w_2, w_3]^{\mathrm{T}}$。假设我们利用长度为 M 的信号来进行估计，第一级抽头其输入为 $[x(k), \cdots, x(k-M+1)]$，第二级抽头输入为 $[x(k-1), \cdots, x(k-M)]$，第三级抽头输入为 $[x(k-2), \cdots, x(k-M-1)]$。设系统输入输出已知，维纳滤波器输入信号矩阵可表示为

$$\boldsymbol{X}(k)=\begin{bmatrix} x(k) & x(k-1) & \cdots & x(k-M+1) \\ x(k-1) & x(k-2) & \cdots & x(k-M) \\ x(k-2) & x(k-3) & \cdots & x(k-M-1) \end{bmatrix}$$

其对应的系统输出为$\boldsymbol{Y}(k)=[y(k)\quad y(k-1)\quad \cdots \quad y(k-M-1)]$。由维纳滤波器输入信号，系统自相关矩阵可表示为$\boldsymbol{R}=\boldsymbol{X}(k)\boldsymbol{X}(k)^{\mathrm{T}}$，系统互相关矩阵表示为$\boldsymbol{P}=\boldsymbol{X}(k)\boldsymbol{Y}^{\mathrm{T}}$，基于此维纳滤波求解的系统最优参数可表示为$\hat{w}_{\mathrm{opt}}=\boldsymbol{R}^{-1}\boldsymbol{P}$。采用MATLAB对上述求解过程进行仿真，计算可得系统参数最优估计$\hat{w}_{\mathrm{opt}}=[1.5205\ 1.1012\ 0.4002]^{\mathrm{T}}$，参数估计结果的均方误差为$\mathrm{MSE}=1.36\times10^{-5}$，与原系统参数基本一致。采用正弦信号作为测试信号，验证维纳滤波系统参数估计结果的准确性，系统的理论输出、估计输出和估计误差如图7.3.1所示。

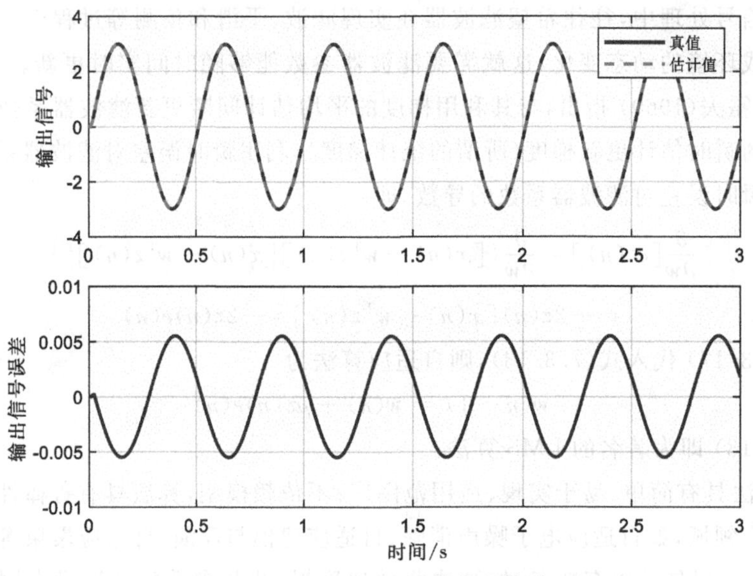

图7.3.1　维纳滤波系统信号估计

可以看出维纳滤波利用滤波器输出信号与期望响应信号间的均方误差最小化的优化准则求解系统参数，这种方式计算结果取决于选用数据量的大小，即$\boldsymbol{M}$取值的大小，$\boldsymbol{M}$越大，计算结果越准确，但相应的矩阵维度增加，计算代价也就增大。

(2) 利用LMS算法递推求解。

设系统参数$\boldsymbol{w}=[w_1,w_2,w_3]^{\mathrm{T}}$，设定LMS算法步长因子$\mu=0.05$，选择方差为1的白噪声作为输入信号$x(k)$。不同于批处理求解的维纳滤波，LMS算法的系统输入为$\boldsymbol{X}(k)=[x(k)\quad x(k-1)\quad x(k-2)]^{\mathrm{T}}$，设定系统参数初值$\boldsymbol{w}(0)=0$，系统$k$时刻的估计输出可表示为$y(k)=\boldsymbol{w}^{\mathrm{T}}(k)\boldsymbol{x}(k)$，系统实际输出$d(k)$与估计输出$y(k)$间的误差(先验误差)为$e(k)=d(k)-y(k)$，LMS算法权值更新公式为$\boldsymbol{w}(k+1)=\boldsymbol{w}(k+1)+\mu e(k)\boldsymbol{x}(k)$。当系统权值估计值收敛到某一确定值时，则认为完成系统参数估计，此时对应的系统参数估计值即为LMS算法对应的最优系统参数$\hat{\boldsymbol{w}}_{\mathrm{opt}}$。利用LMS算法估计系统参数的仿真结果如图7.3.2(a)所示，稳态情况下系统参数估计结果的均值为$\hat{\boldsymbol{w}}_{\mathrm{opt}}=[1.5005\ 1.0869\ 0.4387]^{\mathrm{T}}$，每个系统参数对应的均方误差为$\mathrm{MSE}=[0.0023\ 0.0025\ 0.0041]^{\mathrm{T}}$，与原系统参数基本一致。采用正弦

信号作为测试信号，验证系统参数估计结果的准确性，系统的理论输出、估计输出和估计误差如图 7.3.2(b) 所示。

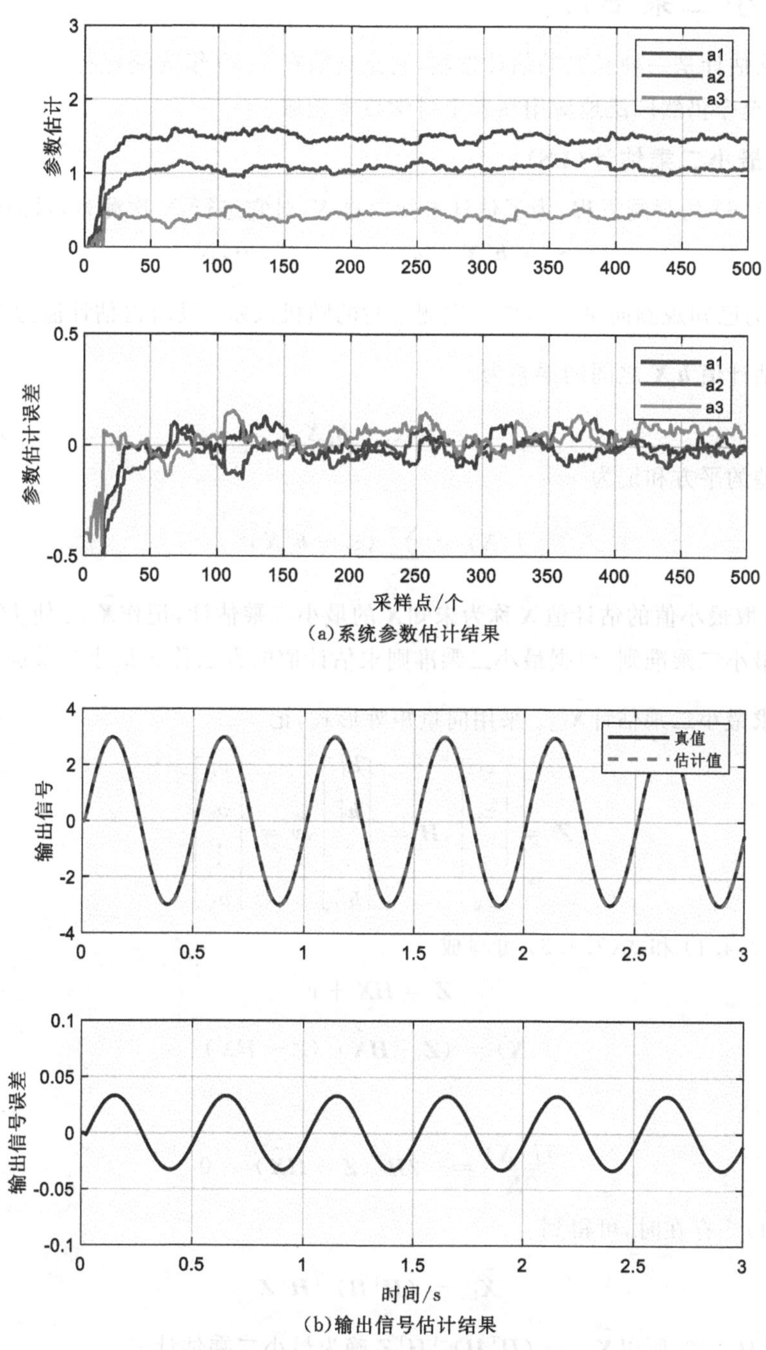

(a)系统参数估计结果

(b)输出信号估计结果

图 7.3.2　LMS 算法系统参数估计

从上述求解过程可以看出，不同于维纳滤波算法，LMS 算法是采用估计输出与期望响应间的误差代替均方误差进行系统参数的迭代求解，可在保证计算结果准确性的情况下，降低计算代价。

7.4 最小二乘估计

最小二乘估计是一种经典的估计方法，它是高斯在1795年为测定行星轨道而提出的参数估计算法，至今仍然广泛地应用在各个科学技术领域。

1. 经典最小二乘估计(LS)

考虑(7.1.6)的观测方程，为了估计未知向量 $\boldsymbol{X}$，对它进行 N 次测量，量测值为

$$z_i = \boldsymbol{h}_i^{\mathrm{T}}\boldsymbol{X} + v_i, \quad i = 1,2,\cdots,N \tag{7.4.1}$$

式中，$\boldsymbol{h}_i$ 为已知观测向量；v_i 为第 i 次测量时的随机误差。设所得估计值为 $\hat{\boldsymbol{X}}$，则第 i 次量测值与相应估计值 $\boldsymbol{h}_i\hat{\boldsymbol{X}}$ 之间的误差为

$$\hat{e}_i = z_i - \boldsymbol{h}_i^{\mathrm{T}}\hat{\boldsymbol{X}} \tag{7.4.2}$$

将此误差的平方和记为

$$J(\hat{\boldsymbol{X}}) = \sum_{i=1}^{N}(z_i - \boldsymbol{h}_i^{\mathrm{T}}\hat{\boldsymbol{X}})^2 \tag{7.4.3}$$

使 $J(\hat{\boldsymbol{X}})$ 取最小值的估计值 $\hat{\boldsymbol{X}}$ 称为未知 $\boldsymbol{X}$ 的最小二乘估计，记作 $\hat{\boldsymbol{X}}_{\mathrm{LS}}$。使 $J(\hat{\boldsymbol{X}})$ 取最小值的准则称为最小二乘准则，根据最小二乘准则求估计值的方法称为最小二乘法。

下面来求最小二乘估计 $\hat{\boldsymbol{X}}_{\mathrm{LS}}$。采用向量矩阵形式，记

$$\boldsymbol{Z} = \begin{bmatrix} z_1 \\ z_2 \\ \vdots \\ z_N \end{bmatrix}, \boldsymbol{H} = \begin{bmatrix} \boldsymbol{h}_1^{\mathrm{T}} \\ \boldsymbol{h}_2^{\mathrm{T}} \\ \vdots \\ \boldsymbol{h}_N^{\mathrm{T}} \end{bmatrix}, \boldsymbol{v} = \begin{bmatrix} v_1 \\ v_2 \\ \vdots \\ v_N \end{bmatrix} \tag{7.4.4}$$

方程式(7.4.1)和式(7.4.3)可写成

$$\boldsymbol{Z} = \boldsymbol{H}\boldsymbol{X} + \boldsymbol{v} \tag{7.4.5}$$

$$J(\hat{\boldsymbol{X}}) = (\boldsymbol{Z} - \boldsymbol{H}\hat{\boldsymbol{X}})^{\mathrm{T}}(\boldsymbol{Z} - \boldsymbol{H}\hat{\boldsymbol{X}}) \tag{7.4.6}$$

令

$$\frac{\partial J(\hat{\boldsymbol{X}})}{\partial \boldsymbol{X}} = -2\boldsymbol{H}^{\mathrm{T}}(\boldsymbol{Z} - \boldsymbol{H}\hat{\boldsymbol{X}}) = 0 \tag{7.4.7}$$

当 $(\boldsymbol{H}^{\mathrm{T}}\boldsymbol{H})^{-1}$ 存在时，可得到

$$\hat{\boldsymbol{X}}_{\mathrm{LS}} = (\boldsymbol{H}^{\mathrm{T}}\boldsymbol{H})^{-1}\boldsymbol{H}^{\mathrm{T}}\boldsymbol{Z} \tag{7.4.8}$$

由于 $\boldsymbol{H}^{\mathrm{T}}\boldsymbol{H} > 0$，所以 $\hat{\boldsymbol{X}}_{\mathrm{LS}} = (\boldsymbol{H}^{\mathrm{T}}\boldsymbol{H})^{-1}\boldsymbol{H}^{\mathrm{T}}\boldsymbol{Z}$ 确为最小二乘估计。

【例题 7.4.1】 根据对二维向量 $\boldsymbol{X}$ 的两次观测：

$$\boldsymbol{Z}_1 = \begin{bmatrix} 2 \\ 1 \end{bmatrix} = \begin{bmatrix} 1 & 1 \\ 0 & 1 \end{bmatrix}\boldsymbol{x} + \boldsymbol{v}_1$$

$$Z_2 = 4 = \begin{bmatrix} 1 & 2 \end{bmatrix}\boldsymbol{x} + v_2$$

求 $\boldsymbol{x}$ 的最小二乘估计。

【解】 采用记号

$$\boldsymbol{Z}=\begin{bmatrix}\boldsymbol{Z}_1\\ \boldsymbol{Z}_2\end{bmatrix}=\begin{bmatrix}2\\1\\4\end{bmatrix},\quad \boldsymbol{H}=\begin{bmatrix}\boldsymbol{H}_1\\ \boldsymbol{H}_2\end{bmatrix}=\begin{bmatrix}1&1\\0&1\\1&2\end{bmatrix},\quad \boldsymbol{v}=\begin{bmatrix}v_1\\ v_2\end{bmatrix}$$

则可将两个观测方程合成一个观测方程

$$\begin{bmatrix}2\\1\\4\end{bmatrix}=\begin{bmatrix}1&1\\0&1\\1&2\end{bmatrix}\boldsymbol{x}+\boldsymbol{v}$$

这里，矩阵 $\boldsymbol{H}$ 的秩为 2，$(\boldsymbol{H}^{\mathrm{T}}\boldsymbol{H})^{-1}$ 存在。利用式(7.4.8)可求得

$$\hat{\boldsymbol{x}}_{\mathrm{LS}}=\left\{\begin{bmatrix}1&0&1\\1&1&2\end{bmatrix}\begin{bmatrix}1&1\\0&1\\1&2\end{bmatrix}\right\}^{-1}\begin{bmatrix}1&0&1\\1&1&2\end{bmatrix}\begin{bmatrix}2\\1\\4\end{bmatrix}=\begin{bmatrix}2&3\\3&6\end{bmatrix}^{-1}\begin{bmatrix}6\\11\end{bmatrix}=\begin{bmatrix}1\\4/3\end{bmatrix}$$

2. 递推最小二乘估计(RLS)

如果直接按式(7.4.8)来获得线性最小二乘估计量，主要存在两个问题。一是每进行一次观测，需要利用过去的全部观测数据重新进行计算，比较麻烦；二是估计量的计算中需要完成矩阵求逆，且矩阵的阶数随观测次数的增加而提高，这样会遇到高阶矩阵求逆的困难。所以，我们希望寻求一种递推算法，即利用前一次的估计结果和本次的观测值，经过适当运算，获得当前的估计值。这种估计方法通常称为线性最小二乘递推估计。

假设进行了 $i-1$ 次观测，为强调观测次数 $i-1$，采用如下记号：

$$\boldsymbol{Z}_{i-1}=\begin{bmatrix}z_1\\z_2\\ \vdots\\ z_{i-1}\end{bmatrix},\boldsymbol{H}_{i-1}=\begin{bmatrix}\boldsymbol{h}_1^{\mathrm{T}}\\ \boldsymbol{h}_2^{\mathrm{T}}\\ \vdots\\ \boldsymbol{h}_{i-1}^{\mathrm{T}}\end{bmatrix},\boldsymbol{v}_{i-1}=\begin{bmatrix}v_1\\v_2\\ \vdots\\ v_{i-1}\end{bmatrix}\tag{7.4.9}$$

这样，前 $i-1$ 次观测方程可以写为矩阵形式，即

$$\boldsymbol{Z}_{i-1}=\boldsymbol{H}_{i-1}\boldsymbol{X}+\boldsymbol{v}_{i-1}\tag{7.4.10}$$

则由式(7.4.8)得前 $i-1$ 次观测的线性最小二乘估计 $\hat{\boldsymbol{X}}_{\mathrm{LS}(i-1)}$ 为

$$\hat{\boldsymbol{X}}_{\mathrm{LS}(i-1)}=[\boldsymbol{H}_{i-1}^{\mathrm{T}}\boldsymbol{H}_{i-1}]^{-1}\boldsymbol{H}_{i-1}^{\mathrm{T}}\boldsymbol{Z}_{i-1}\tag{7.4.11}$$

现在假设又进行了第 i 次观测获得第 i 个状态方程，即

$$z_i=\boldsymbol{h}_i^{\mathrm{T}}\boldsymbol{X}+v_i\tag{7.4.12}$$

则前 i 次观测的线性观测方程可写为

$$\boldsymbol{Z}_i=\boldsymbol{H}_i\boldsymbol{X}+\boldsymbol{v}_i\tag{7.4.13}$$

式中，

$$\boldsymbol{Z}_i=\begin{bmatrix}\boldsymbol{Z}_{i-1}\\ z_i\end{bmatrix},\boldsymbol{H}_i=\begin{bmatrix}\boldsymbol{H}_{i-1}\\ \boldsymbol{h}_i^{\mathrm{T}}\end{bmatrix},\boldsymbol{v}(i)=\begin{bmatrix}\boldsymbol{v}_{i-1}\\ v_i\end{bmatrix}\tag{7.4.14}$$

则由式(7.4.8)得前 i 次观测的线性最小二乘估计$\hat{\boldsymbol{X}}_{LS(i)}$ 为

$$\hat{X}_{LS(i)} = [\boldsymbol{H}_i^T \boldsymbol{H}_i]^{-1} \boldsymbol{H}_i^T \boldsymbol{Z}_i \tag{7.4.15}$$

那么我们能否用$\hat{\boldsymbol{X}}_{LS(i-1)}$ 来导出$\hat{\boldsymbol{X}}_{LS(i)}$ 呢?为导出递推估计的公式,定义

$$\boldsymbol{M}_{i-1} = [\boldsymbol{H}_{i-1}^T \boldsymbol{H}_{i-1}]^{-1} \tag{7.4.16}$$

并记

$$\hat{\boldsymbol{X}}_{i-1} = \hat{\boldsymbol{X}}_{LS(i-1)} \tag{7.4.17}$$

则有

$$\hat{\boldsymbol{X}}_{i-1} = \boldsymbol{M}_{i-1} \boldsymbol{H}_{i-1}^T \boldsymbol{Z}_{i-1} \tag{7.4.18}$$

$$\hat{\boldsymbol{X}}_i = \boldsymbol{M}_i \boldsymbol{H}_i^T \boldsymbol{Z}_i \tag{7.4.19}$$

式中

$$\boldsymbol{M}_i = [\boldsymbol{H}_i^T \boldsymbol{H}_i]^{-1} = \left([\boldsymbol{H}_{i-1}^T \quad \boldsymbol{h}_i] \begin{bmatrix} \boldsymbol{H}_{i-1} \\ \boldsymbol{h}_i^T \end{bmatrix} \right)^{-1} = [\boldsymbol{M}_{i-1}^{-1} + \boldsymbol{h}_i \boldsymbol{h}_i^T]^{-1} \tag{7.4.20}$$

在求解$\boldsymbol{M}_i$之前,我们首先引入矩阵求逆引理,设$\boldsymbol{A}$、$(\boldsymbol{A}+\boldsymbol{BC})$和$(\boldsymbol{I}+\boldsymbol{CA}^{-1}\boldsymbol{B})$均为非奇异方阵,则

$$(\boldsymbol{A}+\boldsymbol{BC})^{-1} = \boldsymbol{A}^{-1} - \boldsymbol{A}^{-1}\boldsymbol{B}(\boldsymbol{I}+\boldsymbol{CA}^{-1}\boldsymbol{B})^{-1}\boldsymbol{CA}^{-1} \tag{7.4.21}$$

证明:略

利用式(7.4.21)矩阵求逆引理,$\boldsymbol{M}_i$ 可表示为

$$\boldsymbol{M}_i = \boldsymbol{M}_{i-1} - \boldsymbol{M}_{i-1}\boldsymbol{h}_i (\boldsymbol{h}_i^T \boldsymbol{M}_{i-1} \boldsymbol{h}_i + \boldsymbol{I})^{-1} \boldsymbol{h}_i^T \boldsymbol{M}_{i-1} \tag{7.4.22}$$

我们能够利用第$i-1$次的估计矢量$\hat{\boldsymbol{X}}_{i-1}$ 和第i次的观测值z_i,来获得第i次的估计值$\hat{\boldsymbol{X}}_i$。为此将式(7.4.19)写成

$$\hat{\boldsymbol{X}}_i = \boldsymbol{M}_i \boldsymbol{H}_i^T \boldsymbol{Z}_i = \boldsymbol{M}_i [\boldsymbol{H}_{i-1}^T \quad \boldsymbol{h}_i] \begin{bmatrix} \boldsymbol{Z}_{i-1} \\ z_i \end{bmatrix} = \boldsymbol{M}_i [\boldsymbol{H}_{i-1}^T \boldsymbol{Z}_{i-1} + \boldsymbol{h}_i z_i] \tag{7.4.23}$$

现研究式(7.4.23)右端第一项。将式(7.4.18)两端同乘 $\boldsymbol{M}_i \boldsymbol{M}_{i-1}^{-1}$,得

$$\boldsymbol{M}_i \boldsymbol{M}_{i-1}^{-1} \hat{\boldsymbol{X}}_{i-1} = \boldsymbol{M}_i \boldsymbol{H}_{i-1}^T \boldsymbol{Z}_{i-1} \tag{7.4.24}$$

而由式(7.4.20)可得

$$\boldsymbol{M}_{i-1}^{-1} = \boldsymbol{M}_i^{-1} - \boldsymbol{h}_i \boldsymbol{h}_i^T \tag{7.4.25}$$

将其代入(7.4.24),得

$$\boldsymbol{M}_i \boldsymbol{H}_{i-1}^T \boldsymbol{Z}_{i-1} = \boldsymbol{M}_i (\boldsymbol{M}_i^{-1} - \boldsymbol{h}_i \boldsymbol{h}_i^T) \hat{\boldsymbol{X}}_{i-1} = \hat{\boldsymbol{X}}_{i-1} - \boldsymbol{M}_i \boldsymbol{h}_i \boldsymbol{h}_i^T \hat{\boldsymbol{X}}_{i-1} \tag{7.4.26}$$

将上式代入(7.4.23),并稍加整理,则有

$$\hat{\boldsymbol{X}}_i = \hat{\boldsymbol{X}}_{i-1} + \boldsymbol{M}_i \boldsymbol{h}_i (z_i - \boldsymbol{h}_i^T \hat{\boldsymbol{X}}_{i-1}) \tag{7.4.27}$$

其中,$\boldsymbol{K}_i = \boldsymbol{M}_i \boldsymbol{h}_i$ 为增益向量。

将递推最小二乘整理如下,假设 $\boldsymbol{M}_0$ 和 $\boldsymbol{h}_0$ 为迭代初始值,递推最小二次由下面两个递推公式组成:

$$\hat{X}_i = \hat{X}_{i-1} + M_i h_i (z_i - h_i^T \hat{X}_{i-1})$$
$$M_i = M_{i-1} - M_{i-1} h_i (h_i^T M_{i-1} h_i + I)^{-1} h_i^T M_{i-1} \tag{7.4.28}$$

由式(7.4.28)可知，第 i 次的估计矢量$\hat{X}_i$ 是由两项之和组成的。第一项是第 $i-1$ 次的估计矢量$\hat{X}_{i-1}$；第二项是第i次的观测值z_i 与$h_i \hat{X}_{i-1}$ 之差所形成的"信息"前乘增益矩阵K_i构成的修正项，从而构成递推公式。

【例题 7.4.2】 设系统如下

$$y(k) - 1.5y(k-1) + 0.7y(k-2) = x(k-3) + 0.5x(k-4) + v(k)$$

式中，$v(k)$ 是方差为 $\sigma^2 = 0.1$ 的白噪声，试利用递推最小二乘法(RLS)求解系统参数。

【解】

假设系统的初值 $x(-3)$、$x(-2)$、$x(-1)$、$x(0)$、$y(-1)$ 和 $y(0)$ 均为 0，取输入信号 $x(k)=\{1,-1,1,-1,1,-1,1\}$，初值 $P(0) = 10^6 I$，$\hat{w}(0) = 0$，令噪声为 $v(k) = 0(k=1,2,3,\cdots)$，则

当 $k=1$ 时

$$y(1) = 1.5y(0) - 0.7y(-1) + x(-2) + 0.5x(-3) = 0$$
$$\boldsymbol{\varphi}(1) = [-y(0), -y(-1), x(-2), x(-3)]^T = [0,0,0,0]^T$$
$$K(1) = \frac{P(0)\boldsymbol{\varphi}(1)}{1 + \boldsymbol{\varphi}^T(1)P(0)\boldsymbol{\varphi}(1)} = \mathbf{0}$$
$$\hat{w}(1) = \hat{w}(0) + K(1)[y(1) - \boldsymbol{\varphi}^T(1)\hat{w}(0)] = \mathbf{0}$$
$$P(1) = [I - K(1)\boldsymbol{\varphi}^T(1)]P(0) = 10^6 I$$

当 $k=2$ 时

$$y(2) = 1.5y(1) - 0.7y(0) + x(-1) + 0.5x(-2) = 0$$
$$\boldsymbol{\varphi}(2) = [-y(1), -y(0), x(-1), x(-2)]^T = [0,0,0,0]^T$$
$$K(2) = \frac{P(1)\boldsymbol{\varphi}(2)}{1 + \boldsymbol{\varphi}^T(2)P(1)\boldsymbol{\varphi}(2)} = 0$$
$$\hat{w}(2) = \hat{w}(1) + K(2)[y(2) - \boldsymbol{\varphi}^T(2)\hat{w}(1)] = \mathbf{0}$$
$$P(2) = [I - K(2)\boldsymbol{\varphi}^T(2)]P(1) = 10^6 I$$

……

$$\hat{w}(3) = \mathbf{0}$$
$$\hat{w}(4) = [0,0,1,0]^T$$
$$\hat{w}(5) = [-1,0,1,1]^T$$
$$\hat{w}(6) = [-1.1,-0.1,1,0.9]^T$$
$$\hat{w}(7) = [-1.5,0.7,1,0.5]^T$$

由上述推导，当 $k=7$ 时，RLS 算法辨识得到的参数估计值与真值完全相同。

下面通过仿真计算，设系统参数 $w = [w_1, w_2, w_3, w_4]^T$，RLS 算法对应的系统输入 $\boldsymbol{\varphi}(k) = [-y(k-1), -y(k-2), x(k-3), x(k-4)]^T$。取 RLS 算法输入向量自相关矩阵初值 $P(0) = 10^6 \mathrm{diag}(1,1,1,1)$，系统参数初值 $w(0) = 0$，选择方差为 1 的白噪声作为系统输入信号 $x(k)$。当系统权值估计值收敛到某一确定值时，则认为完成系统参数估计，此时对应

的系统参数估计值即为LMS算法对应的最优系统参数$\hat{w}_{opt}$。利用RLS算法估计系统参数的仿真结果如图7.4.1(a)所示，稳态情况下，系统参数估计结果的均值为$\hat{w}_{opt}=[-1.4949\ 0.6960\ 1.0085\ 0.5109]^T$，对应的均方误差为$MSE=10^{-3}\times[0.1359\ 0.0916\ 0.2175\ 0.3071]^T$，与原系统参数基本一致。采用正弦信号作为测试信号，验证系统参数估计结果的准确性，系统的理论输出、估计输出和估计误差如图7.4.1(b)所示。

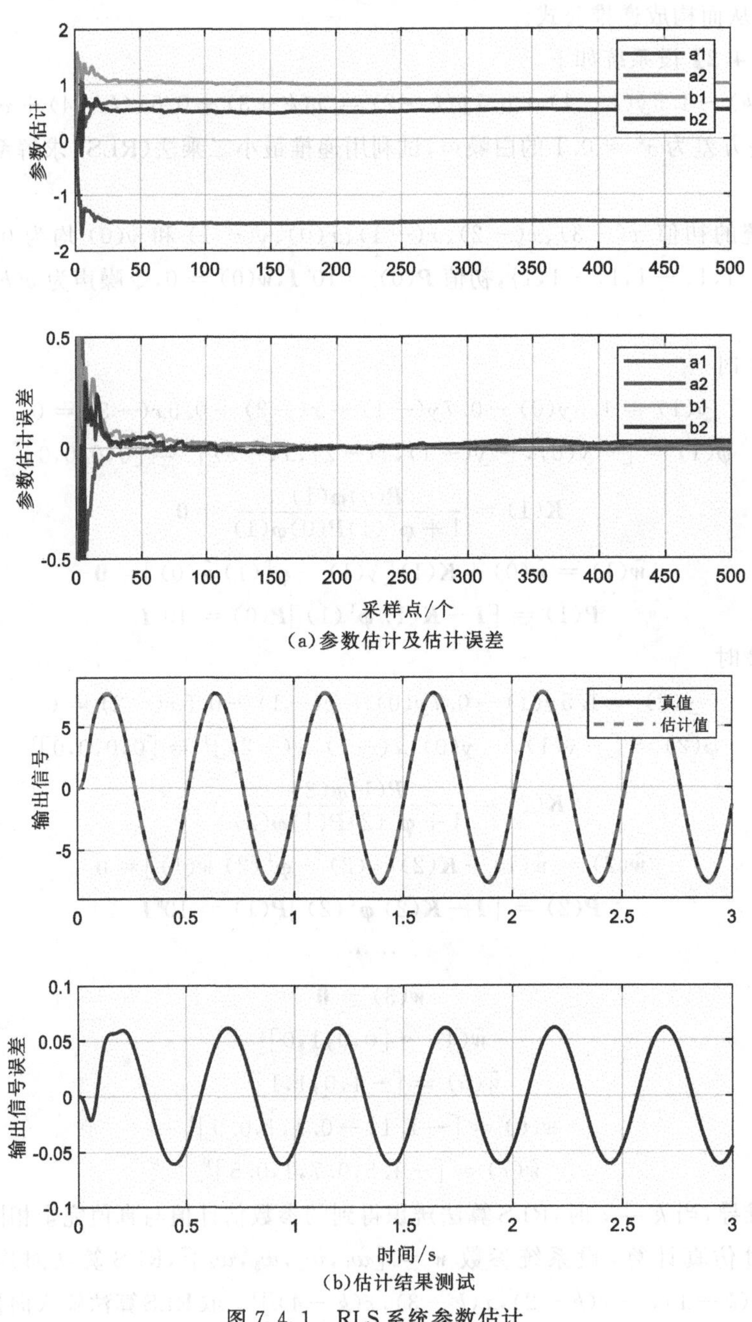

(a)参数估计及估计误差

(b)估计结果测试

图7.4.1　RLS系统参数估计

与LMS相同，RLS算法也是一种参数自适应估计求解方法，也可用于在线实时参数估计，RLS算法是在最小二乘算法基础上推导而出的。RLS算法和LMS算法对比分析有如下特点。

(1)LMS算法计算非常简单，而RLS算法计算比较复杂，涉及逆矩阵的递推。

(2)LMS算法一般不会发散，除非学习速率过大；但RLS算法由于涉及逆矩阵的递推，存在算法发散的可能，故常采用带遗忘因子的RLS算法来避免发散。

(3)LMS算法的步长参数μ的选择范围比较宽，算法的收敛速率和跟踪性能对μ值比较敏感；RLS算法的收敛与跟踪性能对初始化参数和遗忘因子的选择不敏感，参数选择较为容易。

(4)LMS算法本质上等价于选择k时刻一点的瞬时误差的平方和作为代价函数，而RLS算法则通过指数加权方式，选择一段时间的加权误差平方和作为代价函数。

因此，LMS算法是一种典型的"点更新"，而RLS算法则采用"块更新"。

在最小二乘估计中，既不需要知道联合概率分布，也不需要知道随机变量的二阶矩，因此方便于实际应用。但应该注意最小二乘估计属于线性估计，其误差方差阵通常大于线性最小方差估计的误差方差阵。最小二乘估计所研究的问题只给出了测量方程，描述的是测量数据和待估计量的真值之间的线性关系。由于认为被估计量是恒定不变的，即便是使用递推的最小二乘估计，也默认待估计量并不改变，只是估计值不断地向真值靠近。

7.5 卡尔曼滤波估计

卡尔曼滤波器是线性最小方差估计，也叫最优滤波器，在几何上卡尔曼滤波估计可以看做是状态变量在由观测生成的线性空间上的投影。因此投影定理是卡尔曼滤波推导的基本工具。

1. 投影定理

在介绍投影定理前，首先引人"正交"概念。在欧式空间中，说两个向量$\boldsymbol{a}$和$\boldsymbol{b}$彼此正交，通常指的是二者的内积为零，即$\sum_{i=1}^{n} a_i b_i = 0$或$\boldsymbol{a}^{\mathrm{T}}\boldsymbol{b} = 0$。在随机问题中，两个随机向量$\boldsymbol{X}$和$\boldsymbol{Y}$正交是指他们的协方差为零，即两个随机向量的各分量之间彼此不相关。

定义 如果一个与随机向量$\boldsymbol{X}$同维数的随机向量$\hat{\boldsymbol{X}}$且有性质：

(1) 随机向量$\hat{\boldsymbol{X}}$可以由随机向量$\boldsymbol{Z}$线性表示，即$\hat{\boldsymbol{X}} = a + \boldsymbol{BZ}$。

(2) 随机向量$\hat{\boldsymbol{X}}$为随机变量X的无偏估计，即$E(\boldsymbol{X} - \hat{\boldsymbol{X}}) = 0$。

(3) 随机向量$\boldsymbol{X}$与$\hat{\boldsymbol{X}}$的矢量和与随机向量$\boldsymbol{Z}$垂直，即$E(\boldsymbol{X} - \hat{\boldsymbol{X}})\boldsymbol{Z}^{\mathrm{T}} = 0$。

则称$\hat{\boldsymbol{X}}$为$\boldsymbol{X}$在向量$\boldsymbol{Z}$上的投影，并将$\hat{\boldsymbol{X}}$的期望$E(\hat{\boldsymbol{X}})$记为$\hat{E}(\boldsymbol{X} \mid \boldsymbol{Z})$，表示由随机变量$\boldsymbol{Z}$对随机变量$\boldsymbol{X}$的线性估值的期望。

投影定理为：

(1) 设$\boldsymbol{X}, \boldsymbol{Z}_1$为两个随机向量，维数分别为$n$与$m_1$，则

$$\hat{E}(\boldsymbol{AX} \mid \boldsymbol{Z}_1) = \boldsymbol{A}\hat{E}(\boldsymbol{X} \mid \boldsymbol{Z}_1) \tag{7.5.1}$$

式中$\boldsymbol{A}$为$l \times n$矩阵。其几何意义为：由n维随机向量的分量所组成的l维随机向量$\boldsymbol{AX}$在$\boldsymbol{Z}_1$空间上的投影等于先用n维随机向量在$\boldsymbol{Z}_1$空间上的投影，再乘上$\boldsymbol{A}$矩阵构成的随机向量。

(2) 设$\boldsymbol{X},\boldsymbol{Z}_1,\boldsymbol{Z}_2$为三个随机向量，维数分为$n,m_1,m_2$。令$\boldsymbol{Z} = \begin{bmatrix} \boldsymbol{Z}_1 \\ \boldsymbol{Z}_2 \end{bmatrix}$，则

$$\hat{E}(\boldsymbol{X} \mid \boldsymbol{Z}) = \hat{E}(\boldsymbol{X} \mid \boldsymbol{Z}_1) + (E\widetilde{\boldsymbol{X}}\,\widetilde{\boldsymbol{Z}}_2^{\mathrm{T}})(E\widetilde{\boldsymbol{Z}}_2\,\widetilde{\boldsymbol{Z}}_2^{\mathrm{T}})^{-1}\widetilde{\boldsymbol{Z}}_2 \tag{7.5.2}$$

式中

$$\widetilde{\boldsymbol{X}} = \boldsymbol{X} - \hat{E}(\boldsymbol{X} \mid \boldsymbol{Z}_1) \tag{7.5.3}$$

$$\widetilde{\boldsymbol{Z}}_2 = \boldsymbol{Z}_2 - \hat{E}(\boldsymbol{Z}_2 \mid \boldsymbol{Z}_1) \tag{7.5.4}$$

分别表示$\boldsymbol{X}$和$\boldsymbol{Z}_2$的估计偏差。

其几何意义：随机向量$\boldsymbol{X}$在$\boldsymbol{Z}$上投影等于两个分量之和，一个分量为$\boldsymbol{X}$在$\boldsymbol{Z}_1$子空间上的投影，另一个分量为$\widetilde{\boldsymbol{Z}}_2$子空间中的投影，其中$\widetilde{\boldsymbol{Z}}_2$子空间$\perp$ $\boldsymbol{Z}_1$子空间。

在实际问题中，一般来讲，系统中观测向量的维数总是小于系统状态向量维数。这主要基于两点：首先，系统的状态变量多数情况下没有明确的物理意义，无法直接通过仪器设备获得；其次，即使能够直接观测，考虑到经济效益和系统的简化一般在可能的条件下，观测量也应尽量减少。同时考虑到系统运行中存在各种干扰和噪声。因此，需要尽可能地消除干扰和噪声，利用系统输出确定系统的状态，用以实现状态反馈控制。本节主要讨论如何通过系统的观测向量去估计系统的状态向量。

2. 无控制项的线性动态系统的卡尔曼滤波

为了简化推导，下面讨论无控制项的随机系统的离散表达

$$\boldsymbol{X}_k = \boldsymbol{\Phi}\boldsymbol{X}_{k-1} + \boldsymbol{\Gamma}\boldsymbol{W}_{k-1} \tag{7.5.5}$$

$$\boldsymbol{Z}_k = \boldsymbol{H}\boldsymbol{X}_k + \boldsymbol{V}_k \tag{7.5.6}$$

式中定义同式(7.1.3)和式(7.1.4)。需要注意的是，上式讨论的随机系统并不是完全没有输入的，从广义角度看我们可以将随机噪声$\boldsymbol{W}_{k-1}$看做是系统的输入(控制项)。为表述方便，引入以下记号，$\boldsymbol{Z}^k$表示第k步及以前的全部观测值，即

$$\boldsymbol{Z}^k = \begin{bmatrix} \boldsymbol{Z}_1 \\ \boldsymbol{Z}_2 \\ \vdots \\ \boldsymbol{Z}_k \end{bmatrix} \tag{7.5.7}$$

令$\hat{\boldsymbol{X}}_{j|k}$表示利用第$k$时刻及其以前的观测值(即$\boldsymbol{Z}^k$)对第$j$时刻状态$\boldsymbol{X}_j$的估计值。当$j=k$时$\hat{\boldsymbol{X}}_{j|k}$称为滤波值，$j>k$时$\hat{\boldsymbol{X}}_{j|k}$称为外推或预报值，$j<k$时称$\hat{\boldsymbol{X}}_{j|k}$为内插或平滑。

对模型噪声$\boldsymbol{W}_k$和观测噪声$\boldsymbol{V}_k$做如下假设：

(1) 状态噪声和观测噪声均为白噪声，分别服从$(0,\sigma_W^2)$和$(0,\sigma_V^2)$，且互不相关，即：

$$E(\boldsymbol{W}_k)=0,\ \mathrm{cov}(\boldsymbol{W}_k,\boldsymbol{W}_j)=E(\boldsymbol{W}_k\boldsymbol{W}_j^{\mathrm{T}})=\boldsymbol{Q}_k=\sigma_W^2\delta_k$$
$$E(\boldsymbol{V}_k)=0,\ \mathrm{cov}(\boldsymbol{V}_k,\boldsymbol{V}_j)=E(\boldsymbol{V}_k\boldsymbol{V}_j^{\mathrm{T}})=\boldsymbol{R}_k=\sigma_V^2\delta_k$$
$$\mathrm{cov}(\boldsymbol{W}_k,\boldsymbol{V}_j)=E(\boldsymbol{W}_k\boldsymbol{V}_j^{\mathrm{T}})=0$$

(2) 系统的初始状态 $\boldsymbol{X}_0$ 与噪声序列 $\boldsymbol{W}_k,\boldsymbol{V}_k$ 均不相关，即

$$\mathrm{cov}(\boldsymbol{X}_0,\boldsymbol{W}_k)=0,\ \mathrm{cov}(\boldsymbol{X}_0,\boldsymbol{V}_k)=0,\ E(\boldsymbol{X}_0)=\boldsymbol{\mu}_0$$
$$D(\boldsymbol{X}_0)=E(\boldsymbol{X}_0-\boldsymbol{\mu}_0)(\boldsymbol{X}_0-\boldsymbol{\mu}_0)^{\mathrm{T}}=\boldsymbol{P}_0$$

下面直接应用投影定理（式(7.5.1)和式(7.5.2)）来推导状态估计递推公式。令 $\hat{\boldsymbol{X}}_{k-1\mid k-1}$ 表示由前 $k-1$ 次观测值 $\boldsymbol{Z}^{k-1}$ 对第 $k-1$ 时刻的状态向量的估计(滤波)，以后简写为 $\hat{\boldsymbol{X}}_{k-1}$，即

$$\hat{\boldsymbol{X}}_{k-1\mid k-1}=\hat{\boldsymbol{X}}_{k-1}=\hat{E}(\boldsymbol{X}_{k-1}\mid \boldsymbol{Z}^{k-1}) \tag{7.5.8}$$

利用 $\boldsymbol{Z}^{k-1}$ 观测值对 $\boldsymbol{X}_k$ 进行估计(预报)可以表示为

$$\hat{\boldsymbol{X}}_{k\mid k-1}=\hat{E}(\boldsymbol{X}_k\mid \boldsymbol{Z}^{k-1}) \tag{7.5.9}$$

把状态方程式(7.5.5)带入到式(7.5.9)，并利用投影定理及 $\boldsymbol{W}_{k-1}$ 的性质得

$$\hat{\boldsymbol{X}}_{k\mid k-1}=\hat{E}(\boldsymbol{X}_k\mid \boldsymbol{Z}^{k-1})=\hat{E}(\boldsymbol{\Phi}\boldsymbol{X}_{k-1}+\boldsymbol{\Gamma}\boldsymbol{W}_{k-1}\mid \boldsymbol{Z}^{k-1})=\boldsymbol{\Phi}\hat{\boldsymbol{X}}_{k-1}+\boldsymbol{\Gamma}\hat{E}(\boldsymbol{W}_{k-1}\mid \boldsymbol{Z}^{k-1}) \tag{7.5.10}$$

由于 $\boldsymbol{W}_{k-1}$ 与 $\boldsymbol{Z}_1,\boldsymbol{Z}_2,\cdots,\boldsymbol{Z}_{k-1}$，不相关(正交)，且均值为零，所以根据式(7.5.9)有：$\hat{E}(\boldsymbol{W}_{k-1}\mid \boldsymbol{Z}^{k-1})=0$，则式(7.5.10)简化可得 k 时刻的状态一步预报值等于 $k-1$ 时刻的状态滤波值和系统状态转移矩阵的乘积，即：

$$\hat{\boldsymbol{X}}_{k\mid k-1}=\boldsymbol{\Phi}\hat{\boldsymbol{X}}_{k-1} \tag{7.5.11}$$

同理将测量方程(7.5.6)带入 $\hat{E}(\boldsymbol{Z}_k\mid \boldsymbol{Z}^{k-1})$ 可得

$$\hat{\boldsymbol{Z}}_{k\mid k-1}=\hat{E}(\boldsymbol{Z}_k\mid \boldsymbol{Z}^{k-1})=\hat{E}(\boldsymbol{H}\boldsymbol{X}_k+\boldsymbol{V}_k\mid \boldsymbol{Z}^{k-1})=\boldsymbol{H}\hat{E}(\boldsymbol{X}_k\mid \boldsymbol{Z}^{k-1})+\hat{E}(\boldsymbol{V}_k\mid \boldsymbol{Z}^{k-1})$$

由于 $\boldsymbol{V}_k$ 与 $\boldsymbol{Z}_1,\boldsymbol{Z}_2,\cdots,\boldsymbol{Z}_{k-1}$，不相关(正交)，且均值为零，所以根据式(7.5.9)有：$\hat{E}(\boldsymbol{V}_k\mid \boldsymbol{Z}^{k-1})=0$。简化可得 k 时刻输出的一步预报值等于 k 时刻的状态一步预报值和观测矩阵的乘积，即：

$$\hat{\boldsymbol{Z}}_{k\mid k-1}=\boldsymbol{H}\hat{\boldsymbol{X}}_{k\mid k-1}=\boldsymbol{H}\boldsymbol{\Phi}\hat{\boldsymbol{X}}_{k-1} \tag{7.5.12}$$

令 k 时刻状态和输出的一步预报误差分别为

$$\tilde{\boldsymbol{Z}}_{k\mid k-1}=\boldsymbol{Z}_k-\hat{\boldsymbol{Z}}_{k\mid k-1} \tag{7.5.13}$$
$$\tilde{\boldsymbol{X}}_{k\mid k-1}=\boldsymbol{X}_k-\hat{\boldsymbol{X}}_{k\mid k-1} \tag{7.5.14}$$

则卡尔曼滤波定义：k 时刻的最优状态估计等于一步状态估计加上输出偏差修正，即

$$\boldsymbol{X}_k=\hat{\boldsymbol{X}}_{k\mid k-1}+\boldsymbol{K}_k\tilde{\boldsymbol{Z}}_{k\mid k-1}=\boldsymbol{\Phi}\hat{\boldsymbol{X}}_{k-1}+\boldsymbol{K}_k[\boldsymbol{Z}_k-\boldsymbol{H}\boldsymbol{\Phi}\hat{\boldsymbol{X}}_{k-1}] \tag{7.5.15}$$

式中，$\boldsymbol{K}_k$ 称为卡尔曼增益。

将状态方程(7.5.5)和式(7.5.11)带入 $\boldsymbol{P}_{k\mid k-1}$ 表达式，则 k 时刻一步状态预报误差的自

相关函数可以进一步表示为

$$P_{k|k-1}=E[X_k-\hat{X}_{k|k-1}][X_k-\hat{X}_{k|k-1}]^{T}=\Phi P_{k-1}\Phi^{T}+\Gamma Q_{k-1}\Gamma^{T} \tag{7.5.16}$$

式中，$P_{k-1}=[X_k-\hat{X}_{k-1}][X_k-\hat{X}_{k-1}]^{T}$ 为 $k-1$ 时刻状态滤波误差的自相关函数，$Q_{k-1}=E[W_{k-1}W_{k-1}^{T}]$表示 $k-1$ 时刻状态噪声的自相关函数。

将观测方程(7.5.6) 和式(7.5.15) 代入 P_k 的表达式，进而有 k 时刻状态滤波误差的自相关函数，可以表示为

$$\begin{aligned}P_k&=E[X_k-\hat{X}_k][X_k-\hat{X}_k]^{T}\\&=E[X_k-\hat{X}_{k|k-1}-K_k(Z_k-H\hat{X}_{k|k-1})][X_k-\hat{X}_{k|k-1}-K_k(Z_k-H\hat{X}_{k|k-1})]^{T}\\&=(I-K_kH)P_{k|k-1}(I-K_kH)^{T}+K_kR_kK_k^{T}\\&=P_{k|k-1}-K_kHP_{k|k-1}-P_{k|k-1}K_k^{T}H^{T}+K_k(HP_{k|k-1}H^{T}+R_k)K_k^{T}\end{aligned} \tag{7.5.17}$$

接下来需要求最小均方差。协方差矩阵的对角线元素就是方差，把矩阵 P_k 的对角线元素求和，用字母 tr 来表示这种算子，学名叫矩阵的迹。将上式的各项求迹，有：

$$\mathrm{tr}[P_k]=\mathrm{tr}[P_{k|k-1}]-2\mathrm{tr}[K_kHP_{k|k-1}]+\mathrm{tr}[K_k(HP_{k|k-1}H^{T}+R_k)K_k^{T}] \tag{7.5.18}$$

最小均方差就是使得上式最小，对未知量 K_k 求导，令导函数等于 0，就能找到 K_k 的值，即令

$$\frac{\mathrm{dtr}[P_k]}{\mathrm{d}K_k}=-2[HP_{k|k-1}]^{T}+2K_k(HP_{k|k-1}H^{T}+R_k)=0 \tag{7.5.19}$$

则卡尔曼增益可以表示为

$$K_k=P_{k|k-1}H^{T}[HP_{k|k-1}H^{T}+R_k]^{-1} \tag{7.5.20}$$

将式(7.5.20) 代入式(7.5.17) 中，可进一步简化为

$$\begin{aligned}P_k&=P_{k|k-1}-P_{k|k-1}H^{T}(HP_{k|k-1}H^{T}+R_k)^{-1}HP_{k|k-1}\\&=P_{k|k-1}-K_kHP_{k|k-1}=(I-K_kH)P_{k|k-1}\end{aligned} \tag{7.5.21}$$

到此已推导出一整套卡尔曼滤波算式(见图 7.5.1)，现归纳如下：

时间更新(预测)。

(1) 计算先验状态估计值：$\hat{X}_{k|k-1}=\Phi\hat{X}_{k-1}+\Gamma W_{k-1}$

(2) 计算先验状态估计的协方差：$P_{k|k-1}=\Phi P_{k-1}\Phi^{T}+\Gamma Q_{k-1}\Gamma^{T}$

测量更新(修正)：

(3) 计算加权矩阵(卡尔曼增益)：$K_k=P_{k|k-1}H^{T}[HP_{k|k-1}H^{T}+R_k]^{-1}$

(4) 对预测值进行修正：$\hat{X}_k=\Phi\hat{X}_{k-1}+K_k[Z_k-H\Phi\hat{X}_{k-1}]$

(5) 更新修正值的协方差：$P_k=(I-K_kH)P_{k|k-1}$

当初始协方差 P_0，初始状态$\hat{X}_0$，状态转移矩阵 Φ，观测矩阵 H，状态噪声加权矩阵 Γ，观测噪声自相关函数 R_k，状态噪声自相关函数 Q_k 为已知时，可以根据观测值递推估计出系统的状态变量：$\hat{X}_1$，$\hat{X}_2\cdots\hat{X}_k$。

【例 7.5.1】假设我们要研究的对象是一个房间的温度，根据经验判断，这个房间的温度

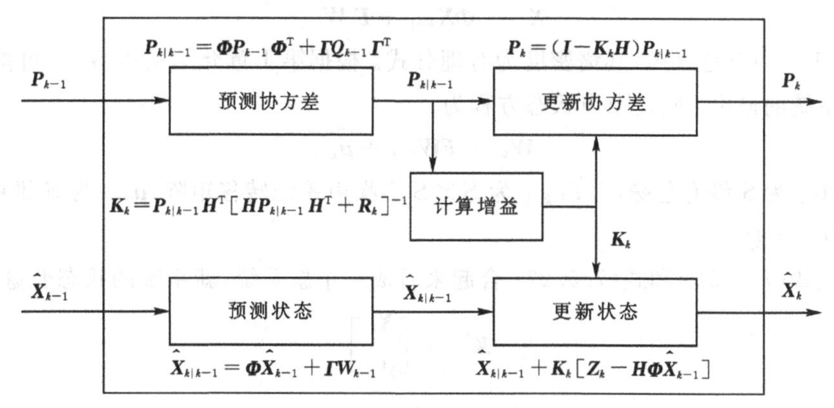

图 7.5.1 卡尔曼滤波的基本思路

在 25℃ 左右。受空气流通、阳光等因素影响，房间内温度会小幅度地波动。我们以分钟为单位，定时测量房间温度(这里的1分钟，可以理解为采样时间)。假设测量温度时，外界的天气是多云，阳光照射时有时无，同时房间不是 100% 密封的，可能有微小的与外界空气的交换，即引入过程噪声 W_k，其方差为Q_k，大小假定为 0.01。相应地，$\Phi=1,\Gamma=1$，状态 X_k 是在第 k 分钟时的房间温度，是一维的。那么该系统的状态方程可以写为

$$X_k=X_{k-1}+W_{k-1}$$

现在用温度计开始测量房间的温度，假设温度计的测量误差为 ±0.5 ℃，从出厂说明书上我们得知该温度计的方差为 0.25。也就是说，温度计第 k 次测量的数据不是 100% 准确的，它是有测量噪声 V_k 的，并且其方差 $R_k=0.25$，因此测量方程为

$$Z_k=X_k+V_k$$

即观测方程的 $H=1$。模型建好以后就可以利用卡尔曼滤波了。假如要估算第k时刻的实际温度值，首先要根据第 $k-1$ 时刻的温度值来预测第 k 时刻的温度。

(1) 假定第$k-1$时刻的温度值测量值为$Z_{k-1}=23.9$ ℃，房间真实温度为 $X_{k-1}=24.0$ ℃，该测量值的偏差是 0.1 ℃，即协方差 $P_{k-1}=0.01$。

(2) 在第 k 时刻，房间的真实温度是 $X_k=24.1$ ℃，温度计在该时刻测量的值为 $Z_k=24.5$ ℃，偏差为 0.4 ℃。我们用于估算第k时刻的温度有两个温度值，分别是第 $k-1$ 时刻 23.9 ℃ 和第 k 时刻的 24.5 ℃，如何融合这两组数据，得到最逼近真实值的估计呢?首先，利用第 $k-1$ 时刻温度值预测第 k 时刻的温度，其预计偏差为$P_{k|k-1}=P_{k-1}+Q_k=0.02$，计算卡尔曼增益，$K=P_{k|k-1}(P_{k|k-1}+R_k)^{-1}=0.0741$，那么这时候利用第$k$时刻的观测值得到温度的估计值为 $X_k=23.9+0.0741\times(24.1-23.9)=23.915$ ℃。可见，与 23.9 ℃ 和 24.5 ℃ 相比较，卡尔曼估计值 23.915 ℃ 更接近真实值 24.1 ℃。此时更新第 k 时刻的偏差 $P_k=(1-KH)P_{k|k-1}=0.0186$。

(3) 最后由 $X_k=23.915$ ℃ 和 $P_k=0.0186$，以继续对下一时刻观测数据 Z_{k+1} 进行更新和处理。这样，卡尔曼滤波器就不断地把方差递归，从而估算出最优的温度值。X_0 和 P_0 分别为滤波器初始值。

3. 含有色噪声的线性动态系统的卡尔曼滤波

为了简单起见，仍然回到无控制项的系统。假设线性系统的动态方程为

$$X_k = \Phi X_{k-1} + \Gamma W_{k-1} \tag{7.5.22}$$

式中，W_{k-1} 为有色噪声，其谱密度为有理分式。根据第1章介绍的内容知，可把 W_k 看作某一线性系统的输出。假设噪声状态方程为

$$W_k = FW_{k-1} + \mu_{k-1} \tag{7.5.23}$$

式中，W_k 为 S 维有色噪声；$F_{k,k-1}$ 为 $S \times S$ 维噪声系统转移矩阵；μ_{k-1} 为 S 维白色噪声，$E_{\mu_k} = 0, D_{\mu_k} = Q_k$。

现在把式(7.5.21)和式(7.5.22)合起来看成一个新系统，新系统的状态变量为

$$X'_k = \begin{bmatrix} X_k \\ W_k \end{bmatrix} \tag{7.5.24}$$

令

$$\Phi' = \begin{bmatrix} \Phi & \Gamma \\ 0 & F \end{bmatrix}, W'_{k-1} = \begin{bmatrix} 0 \\ \mu_{k-1} \end{bmatrix} \tag{7.5.25}$$

则新系统的状态方程为

$$X'_k = \Phi' X'_{k-1} + W'_{k-1} \tag{7.5.26}$$

系统中的状态噪声只是白噪声 μ_{k-1}。

由此可见，处理有色噪声的办法并不复杂，只需扩大原系统的维数即可。实际问题中噪声状态方程(7.5.22)可经系统辨识获得，这里不作介绍。

4. 非线性扩展卡尔曼滤波

扩展卡尔曼滤波算法是由安德森(Anderson)和摩尔(Moore)在1979年提出的，该算法是基于系统状态演化函数和量测函数的一阶泰勒展开式做出的估计，首先按照名义轨迹进行线性化处理，再利用卡尔曼滤波公式进行计算，其本质上是一种在线的线性化算法，算法性能的好坏取决于非线性系统的复杂度以及算法的优劣等。

设离散时间非线性动态系统：

$$X_k = f_{k-1}(X_{k-1}, W_{k-1}) \tag{7.5.27}$$

$$Z_k = h_k(X_k, V_k) \tag{7.5.28}$$

其中 $f_k: \mathbb{R}^n \times \mathbb{R}^n \to \mathbb{R}^n$ 是系统的状态演化映射，W_k 是 n 维过程演化噪声，$h_k: \mathbb{R}^n \times \mathbb{R}^m \to \mathbb{R}^m$ 是量测映射，V_k 是 m 维量测噪声。假设 f_k 和 h_k 对其变元连续可微，初始状态为任意分布，具有均值和协方差矩阵分别为

$$E(X_0) = \bar{X}_0, \mathrm{cov}(X_0) = P_0 \tag{7.5.29}$$

过程噪声和量测噪声都为零均值的独立过程，分布任意，具有协方差矩阵

$$\mathrm{cov}(W_k) = Q_k, k \in N; \mathrm{cov}(V_k) = R_k, k \in \mathrm{N} \tag{7.5.30}$$

过程噪声、量测噪声和初始状态之间相互独立。

(1) 假定已经得到 $k-1$ 时刻的状态估计值和估计误差的协方差阵 $\hat{X}_{k-1|k-1}$、$P_{k-1|k-1}$，此时对状态演化方程的线性化方程为

$$X_k = f_{k-1}(X_{k-1}, W_{k-1}) \approx f_{k-1}(\hat{X}_{k-1|k-1}, 0) + f_{k-1}^X \widetilde{X}_{k-1|k-1} + f_{k-1}^W W_{k-1} \tag{7.5.31}$$

其中，

$$\tilde{\boldsymbol{X}}_{k-1|k-1}=\boldsymbol{X}_{k-1}-\hat{\boldsymbol{X}}_{k-1|k-1} \tag{7.5.32}$$

$$\boldsymbol{f}_{k-1}^{X}=\left.\frac{\partial \boldsymbol{f}_{k-1}(\boldsymbol{X}_{k-1},\boldsymbol{W}_{k-1})}{\partial \boldsymbol{X}_{k-1}}\right|_{\substack{\boldsymbol{X}_{k-1}=\hat{\boldsymbol{X}}_{k-1|k-1}\\ \boldsymbol{W}_{k-1}=0}},\ \boldsymbol{f}_{k-1}^{W}=\left.\frac{\partial \boldsymbol{f}_{k-1}(\boldsymbol{X}_{k-1},\boldsymbol{W}_{k-1})}{\partial \boldsymbol{W}_{k-1}}\right|_{\substack{\boldsymbol{X}_{k-1}=\hat{\boldsymbol{X}}_{k-1|k-1}\\ \boldsymbol{W}_{k-1}=0}} \tag{7.5.33}$$

(2) 对 k 时刻状态的一步提前预测

$$\hat{\boldsymbol{X}}_{k|k-1}\approx \boldsymbol{f}_{k-1}(\hat{\boldsymbol{X}}_{k-1|k-1},0) \tag{7.5.34}$$

状态预测误差为

$$\tilde{\boldsymbol{X}}_{k|k-1}=\boldsymbol{X}_{k-1}-\hat{\boldsymbol{X}}_{k-1|k-1}\approx \boldsymbol{f}_{k-1}^{X}\tilde{\boldsymbol{X}}_{k-1|k-1}+\boldsymbol{f}_{k-1}^{W}\boldsymbol{W}_{k-1} \tag{7.5.35}$$

状态预测误差的协方差矩阵为

$$\boldsymbol{P}_{k|k-1}=\operatorname{cov}(\tilde{\boldsymbol{X}}_{k|k-1})\approx \boldsymbol{f}_{k-1}^{X}\boldsymbol{P}_{k-1|k-1}(\boldsymbol{f}_{k-1}^{X})^{\mathrm{T}}+\boldsymbol{f}_{k-1}^{W}\boldsymbol{Q}_{k-1}(\boldsymbol{f}_{k-1}^{W})^{\mathrm{T}} \tag{7.5.36}$$

(3) k 时刻量测的线性化方程为

$$\boldsymbol{Z}_k=\boldsymbol{h}_k(\boldsymbol{X}_k,\boldsymbol{V}_k)\approx \boldsymbol{h}_k(\hat{\boldsymbol{X}}_{k|k-1},0)+\boldsymbol{h}_k^{X}\tilde{\boldsymbol{X}}_{k|k-1}+\boldsymbol{h}_k^{V}\boldsymbol{V}_k \tag{7.5.37}$$

其中

$$\tilde{\boldsymbol{X}}_{k|k-1}=\boldsymbol{X}_k-\hat{\boldsymbol{X}}_{k|k-1} \tag{7.5.38}$$

$$\boldsymbol{h}_k^{X}=\left.\frac{\partial \boldsymbol{h}_k(\boldsymbol{X}_k,\boldsymbol{V}_k)}{\partial \boldsymbol{X}_k}\right|_{\substack{\boldsymbol{X}_k=\hat{\boldsymbol{X}}_{k|k-1}\\ \boldsymbol{V}_k=0}},\ \boldsymbol{h}_k^{V}=\left.\frac{\partial \boldsymbol{h}_k(\boldsymbol{X}_k,\boldsymbol{V}_k)}{\partial \boldsymbol{V}_k}\right|_{\substack{\boldsymbol{X}_k=\hat{\boldsymbol{X}}_{k|k-1}\\ \boldsymbol{V}_k=0}} \tag{7.5.39}$$

(4) 对 k 时刻量测的一步提前预测

$$\hat{\boldsymbol{Z}}_{k|k-1}\approx \boldsymbol{h}_k(\hat{\boldsymbol{X}}_{k|k-1},0) \tag{7.5.40}$$

量测预测误差

$$\tilde{\boldsymbol{Z}}_{k|k-1}=\boldsymbol{Z}_k-\hat{\boldsymbol{Z}}_{k|k-1}\approx \boldsymbol{h}_k^{X}\tilde{\boldsymbol{X}}_{k|k-1}+\boldsymbol{h}_k^{V}\boldsymbol{V}_k \tag{7.5.41}$$

量测预测误差的协方差矩阵为

$$\boldsymbol{R}_{\tilde{Z}_{k|k-1}\tilde{Z}_{k|k-1}}=\operatorname{cov}(\tilde{\boldsymbol{Z}}_{k|k-1})\approx \boldsymbol{h}_k^{X}\boldsymbol{P}_{k|k-1}(\boldsymbol{h}_k^{X})^{\mathrm{T}}+\boldsymbol{h}_k^{V}\boldsymbol{R}_k(\boldsymbol{h}_k^{V})^{\mathrm{T}} \tag{7.5.42}$$

状态预测误差与量测预测误差的协方差矩阵为

$$\boldsymbol{R}_{\tilde{X}_{k|k-1}\tilde{Z}_{k|k-1}}=\operatorname{cov}(\tilde{\boldsymbol{X}}_{k|k-1},\tilde{\boldsymbol{Z}}_{k|k-1})\approx \boldsymbol{P}_{k|k-1}(\boldsymbol{h}_k^{X})^{\mathrm{T}} \tag{7.5.43}$$

(5) 在 k 时刻得到新的量测 $\boldsymbol{Z}_k$，则状态滤波的更新公式为

$$\hat{\boldsymbol{X}}_{k|k}=\hat{\boldsymbol{X}}_{k|k-1}+\boldsymbol{K}_k(\boldsymbol{Z}_k-\boldsymbol{h}_k^{X}\hat{\boldsymbol{X}}_{k|k-1}) \tag{7.5.44}$$

$$\boldsymbol{P}_{k|k}=(\boldsymbol{I}+\boldsymbol{K}_k\boldsymbol{h}_k^{X})\boldsymbol{P}_{k|k-1} \tag{7.5.45}$$

k 时刻的卡尔曼增益矩阵为

$$\boldsymbol{K}_k=\boldsymbol{P}_{k|k-1}(\boldsymbol{h}_k^{X})^{\mathrm{T}}[\boldsymbol{h}_k^{X}\boldsymbol{P}_{k|k-1}(\boldsymbol{h}_k^{X})^{\mathrm{T}}+\boldsymbol{h}_k^{V}\boldsymbol{R}_k(\boldsymbol{h}_k^{V})^{\mathrm{T}}]^{-1} \tag{7.5.46}$$

目前扩展卡尔曼滤波进行随机系统状态估计已经得到学术界和工程界的认可，并广泛应用。该算法也存在一些缺陷，由于EKF为了求取估计误差协方差的传播，将动力学模型在当前状态估值处进行局部泰勒展开线性化，将量测模型在状态一步预测处泰勒展开线性化，

这种基于泰勒级数展开的方法存在着函数的整体特性(平均值)被局部特性(导数)所替代的缺点,有时可能导致不太理想的近似效果,甚至可能导致滤波器发散,特别是当模型高度非线性、泰勒展开的高阶项不可忽略时,这种发散现象尤为严重。因此该算法主要用于系统非线性程度不太高的场合。

7.6 自校正控制

在完成随机系统状态估计后,就需要基于状态估计的结果进行控制器设计,下面介绍一种面向随机系统的自适应控制器设计方法,称为自校正控制(self-tuning control, STC)。它是自适应控制的一种重要形式,不同于模型参考自适应控制,自校正控制多用于随机系统的自适应控制。自校正控制的基本原理:预先设计好控制器结构,确定控制器参数与被控对象模型之间的关系。在掌握被控对象模型结构的前提下,通过对模型参数的辨识,确定与模型参数相关的控制器参数(间接法);或者直接估计控制器参数(直接法),并计算控制量。当被控对象参数发生变化时,自校正系统通过实时辨识被控对象参数或者直接辨识控制器参数,来适应时变因素,从而实现自适应控制的要求。

自校正控制源于这样一种简单的思想:一个自适应控制系统可由系统辨识以及基于辨识结果实时计算的控制器来构造。自校正控制包含内环和外环两个控制回路。内环与常规反馈系统类似,由被控对象和可调控制器组成;外环由对象参数递推估计器和控制器设计机构组成。首先由递推估计器在线估计被控对象参数,用以代替对象的未知参数,然后由设计机构按一定的规则对可调控制器的参数进行在线求解,用以修改内环的控制器。由此可见,自校正控制器是在线参数估计和控制参数在线设计两者的有机结合,使得自校正控制方案非常灵活。各种参数估计方法和控制律的不同组合,即可导出不同类型的自校正控制方法,以满足不同系统的性能要求。

根据参数估计过程中被估计参数的种类不同,自校正控制器分为直接自校正控制和间接自校正控制两种。间接自校正控制首先估计被控对象模型本身的未知参数,然后再通过设计机构得到控制器参数(见图 7.6.1)。直接自校正控制是直接估计控制器参数,这时需要将过程重新参数化,建立一个与控制器参数直接关联的估计模型(见图 7.6.1)。直接算法的计算量比间接算法稍小,但需要为其建立一个合适的控制器参数估计模型。

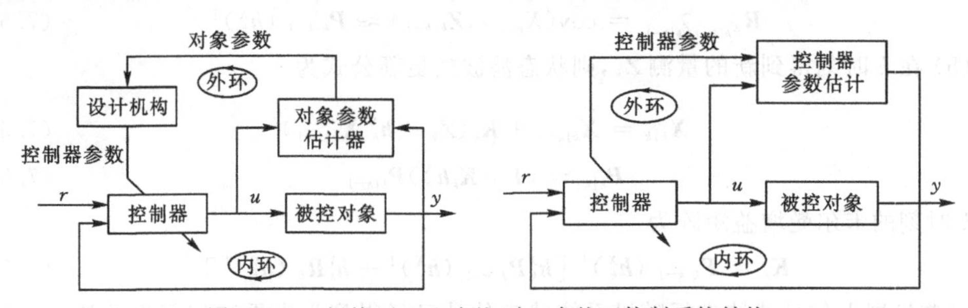

图 7.6.1 间接(左)和直接(右)自校正控制系统结构

根据控制性能要求的不同,自校正控制可分为基于性能指标最优化的自校正控制以及基于常规控制策略的自校正控制。前者主要包含最小方差自校正控制、广义最小方差自校正控制以及广义预测控制三种方法，是一种基于性能指标最优的控制律设计方法，在工程中应用广泛。后者则以极点配置自校正控制和自校正PID控制两种方法为代表，与传统控制方法密切相关。但是后者不是“最优意义”下的控制，同时控制律设计过程中需要主观确定控制器参数，在自适应条件约束下设计过程比较复杂。

由于篇幅所限，本章重点介绍一类最为经典且实用的自校正控制方法，即最小方差自校正控制。最小方差控制方法涵盖了自校正控制的基本理念和设计方法，也是广义最小方差自校正控制方法以及广义预测控制方法的基础。

1. Diophantine 方程求解

如本节一开始所述，自校正控制器参数与被控对象模型参数之间存在一定的关系。自校正控制器的设计是基于以下两点来实现的。

(1) 被控对象模型参数的自适应辨识；

(2) 解析控制器参数与模型参数之间的关系，设计控制器。

被控对象模型参数的自适应辨识可以利用前面小节中最小二乘估计和维纳滤波估计来实现。而建立并解析控制器参数与模型参数之间关系的部分，则是本小节重点介绍的内容，也是自校正控制方法的核心内容。

在自校正控制中，利用一组 Diophantine(丢番图) 方程来描述控制器与模型参数之间的关系。Diophantine 方程，又名不定方程，是指未知数的个数多于方程个数，且未知数受到某些限制(如要求是有理数、整数或正整数等) 的方程或方程组，具有广泛应用。假设被控对象模型由以下数学模型描述：

$$A(z^{-1})y(k)=z^{-d}B(z^{-1})u(k)+C(z^{-1})\xi(k) \tag{7.6.1}$$

式中，$C(z^{-1})$ 为 Hurwitz 多项式，即其零点完全位于 z 平面的单位圆内；$u(k)$ 和 $y(k)$ 分别表示被控对象的输入和输出，$\xi(k)$ 为方差为σ^2 的白噪声，$d\geqslant 1$ 为被控对象输入输出延时，且

$$\begin{cases}A(z^{-1})=1+a_1z^{-1}+a_2z^{-2}+\cdots+a_{n_a}z^{-n_a}\\ B(z^{-1})=b_0+b_1z^{-1}+b_2z^{-2}+\cdots+b_{n_b}z^{-n_b}\,(b_0\neq 0)\\ C(z^{-1})=1+c_1z^{-1}+c_2z^{-2}+\cdots+c_{n_c}z^{-n_c}\end{cases} \tag{7.6.2}$$

控制器参数与模型参数的关系可以通过如下 Diophantine 方程描述，即

$$\begin{cases}C(z^{-1})=A(z^{-1})E(z^{-1})+z^{-d}G(z^{-1})\\ F(z^{-1})=B(z^{-1})E(z^{-1})\end{cases} \tag{7.6.3}$$

式中，$E(z^{-1})$、$F(z^{-1})$ 与 $G(z^{-1})$ 为控制器参数多项式，形式如下

$$\begin{cases}E(z^{-1})=1+e_1z^{-1}+\cdots+e_{n_e}z^{-n_e}\,(n_e=d-1)\\ F(z^{-1})=f_0+f_1z^{-1}+\cdots+f_{n_f}z^{-n_f}\,(n_f=n_b+d-1)\\ G(z^{-1})=g_0+g_1z^{-1}+\cdots+g_{n_g}z^{-n_g}\,(n_g=n_a-1)\end{cases} \tag{7.6.4}$$

可以看出，控制器参数的阶数与被控对象模型阶数及延时有关。

解析控制器参数与模型参数之间的关系，即在给定模型参数多项式 $A(z^{-1})$、$B(z^{-1})$ 和

$C(z^{-1})$ 的前提下，求解式(7.6.3)中 $E(z^{-1})$、$F(z^{-1})$ 与 $G(z^{-1})$ 对应的多项式参数。结合式(7.6.2)与式(7.6.4)，式(7.6.3)的第一行可展开为

$$1+c_1z^{-1}+\cdots+c_{n_c}z^{-n_c}=(1+a_1z^{-1}+\cdots+a_{n_a}z^{-n_a})(1+e_1z^{-1}+\cdots+e_{n_e}z^{-n_e})+ g_0z^{-d}+g_1z^{-d-1}+\cdots+g_{n_g}z^{-d-n_g} \tag{7.6.5}$$

令上式等号两边的同次幂项相等，得到上述 Diophantine 方程的递推求解公式为

$$\begin{cases} e_i=c_i-\sum_{j=1}^{i}e_{i-j}a_j,i=1,2,\cdots,n_e \\ g_i=c_{i+d}-\sum_{j=0}^{n_e}e_{n_e-j}a_{i+j+1},i=0,1,\cdots,n_g \\ f_i=\sum_{j=0}^{i}b_{i-j}e_j,i=0,1,\cdots,n_f \end{cases} \tag{7.6.6}$$

在计算过程中，如果 a_i、b_i、c_i 或者 e_i 不存在时，用 0 代替。例如 $i>n_a$ 时，$a_i=0$。

对式(7.6.3)中的第一式进行变形，可得到

$$\frac{C(z^{-1})}{A(z^{-1})}=E(z^{-1})+\frac{z^{-d}G(z^{-1})}{A(z^{-1})} \tag{7.6.7}$$

可以看出，$E(z^{-1})$ 为对象模型参数多项式 $C(z^{-1})$ 除以 $A(z^{-1})$ 的商式，而 $\frac{z^{-d}G(z^{-1})}{A(z^{-1})}$ 则为其余式。因此，除了上述递推方法求解控制器参数之外，还可以直接通过多项式长除法求解模型参数 $C(z^{-1})$ 与 $A(z^{-1})$ 的商式与余式，从而确定控制器参数多项式 $E(z^{-1})$ 与 $G(z^{-1})$。最后利用多项式乘法得到 $F(z^{-1})$。

【例题 7.6.1】 利用丢番图(Diophantine)方程求解下列系统的自校正控制器参数：

$$y(k)-1.7y(k-1)+0.7y(k-2)=u(k-2)+0.5u(k-3)+\xi(k)+0.2\xi(k-1)$$

【解】

首先确定系统阶数及模型参数：$n_a=2,n_b=1,n_c=1,d=2;a_1=-1.7,a_2=0.7,b_0=1,b_1=0.5,c_0=1,c_1=0.2$。

然后确定控制器多项式阶数：$n_e=d-1=1,n_g=n_a-1=1,n_f=n_b+d-1=2$。

根据递推公式，有

$e_1=c_1-e_0a_1=0.2-1\times(-1.7)=1.9$

$g_0=c_2-e_1a_1-e_0a_2=0-1.9\times(-1.7)-1\times0.7=2.53$

$g_1=c_3-e_1a_2-e_0a_3=0-1.9\times0.7-1\times0=-1.33$

$f_0=b_0e_0=1\times1=1$

$f_1=b_1e_0+b_0e_1=0.5\times1+1\times1.9=2.4$

$f_2=b_2e_0+b_1e_1+b_0e_2=0\times1+0.5\times1.9+1\times0=0.95$

因此，控制器系数多项式分别为：

$$\begin{cases} E(z^{-1})=1+1.9z^{-1} \\ G(z^{-1})=2.53-1.33z^{-1} \\ F(z^{-1})=1+2.4z^{-1}+0.95z^{-2} \end{cases}$$

请尝试利用多项式长除法求解控制器系数，并与递推法的结果进行比较。

2. 最小方差自校正控制

最小方差控制自校正调节器最早于 1973 年由 K. J. Astrom 和 B. Wittenmark 提出。最

小方差控制(minimum variance control，MVC) 的基本思想是利用模型预测输出误差的方差作为性能指标函数，并求出使得该性能指标最小时的控制器参数。该算法简单易懂、易于实现，是自校正控制算法的基础。由于实际对象存在输入输出延时 d，当前时刻的控制作用要滞后 d 个采样周期才能影响系统输出。因此，要使输出误差的方差最小，就必须提前 d 步对输出量进行预测，按照预测输出方差最小的原则来设计控制律。通过连续不断地预测和控制，使得预测输出误差的方差最小。

被控对象模型用式(7.6.1) 来描述，对象在 k 时刻及以前的输入 / 输出数据记作

$$\{\boldsymbol{Y}^k,\boldsymbol{U}^k\}=\{y(k),y(k-1),\cdots,u(k),u(k-1),\cdots\}$$

基于 $\{\boldsymbol{Y}^k,\boldsymbol{U}^k\}$ 对 $k+d$ 时刻对象输出的预测，记作 $\hat{y}(k+d\mid k)$。对象实际输出为 $y(k+d)$，则预测误差记作

$$\tilde{y}(k+d\mid k)=y(k+d)-\hat{y}(k+d\mid k) \tag{7.6.8}$$

定理 7.6.1 使性能指标 $J=E\{\tilde{y}^2(k+d\mid k)\}$ 为最小的 d 步最优预测输出 $y^*(k+d\mid k)$ 满足方程

$$C(z^{-1})y^*(k+d\mid k)=G(z^{-1})y(k)+F(z^{-1})u(k) \tag{7.6.9}$$

且最优预测误差的方差为

$$E\{\tilde{y}^*(k+d\mid k)^2\}=(1+\sum\nolimits_{i=1}^{n_e}e_i^2)\sigma^2$$

证明：结合式(7.6.8) 与式(7.6.9) 可得

$$y(k+d)=E(z^{-1})\xi(k+d)+\frac{B(z^{-1})}{A(z^{-1})}u(k)+\frac{G(z^{-1})}{A(z^{-1})}\xi(k) \tag{7.6.10}$$

将式(7.6.8) 变换为如下形式

$$\xi(k)=\frac{A(z^{-1})}{C(z^{-1})}y(k)-\frac{z^{-d}B(z^{-1})}{C(z^{-1})}u(k) \tag{7.6.11}$$

将式(7.6.10) 代入式(7.6.9)，再利用式(7.6.3) 化简后得到对象在 $k+d$ 时刻的实际输出为

$$y(k+d)=E(z^{-1})\xi(k+d)+\frac{F(z^{-1})}{C(z^{-1})}u(k)+\frac{G(z^{-1})}{C(z^{-1})}y(k) \tag{7.6.12}$$

对性能指标进行展开，并且简记 $E(z^{-1})$ 为 E，有

$$\begin{aligned}J&=\mathrm{E}\{\tilde{y}^2(k+d\mid k)\}=E\{[y(k+d)-\hat{y}(k+d\mid k)]^2\}\\&=\mathrm{E}\{[E\xi(k+d)+F/Cu(k)+G/Cy(k)-\hat{y}(k+d\mid k)]^2\}\\&=\mathrm{E}\{[E\xi(k+d)]^2\}+E\{2E\xi(k+d)[F/Cu(k)+G/Cy(k)-\hat{y}(k+d\mid k)]\}+\\&\quad\ E\{[F/Cu(k)+G/Cy(k)-\hat{y}(k+d\mid k)]^2\}\end{aligned}$$

由于 $E\xi(k+d)$ 与 $\{\boldsymbol{Y}^k,\boldsymbol{U}^k\}$ 独立，因此上式第二项为 0。又由于上式第一项不可控，因此要使性能指标函数 J 最小，必须使上式第三项为 0，即

$$\hat{y}(k+d\mid k)=\frac{F(z^{-1})}{C(z^{-1})}u(k)+\frac{G(z^{-1})}{C(z^{-1})}y(k)=y^*(k+d\mid k)$$

且

$$J_{\min}=\mathrm{E}\{E(z^{-1})\xi(k+d)\}=(1+e_1^2+\cdots+e_{n_e}^2)\sigma^2$$

可以看出，预测误差随着对象输入输出延时 d 的增加而增大，也就是说，如果系统延时过大，那么难以准确预测系统在一个很大延时后的输出。

定理 7.6.2：假设控制目标是使对象实际输出 $y(k+d)$ 跟随期望输出 $y_r(k+d)$，使性能指标 $J=\mathrm{E}\{[y(k+d)-y_r(k+d)]^2\}$ 最小，则最小方差控制律为

$$F(z^{-1})u(k)=C(z^{-1})y_r(k+d)-G(z^{-1})y(k) \tag{7.6.13}$$

证明：由定理 7.6.1 可知，

$$y(k+d)=E(z^{-1})\xi(k+d)+y^*(k+d\mid k)$$

将上式代入性能指标中，有

$$\begin{aligned}J&=\mathrm{E}\{[E(z^{-1})\xi(k+d)+y^*(k+d\mid k)-y_r(k+d)]^2\}\\&=\mathrm{E}\{[E(z^{-1})\xi(k+d)]^2\}+\mathrm{E}\{[y^*(k+d\mid k)-y_r(k+d)]^2\}\end{aligned}$$

要使上式最小，则上式第二项应为 0，即

$$y^*(k+d\mid k)=y_r(k+d) \tag{7.6.14}$$

将式(7.6.13)代入最优预测输出方程(7.6.8)中，可得

$$C(z^{-1})y_r(k+d)=G(z^{-1})y(k)+F(z^{-1})u(k)$$

由此，我们推导出了最小方差控制的控制律。

接下来，将对控制系统的闭环稳定性进行分析。对于由式(7.6.12)所设计的控制器所组成的闭环系统，其结构图如图 7.6.2 所示。

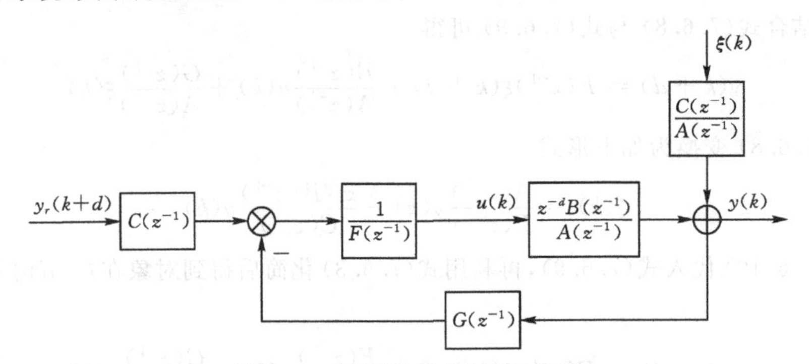

图 7.6.2　最小方差控制系统结构

闭环系统方程为

$$\begin{aligned}y(k)&=\frac{\dfrac{C}{F}\,\dfrac{z^{-d}B}{A}}{1+\dfrac{G}{F}\,\dfrac{z^{-d}B}{A}}y_r(k+d)+\frac{\dfrac{C}{A}}{1+\dfrac{G}{F}\,\dfrac{z^{-d}B}{A}}\xi(k)\\&=\frac{CBz^{-d}y_r(k+d)+CF\xi(k)}{AF+z^{-d}BG}\\&=\frac{CB[y_r(k)+E\xi(k)]}{BC}\\&=y_r(k)+E\xi(k)\end{aligned}$$

$$u(k)=\frac{\frac{C}{F}}{1+\frac{G}{F}\frac{z^{-d}B}{A}}y_r(k+d)+\frac{-\frac{C}{A}\frac{G}{F}}{1+\frac{G}{F}\frac{z^{-d}B}{A}}\xi(k)$$

$$=\frac{CAy_r(k+d)-CG\xi(k)}{AF+z^{-d}BG}$$

$$=\frac{C[Ay_r(k+d)-G\xi(k)]}{CB}$$

$$=\frac{Ay_r(k+d)-G\xi(k)}{B}$$

可以看出，最小方差控制的实质就是利用控制器的极点($F(z^{-1})$ 的零点)去对消被控对象的零点($B(z^{-1})$ 的零点)。当 $B(z^{-1})$ 不稳定时，虽然输出 $y(k)$ 有界，但此时控制量 $u(k)$ 会逐渐发散，导致系统不稳定。因此，采用最小方差控制时，要求对象必须是最小相位系统。为了解决这个问题，广义最小方差控制中对控制量引入了相应的约束，从而可以控制非最小相位系统。广义最小方差控制的具体内容本教材不做介绍。

【例题 7.6.2】 针对下列对象，求取其最小方差控制律，观察控制系统对方波期望信号的输出结果。

$$y(k)-1.7y(k-1)+0.7y(k-2)=u(k-2)+0.5u(k-3)+\xi(k)+0.2\xi(k-1)$$

其中，$\xi(k)$ 为方差为σ^2 的白噪声。

【解】

首先求解丢番图方程，通过例 7.4 可知，该对象对应的控制器参数多项式为

$$\begin{cases}E(z^{-1})=1+1.9z^{-1}\\G(z^{-1})=2.53-1.33z^{-1}\\F(z^{-1})=1+2.4z^{-1}+0.95z^{-2}\end{cases}$$

则根据式(7.6.12)，得到最小方差控制律为

$$(1+2.4z^{-1}+0.95z^{-2})u(k)=(1+0.2)y_r(k+2)-(2.53-1.33)y(k)$$

转化后得到

$$u(k)=-2.4u(k-1)-0.95u(k-2)+y_r(k+2)+0.2y_r(k+1)-2.53y(k)+1.33y(k-1)$$

$$=\boldsymbol{\theta}^{\mathrm{T}}\boldsymbol{\varphi}(k)$$

其中，

$$\begin{cases}\boldsymbol{\theta}=[-2.4,-0.95,1,0.2,-2.53,1.33]^{\mathrm{T}}\\\boldsymbol{\varphi}(k)=[u(k-1),u(k-2),y_r(k+2),y_r(k+1),y(k),y(k-1)]^{\mathrm{T}}\end{cases}$$

令期望输出 $y_r(k)$ 为幅值为 5 的方波信号，白噪声方差$\sigma^2=0.01$。采用上述控制律得到的系统输出跟随结果及控制量如图 7.6.3 所示。

3. 间接最小方差自校正控制

上一小节内容介绍了当对象模型已知时最小方差控制律的设计方法，当对象模型未知时，就需要引入在线的系统辨识。接下来两小节内容将针对对象模型未知情况下的最小方差控制律设计方法展开讨论。

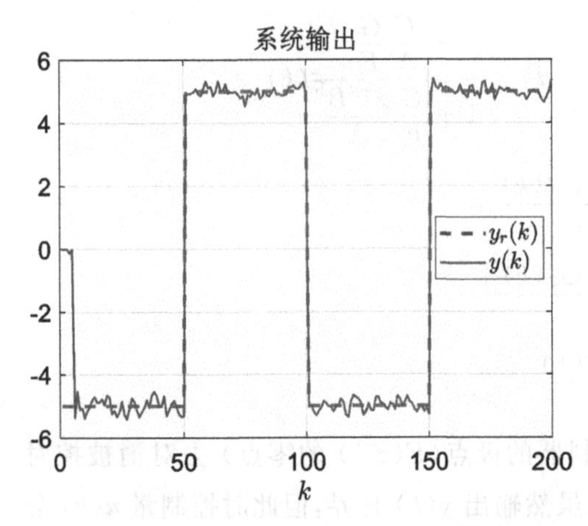

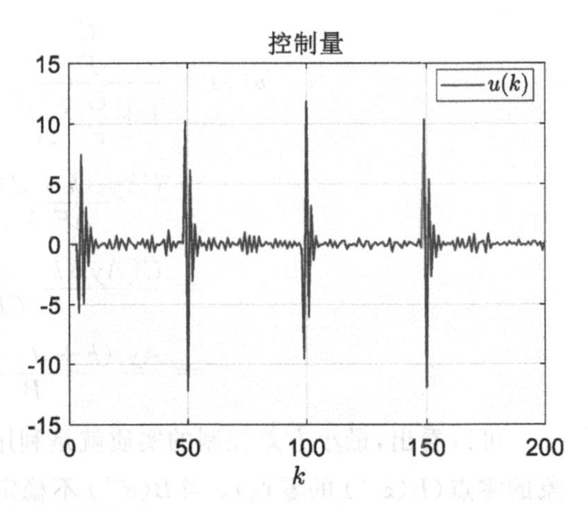

图 7.6.3 最小方差控制结果

本小节将介绍间接最小方差自校正控制方法，在每一个控制周期内，首先利用递推最小二乘法实时估计对象参数，然后求解丢番图方程得到控制器参数，将对象参数估计和控制器设计分开进行。间接算法简单易懂，但计算量较大。

间接最小方差自校正控制的具体算法步骤如下：

(1) 已知对象模型阶次 n_a, n_b, n_c 以及延时 d；

(2) 设置递推最小二乘估计初值 $\hat{\boldsymbol{\theta}}(0)$ 以及 $\boldsymbol{P}(0)$；

(3) 测量当前对象输出 $y(k)$ 以及确定期望输出 $y_r(k+d)$；

(4) 利用递推最小二乘法估计被控对象参数 $\boldsymbol{\theta}(k)$，得到 $\hat{A}(z^{-1})$，$\hat{b}(z^{-1})$ 和 $\hat{C}(z^{-1})$；

(5) 求解丢番图方程，得到控制器参数 $E(z^{-1})$，$F(z^{-1})$ 和 $G(z^{-1})$；

(6) 利用式(7.6.12) 计算控制量 $u(k)$ 并执行；

(7) 返回(3)($k \to k+1$)，继续循环。

需要注意的是，在自适应过程中，$f_0(k) = \hat{b}_0(k)$ 的值不能趋近于 0，否则控制量 $u(k)$ 将不稳定甚至发散，因此需要对该参数的估计值进行限制。

【例题 7.6.3】 针对例 7.6.1 中的被控对象，进行间接最小方差自校正控制设计。

【解】 被控对象模型可写为如下形式：

$$y(k) = \boldsymbol{\theta}^{\mathrm{T}} \boldsymbol{\varphi}(k) + \xi(k)$$

式中，

$$\begin{cases} \boldsymbol{\varphi}(k) = [-y(k-1), \cdots, -y(k-n_a), u(k-d), \cdots, u(k-d-n_b), \xi(k-1), \cdots, \xi(k-n_c)]^{\mathrm{T}} \\ \boldsymbol{\theta} = [a_1, \cdots, a_{n_a}, b_0, \cdots, b_{n_b}, c_1, \cdots, c_{n_c}]^{\mathrm{T}} \end{cases}$$

由于 $\boldsymbol{\varphi}(k)$ 中的 $\xi(k)$ 不可测，因此用其估值 $\hat{\xi}(k)$ 来代替，有

$$\hat{\xi}(k) = y(k) - \hat{y}(k) = y(k) - \hat{\boldsymbol{\theta}}^{\mathrm{T}} \hat{\boldsymbol{\varphi}}(k)$$

其中，

$$\begin{cases} \hat{\boldsymbol{\varphi}}(k) = [-y(k-1), \cdots, -y(k-n_a), u(k-d), \cdots, u(k-d-n_b), \hat{\xi}(k-1), \cdots, \hat{\xi}(k-n_c)]^{\mathrm{T}} \\ \hat{\boldsymbol{\theta}} = [\hat{a}_1, \cdots, \hat{a}_{n_a}, \hat{b}_0, \cdots, \hat{b}_{n_b}, \hat{c}_1, \cdots, \hat{c}_{n_c}]^{\mathrm{T}} \end{cases}$$

则对象参数估计的递推最小二乘表达式为

$$\begin{cases}\boldsymbol{K}(k)=\dfrac{\boldsymbol{P}(k-1)\,\hat{\boldsymbol{\varphi}}(k)}{1+\hat{\boldsymbol{\varphi}}^{\mathrm{T}}(k)\boldsymbol{P}(k-1)\,\hat{\boldsymbol{\varphi}}(k)}\\ \hat{\boldsymbol{\theta}}(k)=\hat{\boldsymbol{\theta}}(k-1)+\boldsymbol{K}(k)[y(k)-\hat{\boldsymbol{\theta}}^{\mathrm{T}}(k-1)\,\hat{\boldsymbol{\varphi}}(k)]\\ \boldsymbol{P}(k)=[\boldsymbol{I}-\boldsymbol{K}(k)\,\hat{\boldsymbol{\varphi}}^{\mathrm{T}}(k)]\boldsymbol{P}(k-1)\end{cases}$$

由此可得到$\hat{A}(z^{-1})$,$\hat{b}(z^{-1})$ 和 $\hat{C}(z^{-1})$。通过求解丢番图方程,得到 $E(z^{-1})$,$F(z^{-1})$ 和 $G(z^{-1})$。最终的控制律为

$$u(k)=\frac{1}{f_0(k)}\left[-\sum\nolimits_{i=1}^{n_f}f_i(k)u(k-i)+\sum\nolimits_{i=0}^{n_c}\hat{c}_i(k)y_r(k+d-i)-\sum\nolimits_{i=0}^{n_g}g_i(k)y(k-i)\right]$$

期望输出 $y_{\mathrm{r}}(k)$ 为幅值为 5 的方波信号,白噪声方差$\sigma^2=0.01$。递推最小二乘估计初值 $\hat{\boldsymbol{\theta}}(0)=0.001$ 以及 $\boldsymbol{P}(0)=10^6\boldsymbol{I}$,控制效果如图 7.6.4 所示。

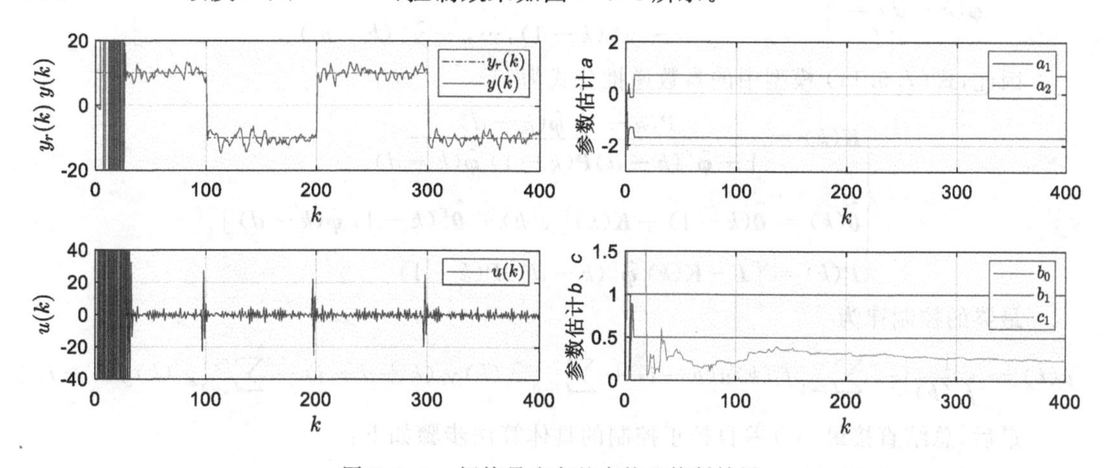

图 7.6.4　间接最小方差自校正控制结果

5. 直接最小方差自校正控制

直接最小方差自校正控制方法中,直接利用递推算法估计控制器参数,而不用估计对象模型参数以及求解丢番图方程,计算量小。为了实现对控制器参数的直接估计,需要建立一个新的估计模型。

根据最优预测输出方程(7.6.8) 可得

$$\begin{aligned}y^*(k+d\mid k)&=G(z^{-1})y(k)+F(z^{-1})u(k)-(1-C(z^{-1}))y^*(k+d\mid k)\\&=\boldsymbol{\theta}^{\mathrm{T}}\boldsymbol{\varphi}(k)\end{aligned}$$

式中,

$$\begin{cases}\boldsymbol{\varphi}(k)=[y(k),\cdots,y(k-n_g),u(k),\cdots,u(k-n_f),-y^*(k+d-1\mid k-1),\cdots,\\ \qquad -y^*(k+d-n_c\mid k-n_c)]^{\mathrm{T}}\\ \boldsymbol{\theta}=[g_0,\cdots,g_{n_g},f_0,\cdots,f_{n_f},c_1,\cdots,c_{n_c}]^{\mathrm{T}}\end{cases}$$

由于 $y(k+d)=E(z^{-1})\xi(k+d)+y^*(k+d\mid k)$,可得

$$y(k+d)=\boldsymbol{\theta}^{\mathrm{T}}\boldsymbol{\varphi}(k)+E(z^{-1})\xi(k+d)$$

后退 d 步，将上式改为

$$y(k)=\boldsymbol{\theta}^{\mathrm{T}}\boldsymbol{\varphi}(k-d)+\varepsilon(k) \tag{7.6.14}$$

其中，

$$\begin{cases}\boldsymbol{\varphi}(k-d)=\begin{bmatrix}y(k-d),\cdots,y(k-d-n_g),u(k-d),\cdots,u(k-d-n_f),\\-y^*(k-1\mid k-d-1),\cdots,-y^*(k-n_c\mid k-d-n_c)\end{bmatrix}^{\mathrm{T}}\\ \varepsilon(k)=E(z^{-1})\xi(k)=\xi(k)+e_1\xi(k-1)+\cdots+e_{d-1}\xi(k-d+1)\end{cases}$$

由于 $\boldsymbol{\varphi}(k-d)$ 中的最优预测输出无法测量，因此用其估计值 $\hat{y}^*(k)$ 代替 $y^*(k\mid k-d)$，有

$$\hat{y}^*(k)=\hat{\boldsymbol{\theta}}^{\mathrm{T}}(k-d)\hat{\boldsymbol{\varphi}}(k-d)$$

其中，

$$\hat{\boldsymbol{\varphi}}(k-d)=\begin{bmatrix}y(k-d),\cdots,y(k-d-n_g),u(k-d),\cdots,u(k-d-n_f),\\-\hat{y}^*(k-1),\cdots,-\hat{y}^*(k-n_c)\end{bmatrix}^{\mathrm{T}}$$

因此，式(7.6.14)模型中的参数递推公式为

$$\begin{cases}\boldsymbol{K}(k)=\dfrac{\boldsymbol{P}(k-1)\hat{\boldsymbol{\varphi}}(k-d)}{1+\hat{\boldsymbol{\varphi}}^{\mathrm{T}}(k-d)\boldsymbol{P}(k-1)\hat{\boldsymbol{\varphi}}(k-d)}\\ \hat{\boldsymbol{\theta}}(k)=\hat{\boldsymbol{\theta}}(k-1)+\boldsymbol{K}(k)[y(k)-\hat{\boldsymbol{\theta}}^{\mathrm{T}}(k-1)\hat{\boldsymbol{\varphi}}(k-d)]\\ \boldsymbol{P}(k)=[\boldsymbol{I}-\boldsymbol{K}(k)\hat{\boldsymbol{\varphi}}^{\mathrm{T}}(k-d)]\boldsymbol{P}(k-1)\end{cases}$$

最终的控制律为

$$u(k)=\frac{1}{f_0(k)}\left[-\sum\nolimits_{i=1}^{n_f}f_i(k)u(k-i)+\sum\nolimits_{i=0}^{n_c}\hat{c}_i(k)y_r(k+d-i)-\sum\nolimits_{i=0}^{n_g}g_i(k)y(k-i)\right]$$

最后，总结直接最小方差自校正控制的具体算法步骤如下：

(1) 已知对象模型阶次 n_a,n_b,n_c 以及延时 d；

(2) 设置递推最小二乘估计初值 $\hat{\boldsymbol{\theta}}(0)$ 以及 $\boldsymbol{P}(0)$；

(3) 测量当前对象输出 $y(k)$ 以及确定期望输出 $y_r(k+d)$；

(4) 构造观测数据向量 $\hat{\boldsymbol{\varphi}}(k-d)$，利用递推算法实时估计控制器参数 $\hat{\boldsymbol{\theta}}$，得到控制器参数 $\hat{G}(z^{-1}),\hat{F}(z^{-1})$ 和 $\hat{C}(z^{-1})$；

(5) 利用式(7.6.12)计算控制量 $u(k)$ 并执行；

(6) 返回(3)$(k\to k+1)$，继续循环。

需要注意的是，在自适应过程中，如果 $\hat{f}_0(k)$ 趋近于0，则会出现零除，导致控制器不稳定。因此需要对该参数的估计值进行限制。

【例题 7.6.4】 针对例 7.6.1 中的被控对象，进行直接最小方差自校正控制设计。

【解】 依据上述步骤进行求解。期望输出 $y_r(k)$ 为幅值为5的方波信号，白噪声方差 $\sigma^2=0.01$。递推最小二乘估计初值 $\hat{\boldsymbol{\theta}}(0)=0.001$ 以及 $\boldsymbol{P}(0)=10^6\boldsymbol{I}$，$\hat{f}_0$ 的下界为 $f_{\min}=0.1$，控制效果如图 7.6.5 所示。

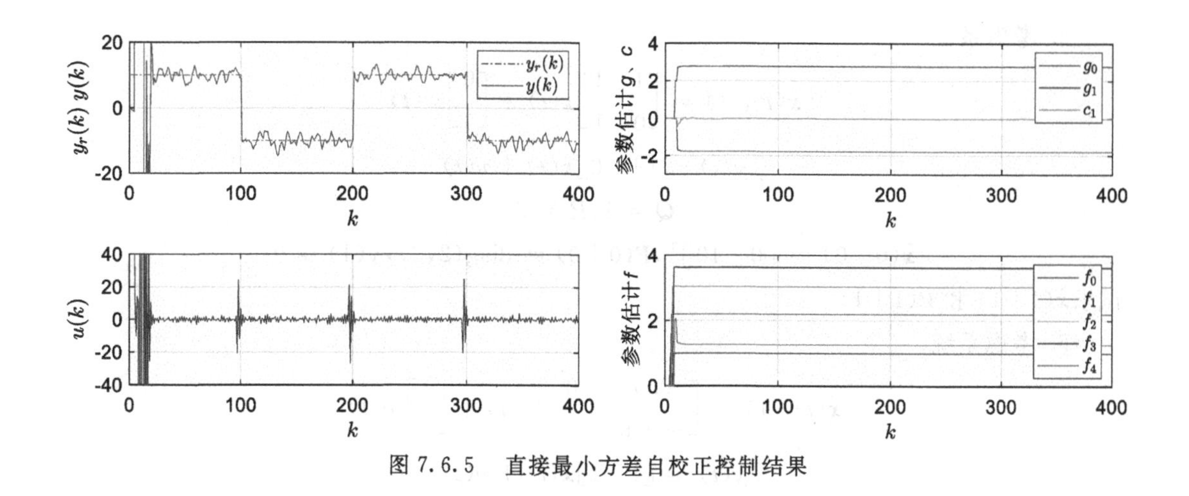

图 7.6.5　直接最小方差自校正控制结果

练习题

1. 根据两次观测

$$\begin{bmatrix} 3 \\ 2 \\ 1 \end{bmatrix} = \begin{bmatrix} 1 & 1 \\ 0 & 1 \\ 1 & 0 \end{bmatrix} \boldsymbol{x} + \boldsymbol{e}_1, 5 = \begin{bmatrix} 1 & 2 \end{bmatrix} \boldsymbol{x} + e_2$$

求 $\boldsymbol{x}$ 的最小二乘估计。

2. 用如下差分方程产生一个随机序列

$$x(n) = 1.74x(n-1) - 0.81x(n-2) + v_1(n)$$

观测方程为

$$z(n) = x(n) + v_2(n)$$

其中 $v_1(n)$, $v_2(n)$ 分别为方差为 0.04 和 9 的白噪声。

现给定初值 $x(-1) = x(0) = 0$，试建立系统状态空间模型，并采用 Kalman 滤波的方式，编写程序估计系统输出。

3. 设目标从原点开始做加速度为 a 的匀加速直线运动，加速度 a 受到时变扰动；现以等时间间隔 T 对目标的距离 s 和速度 v 进行直接测量。试建立该运动目标的离散状态方程和观测方程。

4. 图题 4 所示为 LRC 串联电路，若状态变量 s_1 代表回路电流，状态变量 s_2 代表电容上的电压。求信号的状态方程和以 s_2 为输出的观测方程。

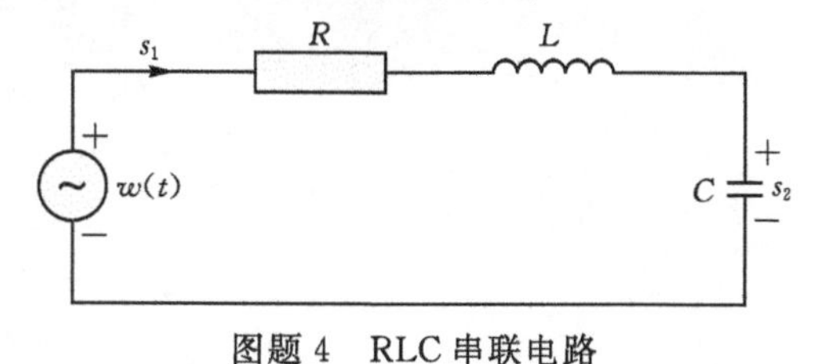

图题 4　RLC 串联电路

5. 考虑系统

$$x(t+1)=\begin{bmatrix}1 & 1\\0 & 1\end{bmatrix}x(t)+\begin{bmatrix}0\\1\end{bmatrix}w(t)$$

$$y(t)=\begin{bmatrix}1 & 0\end{bmatrix}x(t)+v(t)$$

$$Q=1,R=2$$

$$\hat{x}(0\mid 0)=\begin{bmatrix}0 & 10\end{bmatrix}^{\mathrm{T}},P(0\mid 0)=\mathrm{diag}(2,3),y(1)=9$$

试求$\hat{x}(1\mid 1)$和$P(1\mid 1)$

6. 考虑系统

$$x(t+1)=\begin{bmatrix}0.9 & 0\\-0.6 & 0.4\end{bmatrix}x(t)+\begin{bmatrix}1\\2\end{bmatrix}w(t)$$

$$y(t)=\begin{bmatrix}1 & 1\end{bmatrix}x(t)+v(t)$$

其中$x(t+1)=[x_1(t)\quad x_2(t)]^{\mathrm{T}}$，$w(t)$和$v(t)$是均值为0、方差各为0.81和1的独立高斯白噪声，试编写MATLAB程序求最优卡尔曼滤波器$\hat{x}(t\mid t)$。